山东省优势特色学科（建筑学）资助出版

低碳校园建设

Low-carbon Campus Construction

王崇杰　杨倩苗　房　涛　管振忠　等　著

中国建筑工业出版社

图书在版编目（CIP）数据

低碳校园建设 = Low-carbon Campus Construction /
王崇杰等著. — 北京：中国建筑工业出版社，2022.8（2024.12 重印）
ISBN 978-7-112-27681-3

Ⅰ.①低… Ⅱ.①王… Ⅲ.①校园—教育建筑—建筑
设计—节能设计 Ⅳ.①TU244.2

中国版本图书馆CIP数据核字（2022）第134711号

本书从绿色低碳校园建设的视角，详细地阐述了低碳校园概念的提出、基本构成、规划及设计方法、评价体系等。主要包括绪论、低碳校园实施策略、低碳规划、低碳建筑设计与施工、能源利用、可再生能源利用、被动式低能耗建筑、水资源的利用、校内交通减碳、低碳校园文化的传播与实践、校园固碳措施、低碳校园评价体系与方法。全方面、多视角地展现了在低碳校园建设方面的探索，以及将低碳校园建设融入教学、科研、对外服务、文化传承与引领方面进行的尝试，具有较高的学术研究和参考价值。

本书可作为大专院校相关专业师生、研究人员的参考资料，也可为高校的管理者、设计者、建造者、投资方等提供有关绿色低碳建设技术方面的参考。

责任编辑：吴 绫 唐 旭 张 华
文字编辑：李东禧
责任校对：王 烨

低碳校园建设
Low-carbon Campus Construction

王崇杰 杨倩苗 房 涛 管振忠 等 著
*
中国建筑工业出版社出版、发行（北京海淀三里河路9号）
各地新华书店、建筑书店经销
北京雅盈中佳图文设计公司制版
河北鹏润印刷有限公司印刷
*
开本：787毫米×1092毫米 1/16 印张：18 字数：402千字
2022年8月第一版 2024年12月第三次印刷
定价：78.00元
ISBN 978-7-112-27681-3
（39728）

前　言

2020 年 9 月 22 日，国家主席习近平在第七十五届联合国大会上宣布，中国二氧化碳排放力争于 2030 年前达到峰值，努力争取 2060 年前实现碳中和。[①]随后中共中央　国务院也发布了《关于完整准确全面贯彻新发展理念、做好碳达峰碳中和的工作意见》，各地区、各行业现都积极行动起来，制定了实现双碳目标的时间表和路线图，此项工作也被列入"十四五"规划的重要内容，双碳目标实现的意义在于倡导绿色、环保、低碳的生活方式，加快降低碳排放步伐，这有利于引导绿色技术创新和提升经济全球竞争力，对加速我国社会、经济、能源、技术等方面的转型与重构，具有重要战略意义。彰显了我们的大国责任和共同建立人与自然命运共同体的使命担当。

在 20 世纪末，随着社会、经济的发展，我国的高等教育进入了快速发展阶段，二十多年的发展实现了从精英教育到大众化教育的历史性跨越，成为世界上最大的高等教育国家。山东建筑大学抓住了这一历史机遇，不但在办学规模、办学层次和质量上有很大的提高，而且在大学绿色低碳校园建设方面取得了可喜的成绩。在 2002 年在新校区建设之初，学校就牢固树立绿色低碳的发展理念，并将赋予新校区的建设和运行的全过程。2009 年山东建筑大学作为唯一的省属高校参编了由同济大学、清华大学等七所高校共同编写的《高等学校校园建筑节能监管系统建设技术导则》，随后被教育部、财政部、住建部定为我国首批节约型校园建设单位之一，2011 年通过验收。为学校建设绿色低碳校园打下了坚实的基础。2010 年应邀成为中国城科会绿色建筑与节能专业委员会绿色大学学组副组长单位。2019 年作为主要参编单位完成了吴志强院士主编的我国第一部国标《绿色校园标价标准》。2015 年山东建筑大学担任中国建筑节能协会绿色大学工作委员会主任单位。以山东建筑大学为主要案例的"大学园区综合保障技术"，2011 年获山东省科技进步一等奖。2012 年由中国建筑工业出版社出版的专著《绿色大学校园》，山东建筑大学新校区建设案例被收为联合国教科文组织认定的经典大学案例之一。

随着国家提出双碳目标的要求，山东建筑大学高度重视此项工作，结合高校的职责，将低碳发展理念融入教学、科研、对外服务和文化的传承与引领之中，充分发挥学校人才和学科优势，在绿色大学校园建设的基础上，进一步深入开展低碳减排的工作。摸清

---

① 人民网：2020 年 9 月 22 日，习近平主席在第七十五届联合国一般性辩论上的讲话。

家底、制定规划、提出校园双碳目标实现的时间表和路线图，争取为国家双碳目标的实现贡献一份力量。

本书主要以山东建筑大学新校区建设20年来在绿色低碳方面的建设实践进行了总结分析，通过大量的案例和数据，在低碳校园实施策略、低碳校园规划与设计、低碳建筑设计与施工、能源利用、可再生能源利用、被动式低能耗建筑、水资源的利用、校内交通减碳、低碳校园文化的传播与实践、校园固碳措施、低碳校园评价体系与方法等方面进行了论述。其主要目的是在总结经验的基础上查出问题和不足，为推动绿色低碳校园建设发展做出贡献。

此书在编写过程中得到山东建筑大学党委书记陈国前、校长于德湖的支持和关心，得到学校有关职能部门的积极配合，在此表示衷心感谢。

本书由王崇杰、杨倩苗、房涛、管振忠等著，各章节的执笔者依次为：

第1章	王崇杰	房 涛
第2章	尹红梅	杨倩苗
第3章	房 涛	邹 苒
第4章	管振忠	房 涛
第5章	李晓峰	管振忠
第6章	管振忠	王崇杰
第7章	杨倩苗	王崇杰
第8章	杨倩苗	李晓峰
第9章	王家玉	杨倩苗
第10章	周 莹	尹红梅
第11章	房 涛	邢 琳
第12章	邹 苒	房 涛

参与本书编写工作的有：王 兰、刘起岳、刘锐婕、杨雪娴、徐 翔、张文馨、沈若羽、王文政。

目 录

前 言

第1章 绪 论

1.1 双碳目标的提出 / 004

1.2 绿色校园的建设 / 006

1.3 低碳校园的意义与目标 / 007

第2章 低碳校园实施策略

2.1 高校发展概况 / 011

2.1.1 高等教育学校规模 / 011

2.1.2 高等教育学生规模 / 011

2.1.3 高等教育办学条件 / 011

2.2 我国校园的碳排放特征 / 014

2.2.1 校园建筑能耗特点 / 015

2.2.2 校园交通能耗特点 / 015

2.2.3 校园生活能耗特点 / 015

2.3 低碳校园的实施策略 / 015

2.3.1 实施策略 / 015

2.3.2 案例实践 / 018

第3章 低碳规划

3.1 因地制宜的校园规划 / 027

3.1.1 尊重地形地貌，突显基地环境特色 / 028

3.1.2 合理利用地形地貌，营造特色校园环境 / 028

3.1.3 组织动态发展机制，实现集约化资源利用 / 029

3.1.4 校园肌理有机发展，规划实现低碳减排 / 030

3.2 低碳校园的规划与实施 / 031

3.2.1 通过规划手段减少碳排 / 031

3.2.2 通过规划手段减少碳源 / 031

3.2.3 通过规划手段增强碳汇 / 031

3.2.4 通过数字化手段实现行为减排 / 032

3.3 合理的建筑规模与布局 / 032

3.3.1 合理的建筑规模 / 032

3.3.2 满足低碳运行的布局优化 / 033

3.4 低碳校园建设案例解析 / 034

3.4.1 项目概况 / 034

3.4.2 规划设计策略 / 034

第4章 低碳建筑设计与施工

4.1 低碳建筑技术策略 / 045

4.1.1 建筑形体与空间设计 / 046

4.1.2 围护结构保温 / 047

4.1.3 遮阳隔热 / 048

4.1.4 日照采光 / 052

4.1.5 自然通风 / 054

4.1.6 立体绿化 / 057

4.2 低碳结构与建材 / 059

4.2.1 低碳结构体系 / 059

4.2.2 低碳建材使用 / 063

4.2.3 低碳施工建造 / 066

第5章 能源利用

5.1 校园能源规划 / 075

5.1.1 校园能源规划概述 / 075

5.1.2 校园能源规划的原则和内容 / 076

5.2 校园能耗组成与类型 / 079

5.2.1 校园能耗组成 / 079

　　　　5.2.2　校园能耗类型 / 080

　　　　5.2.3　校园能耗案例 / 082

　　5.3　监测平台建设 / 086

　　　　5.3.1　概述 / 086

　　　　5.3.2　总体架构 / 088

　　　　5.3.3　数据应用 / 092

　　5.4　校园节能调适与改造 / 094

　　　　5.4.1　校园节能调适 / 094

　　　　5.4.2　校园节能改造 / 095

第6章　可再生能源利用

　　6.1　太阳能利用 / 107

　　　　6.1.1　太阳能热水利用 / 107

　　　　6.1.2　太阳能热风利用 / 109

　　　　6.1.3　光伏发电技术利用 / 113

　　6.2　空气源热泵 / 117

　　　　6.2.1　原理及分类 / 117

　　　　6.2.2　高校应用方式与场景 / 118

　　6.3　浅层地热能的利用 / 119

　　　　6.3.1　地源热泵系统原理 / 119

　　　　6.3.2　地源热泵系统特点 / 120

　　　　6.3.3　地源热泵与太阳能复合利用系统 / 120

　　6.4　建设案例 / 122

　　　　6.4.1　太阳能热水技术 / 122

　　　　6.4.2　太阳能热风技术 / 126

　　　　6.4.3　光伏发电技术 / 130

　　　　6.4.4　空气源热泵技术 / 135

　　　　6.4.5　地源热泵技术 / 138

第7章　被动式低能耗建筑

　　7.1　发展现状与技术措施 / 141

　　　　7.1.1　发展现状 / 142

　　　　7.1.2　技术措施 / 144

7.2 建筑优化设计 / 146

7.2.1 天然采光优化设计 / 148

7.2.2 室内自然通风优化设计 / 150

7.2.3 围护结构保温性能优化设计 / 151

7.2.4 装配式设计 / 152

7.3 气密性设计 / 153

7.3.1 气密层位置 / 153

7.3.2 关键节点的气密性设计 / 155

7.4 无热桥设计 / 159

7.5 暖通空调系统设计 / 162

7.5.1 地源热泵系统设计 / 162

7.5.2 高效热回收新风系统设计 / 163

7.5.3 太阳能热水系统设计 / 163

7.6 运行效果 / 164

7.6.1 气密性测试 / 164

7.6.2 围护结构保温性能 / 164

7.6.3 运行能耗 / 166

第8章 水资源的利用

8.1 高校用水现状及存在的主要问题 / 169

8.1.1 用水现状 / 169

8.1.2 存在的主要问题 / 170

8.2 高校节水 / 170

8.2.1 机制建设 / 171

8.2.2 运行状况 / 171

8.2.3 节水策略及改造 / 173

8.3 中水利用 / 180

8.3.1 高校中水利用特点及中水水源选择 / 180

8.3.2 案例实践 / 181

8.4 海绵校园 / 186

8.4.1 海绵校园概念及目标 / 186

8.4.2 案例实践 / 187

第 9 章　　校内交通减碳

9.1　高校交通特点及存在问题 / 193

　　9.1.1　交通特点 / 193

　　9.1.2　交通存在的问题 / 194

9.2　高校交通碳排放影响因素及实现策略 / 195

　　9.2.1　交通碳排放影响因素 / 195

　　9.2.2　交通低碳实施策略 / 195

9.3　建设案例 / 196

　　9.3.1　交通规划 / 197

　　9.3.2　车行系统 / 199

　　9.3.3　校内停车 / 204

　　9.3.4　步行系统 / 205

第 10 章　　低碳校园文化的传播与实践

10.1　高校低碳文化概述 / 209

　　10.1.1　高校低碳文化的内涵和特征 / 209

　　10.1.2　高校低碳文化的功能 / 210

　　10.1.3　加强低碳文化在高校传播的重要意义 / 210

10.2　高校低碳文化的传播策略 / 211

　　10.2.1　评价方法 / 212

　　10.2.2　内容策略——坚持内容为王 / 216

　　10.2.3　媒介策略——实现多元渠道传播 / 221

　　10.2.4　场景策略——精准化沉浸式传播 / 223

　　10.2.5　时机策略——文化传播至效 / 226

10.3　高校低碳文化的传播实践 / 227

　　10.3.1　发挥学校建筑特色，构建绿色、低碳校园环境 / 227

　　10.3.2　依托学校人文景观，打造低碳文化场所 / 228

　　10.3.3　打造低碳文化线下体验馆，实现低碳文化场景传播 / 232

　　10.3.4　构建线上传播微平台，形成低碳校园文化传播聚合力 / 234

　　10.3.5　打造学校低碳文化品牌，延伸文化育人功能 / 235

　　10.3.6　开设低碳绿色课程，融入建筑特色 / 239

第11章 校园固碳措施

11.1 固碳能力分析 / 243

11.1.1 单一类型 / 244

11.1.2 复合类型 / 244

11.2 绿植优化匹配 / 245

11.2.1 规划校园绿地生态网络 / 246

11.2.2 改善生态廊道 / 246

11.2.3 增加绿地斑块 / 246

11.3 绿植固碳吸碳潜力分析 / 247

11.3.1 通过光合效率估算植物的固碳释氧能力 / 248

11.3.2 通过叶面积指数估算校园树种的固碳能力 / 252

11.3.3 提升校绿地物固碳能力的植物应用途径 / 255

第12章 低碳校园评价体系与方法

12.1 低碳校园评价内容的构成 / 259

12.1.1 硬件建设 / 259

12.1.2 软件建设 / 262

12.2 评价体系与评价方法 / 265

12.2.1 评价体系的目标 / 265

12.2.2 评价体系的建立原则 / 265

12.2.3 评价体系的建构 / 266

12.3 建设案例 / 268

12.3.1 校园碳排放计算 / 268

12.3.2 低碳校园综合评价 / 272

参考文献 / 274

第 1 章

绪 论

在人类发展史上，西方工业革命的出现，使得人类社会发生了巨大变化，同时也加快了人类现代化进程。在当时稳定的政治背景下，社会拥有丰富的煤炭资源以及资金的支持，工业革命就此爆发了。在这期间，瓦特发明的蒸汽机产生了深刻的影响，它不仅能够应用在纺织业、机器制造业、交通运输业以及冶金业，并且还使得工业的生产集中在城市内。城市内生产力的发展提供了诸多工作岗位，吸引了大量的劳动力，使得城市的人口以惊人的速度快速增长。

工业革命的发展虽然对当时西方社会的发展起到了极大的推动作用，但化石燃料的大量使用使得大量的二氧化碳排放到环境中，二氧化碳是对温室效应贡献最大的气体，大气中二氧化碳浓度增加一倍，可使地表温度上升 5~6℃。尤其是工业革命以来，大量化石燃料的燃烧，森林和草地的破坏都使二氧化碳浓度不断上升。世界气象组织发布的温室气体公报显示，2019 年二氧化碳浓度为工业化前水平的 148%，2018 年全世界二氧化碳排放量约为 339 亿吨。全球的二氧化碳排放量约有 39% 来自电力、28% 来自工业生产、18% 来自陆运、3% 来自航空运输、2% 来自船舶运输、10% 来自居民生活。由此可见，人为活动是造成二氧化碳浓度上升的主要原因，随之带来的温室效应和热岛效应已经对人类的生存产生威胁。

美国科学家曾发出警告，温室效应会增加史前致命病毒威胁人类生命安全的概率，其会令南极、北极的冰层渐渐融化，冰层中被冰封的史前致命病毒可能会重见天日，如果没有相应的防疫措施和防疫技术，那么温室效应将带来疫症恐慌，使人类生命受到严重威胁。同时，城市热岛这种"大气热污染现象"也会加剧。随着世界各地城市的发展和人口的稠密化，"城市热岛效应"变得日益突出，并且二氧化碳等气溶性微粒吸收长波辐射能量，包围了城市上空的隔热层，阻止了长波辐射的散射，增加了大气辐射，进一步增强了城市热岛效应。

环境的问题不仅仅只存在于西方国家，在我国以及其他发展中国家都是亟待解决的问题。我国在《中华人民共和国环境保护法》中，对环境做出了相关解释——环境是指影响人类生存和发展的各种天然和经过人工改造的自然因素的总体，其中包括大气、水、海洋、土地、矿藏、森林、草原、野生动物、自然遗迹、人文遗迹、自然保护区、风景名胜区、城市和乡村等。环境问题大致可以分为两类：一类是自然因素的破坏和污染等原因所引起的，另一类是人为因素造成的环境污染和自然资源与生态环境的破坏。到目前为止已经威胁人类生存并已被人类认识到的环境问题主要有：全球变暖、臭氧层破坏、酸雨、淡水资源危机、能源短缺、森林资源锐减、土地荒漠化、物种加速灭绝、垃圾成灾、有毒化学品污染等众多方面。在我国，环境问题主要有大气污染问题、水环境污染问题、垃圾处理问题、土地荒漠化和沙灾问题、水土流失问题、旱灾和水灾问题、生物多样性破坏问题、WTO与环境问题、持久性有机物污染问题等。

伴随着中国城镇化和社会经济的持续高速发展，大气污染等生态环境问题与人民追求美好生活愿望的矛盾越发突出。我国面临的大气环境形势非常严峻，大气中污染物排放量居高不下。大气中的主要污染物包括工业二氧化硫、工业氮氧化物、工业颗粒物、二氧化硫、氮氧化物以及颗粒物排放。习近平总书记在党的"十九大"报告中明确指出"着力解决突出环境问题"，这是党中央坚持以人民为中心的发展思想，牢牢把握我国发展的阶段性特征和人民对美好生活的向往而做出的重大决策部署。环境问题的提出凸显了改善空气质量对建设生态文明、实现美丽中国的重要性，也充分表明了实现空气质量达标并大幅改善的决心。与此同时，全球各国政府对气候变化的担忧不断加剧。因此，控制二氧化碳排放，是解决人类与自然命运共同体的重要举措。

1.1　双碳目标的提出

大规模、高速度的生态环境恶化趋势，只是近一个世纪以来、特别是第二次世界大战后出现的突出现象。20世纪80年代以来，区域性和全球性环境问题更为突出，给人类的生存和发展带来了更加严重的威胁和挑战，因而引起各国政府和全人类的高度重视，乃至出现了世界性的环境保护浪潮。据联合国粮农组织的统计，自20世纪50年代以来，全世界的森林已损失了一半，主要损失在发展中国家。这些国家由于贫穷所迫，不得不大量出口木材以换取外汇，既使自身的环境更加恶化，又给全球的生态环境造成了不良影响。随着森林面积的缩小，动植物赖以栖息生存的环境受损，加之滥捕、过度开发和环境污染等，使生物物种以惊人的速度在灭绝。目前，生物多样性的损失问题越演越烈，生物多样性的保护问题也日益普遍化、制度化和国际化，并成为全球性的环境话题。

目前，全球每年向大气排放约510亿吨的温室气体，要避免气候灾难，人类需停止向大气中排放温室气体，实现零排放。《巴黎协定》所规定的目标，是要求联合国气候变化框架公约的缔约方，立即明确国家自主贡献减缓气候变化，碳排放尽早达到峰值，在21世纪中叶，碳排放净增量归零，以实现在21世纪末将全球地表温度相对于工业革命前上升的幅度控制在2℃以内。多数发达国家在实现碳排放达峰后，明确了碳中和的时间表，芬兰确认在2035年，瑞典、奥地利、冰岛等国家在2045年实现净零排放，欧盟、英国、挪威、加拿大、日本等将碳中和的时间节点定在2050年。作为世界上最大的发展中国家和最大的煤炭消费国，中国尽快实现碳达峰以及到 21 世纪中叶左右实现二氧化碳净零排放对全球气候应对至关重要。因此，中国政府在应对气候变化问题上，中国坚持共同但有区别的责任原则、公平原则和各自能力原则，坚决捍卫包括中国在内的广大发展中国家的权利。

1992 年，中国成为最早签署《联合国气候变化框架公约》的缔约方之一。之后，中国不仅成立了国家气候变化对策协调机构，而且根据国家可持续发展战略的要求，采取了一系列与应对气候变化相关的政策措施，为减缓和适应气候变化做出了积极贡献。

2002 年中国政府核准了《京都议定书》。2007 年中国政府制定了《中国应对气候变化国家方案》，明确到 2010 年应对气候变化的具体目标、基本原则、重点领域及政策措施，要求 2010 年单位 GDP 能耗比 2005 年下降 20%。同年，国家发展改革委员会、科技部等 14 个部门共同制定和发布了《中国应对气候变化科技专项行动》，提出到 2020 年应对气候变化领域科技发展和自主创新能力提升的目标、重点任务和保障措施。

2013 年 11 月，中国发布第一部专门针对适应气候变化的战略规划《国家适应气候变化战略》，使应对气候变化的各项制度、政策更加系统化。2015 年 6 月，中国向公约秘书处提交了《强化应对气候变化行动——中国国家自主贡献》文件，确定了到 2030 年的自主行动目标：二氧化碳排放 2030 年左右达到峰值并争取尽早达峰；单位国内生产总值二氧化碳排放比 2005 年下降 60%~65%，非化石能源占一次能源消费比重达到 20% 左右。

在中国的积极推动下，世界各国在 2015 年达成了应对气候变化的《巴黎协定》，中国在自主贡献、资金筹措、技术支持、透明度等方面为发展中国家争取了最大利益。2016 年，中国率先签署《巴黎协定》并积极推动落实。到 2019 年底，中国提前超额完成 2020 年气候行动目标，树立了信守承诺的大国形象。

中国基于推动实现可持续发展的内在要求和构建人类命运共同体的责任担当，2020 年 9 月，习近平总书记在联合国大会一般性辩论中提出，"中国将提高国家自主贡献力度，采取更加有力的政策和措施，二氧化碳排放力争于 2030 年前达到峰值，努力争取 2060 年前实现碳中和。"2021 年 10 月 24 日，中共中央、国务院印发的《关于完整准确全面贯彻新发展理念做好碳达峰碳中和工作的意见》发布。

"双碳"目标的提出展示了我国为应对全球气候变化做出的新努力和新贡献，体现了我国对多边主义的坚定支持，为国际社会全面有效落实《巴黎协定》注入了强大动力，有助于重振全球气候行动的信心与希望，彰显了中国积极应对气候变化、走绿色低碳发展道路、推动全人类共同发展的坚定决心。实现碳达峰、碳中和，是中国向世界做出的庄严承诺，也是一场广泛而深刻的经济社会系统性变革。中国提出碳达峰、碳中和目标，与中国开启全面建设社会主义现代化国家新征程的时间节点高度重合，这不仅表明中国要实现的现代化是人与自然和谐共生的现代化，也要求把实现碳达峰、碳中和目标纳入中国经济社会发展战略之中。

"双碳"目标对我国绿色低碳发展具有引领性、系统性，可以带来环境质量改善和产业发展的多重效应。着眼于降低碳排放，有利于推动经济结构绿色转型，加快形成绿色生产方式，助推高质量发展。突出降低碳排放，有利于传统污染物和温室气体排放的协同治理，使环境质量改善与温室气体控制产生显著的协同增效作用。强调降低碳排放人人有责，有利于推动形成绿色简约的生活方式，降低物质产品消耗和浪费，实现节能减污降碳。加快降低碳排放步伐，有利于引导绿色技术创新，加快绿色低碳产业发展，在可再生能源、绿色制造、碳捕集与利用等领域形成新增长点，提高产业和经济的全球竞争力。从长远看，实现降低碳排放目标，有利于通过全球共同努力减缓气候变化带来的不利影响，减少对经济社会造成的损失，使人与自然回归和平与安宁。"双碳"目标的提出和落实，体现了中国作为一个负责任的大国，在发展理念、发展模式、实践行动上积极参与和引领全球绿色低碳发展的努力。

1.2　绿色校园的建设

改革开放以来，我国高等教育事业得到长足发展，自 1999 年至今，已进入高校规模大发展时期。2012 年 4 月，教育部发布《全面提高高等教育质量的若干意见》明确提出，今后公办普通高校本科招生规模将保持相对稳定。我国高校在校生人数不断增多，我国高校建筑数量与建筑面积快速增长，承担的科研任务也日益繁重，能源和资源消耗显著增长。

1994 年 3 月，我国政府颁布了《中国 21 世纪议程中国 21 世纪人口、环境与发展白皮书》，提出人口、经济、社会、资源和环境相互协调、可持续发展的总体战略规划、对策及行动方案，指出应加强对受教育者的可持续发展思想的灌输，并将可持续发展思想贯穿于从学前教育到高等教育的整个过程中。"绿色学校"的概念在 1996 年的《全国环境宣传教育行动纲要》中被第一次提出之后，清华大学于 1998 年提出了建设"绿色大学"的计划。在当前社会环境中，群众、社会以及国家的发展逐渐重视环境与经济的协调发展，并且在未来的发展过程中，将环保作为未来的主要发展方向。1999 年 5 月，清华大学又组织了"大学绿色教育国际学术研讨会"，随后，"全国大学绿色教育协会筹备委员会"也一并成立。在清华大学的带领之下，我国的许多其他高校也开始开展不同形式的绿色学校建设工作。2005 年我国教育部印发了《关于贯彻落实国务院通知精神做好建设节约型社会近期重点工作的通知》（教发〔2005〕19 号）和《关于建设节约型学校的通知》（教发〔2006〕3 号），这两个文件中提到：高校一定要把节约能源，节约水电放到一个相对重要的位置，建设节约型的高等教育学校。2008 年，教育部组织了有关研讨会，参会的 32 所"985 工程"重点建设高校联合发表了《建设可持续发展校园宣言》，并强调要加快节约型、可持续型高校的建设工作，加强对此项工作重要性和紧迫性的认识。随后，住房和城乡建设部等部委又陆续颁布了一些关于节约型校园建设的技术指南和政策，对于如何建设节约型校园又做出了进一步的明确。党的"十八大"以来，习近平同志把生态文明建设作为中国特色社会主义"五位一体"总体布局和"四个全面"战略布局的重要内容，作为重大民生实事来抓，生态文明建设的地位和作用更加突显。为落实中央指示精神，教育部办公厅、国家发展改革委办公厅下发了《关于<绿色学校创建行动方案>的通知》(教发厅〔2020〕13号)，对各级各类学校关于绿色学校建设提出了要求。高校发展建设中，也更加认识到绿色低碳学校建设的重要性。

随着可持续发展、绿色发展等理念的兴起，以及建设节约型社会的迫切要求，我国的许多高校相继开始了绿色大学的建设历程。清华大学提出"绿色教育、绿色科研、绿色校园"，认为建设绿色大学所指的不仅仅是建设一个绿色、生态的校园，更是将"绿色"融入学校的教育教学和科研实践，让"绿色"成为清华大学的又一理念。同济大学的绿色大学建设也是开展比较早的一个大学，建成了以节能理念为基础的"科技、管理、育人"三位一体的绿色大学系统，其系统所推行的是全员参与的模式，让绿色建设能够渗透到学校工作的各个方面，贯穿始终。哈尔滨工业大学对绿色大学建设进行研究的过程当中进行社会和环境方面的交叉研究模式，形成了"建好一个中心，搞好三个推进"的建设模式。在建设了"环境与社会研究中心"学术平台基础上，利用平台推进了对环境理论的研究、环境教育的宣传、环境保护的加强。浙江大学的节约型校园建筑节能监管体系通过监管体系项目建设，将形成校园建筑能耗统计、能耗监测、能源审计、能效公示四位一体的校园建筑节能管理体系。监管体系的建成，不仅为高校加强用能管理，实施节能改造，落实新建建筑物节能规划与建设准备条件，而且为我国高等学校建筑节能监管公共政策的制定、校园建筑能耗定额的形成、校园建筑规划设计等提供数据支撑。山东建筑大学自2002年开始建设新校区，建设之初就将生态、绿色发展理念贯穿始终，六大综合保障技术体系中包括：绿色大学规划与设计、节能与监控系统、水资源的优化利用、可再生能源综合技术、校园信息化系统、绿化系统等。绿色大学校园的环境综合保障技术研究成果曾获山东省科技进步一等奖，出版了著作《绿色大学校园》，为校园双碳目标的实现打下了坚实的基础。

总结来看，目前我国高校对于绿色校园建设高度重视，并积极开展相关工作。由于各高校自身条件的不同，关于绿色校园建设的方法业各有差异。绿色校园建设主要从以下两个方面考虑：校园软环境是校园物质条件以外的诸如政策、文化、制度和思想观念等因素和条件的总和；校园硬环境指由看得见摸得着的校园物质因素构成的环境，其中了解校园内主要用能情况并提出相应减排的手段是当务之急。

1.3 低碳校园的意义与目标

低碳校园是低碳城市建设的重要环节，大学是城市内空间规模较大、人口高密度聚集的区域也是城市中的一个小社会，大学校园是社会活动的重要载体和组成部分，校园低碳化建设是实现社会可持续发展的目标之一。党的"十九大"报告明确提出："要推进绿色发展，开展创建节约型机关、绿色家庭、绿色学校、绿色社区和绿色出行等行动。"绿色发展已经成为新时代的必然要求，在教育领域，体现绿色发展理念的途径之一就是绿色学校建设。因此，降低校园建筑能耗，提高能源利用效率，将成为高校节能减排的工作重点。

高校对于低碳、碳中和及校园可持续发展等的意识和行动开始得较早，以可持续校园建设实践探索为主，通过绿色建筑设计、低碳设施、绿色能源、制定碳减排目标政策等措施来减少校园碳排放量，建设低碳校园，以高校为平台，树立典范向社会推广，实现社会的可持续发展。当前通过对国内外高校为实现校园碳中和的实践经验进行归类总结，提出符合我国高校实现碳中和的实施路径，为我国高校未来实现碳中和提供经验与参考。

低碳校园是指在"双碳目标"的指导下，贯彻可持续发展的战略思想，遵循生态学原理和人与自然协调的原则，通过合理规划设计和建设实施，形成体现校园特色和文化内涵的校园生态系统，旨在把低碳的生活理念深入当代大学生的思想中，从而将低碳的理念和模式推广至整个社会。

未来低碳校园的总体目标是建设低碳智慧校园能源体系，未来校园的低碳智慧能源体系应实现"安全可靠、低碳智慧"两个目标，需具备"低碳能源供应、多能互补协同、能效综合最优、数字全面赋能、跨界模式创新"五大特征，应提升"低碳转型、能源转型、数字化转型"三元转型核心能力，通过"能源流、碳流、信息流与价值流"四流融合推动低碳校园的智慧能源体系建设的发展路径。

高校是促进低碳经济发展、技术创新和人才培养的基地。高等学校作为先进科学技术的传播者，其校园的低碳建设不仅可以提升能源利用效率、节约资源、提升环境质量、创造健康的学习和生活环境，为城市绿色规划与城市低碳基础设施建设提供可参考的解决方案；同时，通过对年轻一代全方位的环境保护教育，进而影响社会未来的能源消耗模式。依托高校教书育人的主渠道作用，高校能培养学生的低碳知识、低碳意识、低碳行为习惯，储备更多从事低碳行业的技术人才。依托科研团队低碳方面的研发成果进行技术集成、应用具有便利性，能够更好地发挥其教育示范和市场示范作用。因此，高校更要担负起相应的社会责任，应该引领碳中和社会的转型，充分发挥高校的辐射教育意义和社会影响力。

第 2 章

低碳校园实施策略

伴随着高等教育的快速发展，高校的建设规模、学生人数及资源消耗急剧增加，我国高校能耗消费开支逐年上升。2006年我国教育部印发了《关于建设节约型学校的通知》，文件中提到：高校一定要把节约能源、节约水电放到一个相对重要的位置，建设节约型的高等教育学校。高等院校建设节约型校园有助于积极构建科学、低碳、高效的资源配置模式，进一步推动生态文明建设。高等院校作为用能大户，自身担负着科技创新和推行可持续发展理念的责任。同时，学校作为能源使用密集型的公共单位，低碳校园和低碳课程的建立有利于培养学生的低碳消费意识，传播绿色生活理念，推动整个社会的绿色低碳发展。

2.1　高校发展概况

2.1.1　高等教育学校规模

2021年，全国共有高等学校3012所，其中，普通本科学校1238所、本科层次职业学校32所、高职（专科）学校1486所、成人高等学校256所。2021年全国高等教育学校数量如图2-1所示。

2.1.2　高等教育学生规模

2021年，各种形式的高等教育在学总规模4430万人，比上年增加247万人，高等教育毛入学率57.8%。比上年提高3.4个百分点。"十三五"时期高等教育在学总规模和毛入学率如图2-2所示。

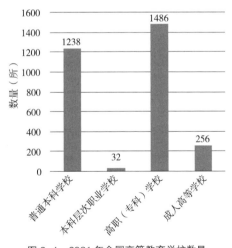

图 2-1　2021年全国高等教育学校数量

2.1.3　高等教育办学条件

高等教育学校是本科院校、专门学院和专科院校的统称，简称高校。高等教育学

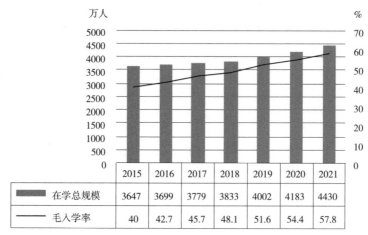

图 2-2 "十三五"时期高等教育在学总规模和毛入学率

校主要分为普通高等学校、职业高等学校、成人高等学校。

1. 高等教育学校

2020 年高等教育学校占地总面积 217009.5 万 m^2，其中绿化用地面积 68059.6 万 m^2，运动场地占地 15647.4 万 m^2。全国高等教育校均用地面积 47.0 万 m^2，生均占地面积 51.9 m^2。全国高等教育校舍总建筑面积 107280.7 万 m^2，生均校舍建筑面积 25.6 m^2。2020 年新增学校产权校舍总建筑面积 3190.8 万 m^2，正在施工学校产权校舍总建筑面积 7900.4 万 m^2。高等教育学校 2015~2020 年期间每年占地面积、绿化面积如图 2-3、图 2-4 所示。

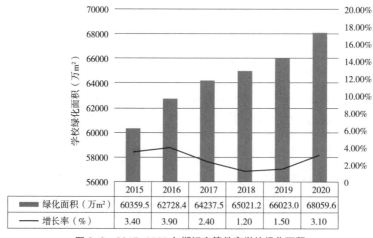

图 2-3 2015~2020 年期间高等教育学校绿化面积

2. 普通高等高校

2020 年，全国普通高校校均规模 11982 人，比上年增加 722 人。其中，普通本科院校校均 15749 人，比上年增加 570 人；高职（专科）院校校均 8723 人，比上年增加 947 人。

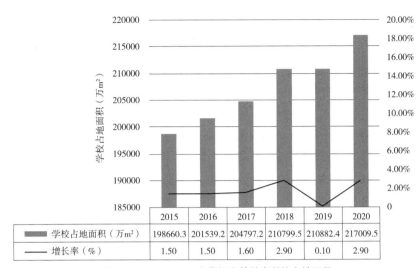

	2015	2016	2017	2018	2019	2020
▨ 学校占地面积（万m²）	198660.3	201539.2	204797.2	210799.5	210882.4	217009.5
— 增长率（%）	1.50	1.50	1.60	2.90	0.10	2.90

图 2-4　2015~2020 年期间高等教育学校占地面积

普通高等学校校舍总建筑面积 92034.13 万 m²，比上年增加 2785.40 万 m²，增长 3.12%。全国普通高校生均校舍建筑面积 26.0m²，比上年减少 1.02m²。其中，普通本科院校 27.6m²，比上年减少 0.6m²；高职（专科）院校 23.0m²，比上年减少 1.7m²。2020 普通高校生均校舍建筑面积如图 2-5 所示。

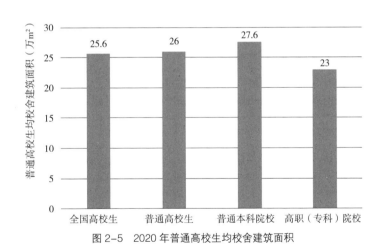

图 2-5　2020 年普通高校生均校舍建筑面积

我国高等教育规模继续稳步发展，高等教育结构逐步优化，普通高校教师学历层次继续提高，办学条件得到进一步改善。高职（专科）院校连续扩招，教师配置趋紧，教学科研仪器设备、信息化设备、教学用计算机配置水平有所下降。因此，还有很大的发展空间，需要加强学校的师资力量，新建或者扩建校区以满足日益增加的师生规模，保障学校长远发展的需要。

2.2 我国校园的碳排放特征

大学是城市内空间规模较大、人口高密度聚集的区域，也是城市中的一个小社会，大学校园是社会活动的重要载体和组成部分，校园低碳化建设是实现社会可持续发展的目标之一，党的"十九大"报告明确提出"倡导简约适度、绿色低碳的生活方式，反对奢侈浪费和不合理消费，开展创建节约型机关、绿色家庭、绿色学校、绿色社区和绿色出行等行动"。了解校园内主要用能情况并提出相应减排的手段是我们的当务之急。

改革开放以来，我国高等教育事业得到长足发展，同时也使我国高校在校生人数不断增多，我国高校建筑数量与建筑面积快速增长，能源和资源消耗显著增长，高校校园能耗约占社会总能耗的 8.5%，高校生均能耗指标高于居民人均能耗指标。高校中碳排放的产生有很多原因，比如校园内电、暖等建筑能耗、校园中的教学活动、科研活动及师生生活中的碳排放等。校园的主要碳排放源组成为三大类：校园建筑运行、校园交通和校园生活，其中建筑能耗占据重要比例。高校碳排呈现出的主要特点如下：

1. 高校人均能耗高

高校校园面积大，人员密集，高校碳排放水平高于城市平均水平。根据住房和城乡建设部 2005 年对 45 所高校能耗和水消费数据的统计计算显示，高校人均用水量是全国人均用水量的 1.95 倍；人均年能耗是全国人均年能耗的 4.32 倍，因此其能源资源消耗、温室气体排放量都远高于城市平均水平。

2. 高校碳排放复杂性高、关联性强

高校有明确的地域边界，是相对完整的闭环聚落，学生、教师、后勤、行政等群体类型多，教学楼、办公楼、宿舍楼、实验楼、餐厅、体育馆、机房等建筑类型多，学习、办公、住宿、餐饮、文体活动、出行等需求类型多，校园碳排放呈现复杂性高、关联性强的特点。

3. 高校碳排放功能性、地域性明显

高校办学层次、规模及地域不同导致承载的功能不同，一般来讲，理工科大学因学科建设发展的需要，能耗大，碳排放量较高。地理位置不同存在气候差异，从而导致供暖制冷需求及生活活动需求不同，呈现明显的高校碳排放的地域性特征。

4. 高校碳排放间歇性、潮汐性明显

高校一年之内有周期相对固定的工作日、寒暑假，一天之内教学、办公、休息、运动等活动强度特征，相对于商业、社区等碳排放，高校碳排放的全年间歇性、全天潮汐性特征明显。

5. 高校碳核算工作进一步加强

国内外高校一直从事绿色、低碳校园的科研、教育与实践，但目前高校对自身的碳排放情况普遍缺乏详细计算、评估，校园碳排放核算刚刚起步，缺乏成熟的方法和标准，随着我国"3060 目标"计划的逐步落实，高校应加强碳核算研究与实践，为校园减碳控碳提供量化方法和工具。

2.2.1 校园建筑能耗特点

由于高校规模增大，高校校园建筑面积以及科研教学设备种类与规模逐年增加，校园建筑总能耗也呈增长趋势。校园设施的多样性与复杂性决定了高校用能种类的多样化，以及能耗波动的多样化。由于高校校园人口密度比较大，教学生活区域也比较集中，故耗电率比全国人均水平高。另外，高校校园建筑耗电量在冬夏季与春秋季有明显的波动，冬夏季耗电量较大。

2.2.2 校园交通能耗特点

高校校园作为高校师生进行教学活动的场所，具有很明显的潮汐性，其源自"交通需求在时间分布和空间分布上的不平衡性"。在上下课时间点、进餐时间段、举办大型活动等特殊时间会有大量的师生涌上校内道路，与其他时间段形成显著差异。

校园交通碳排放具有多样性与复杂性。首先，校园交通系统是由多个子系统组成，从交通方式来看可分为步行系统、非机动车系统和机动车系统；这些子系统及其相互之间的关系，组成了校园交通系统。因此，交通碳排放呈现复杂性高的特点。

近年我国高校规模不断扩大，师生人数不断增加，校园内与校园外的来往与交流也日益频繁，校园交通压力增加，校园交通碳排放量也日益增加。

2.2.3 校园生活能耗特点

校园生活能耗主要是学生在"衣""食""用"三方面的碳排放；学生生活用能行为包括饮食、洗衣物、塑料袋和纸制品消费等日常行为。而这些行为会产生大量的垃圾。由于高校人口相对集中，高校所产生的污染也是不容忽视的。但是，目前我国几乎所有的高校对本身产生的垃圾并未做任何处理，就连最为简单的垃圾分类处理也基本没有做到，而只是做到了表面上有可以回收利用的垃圾桶，至于在实际行动中是否落实，并没有人深究，也没有专门的机构来管理，而是作为城市垃圾的一部分加以排放。这种情形加剧了全国垃圾污染的严重性，并且浪费了不少的资源和能源，据部分高校垃圾年排放量调查，粗略估计高校每日垃圾量为 2.5kg/ 人，全国高校按 600 万人粗略估计，每天垃圾排放总量约 15000t，每年垃圾排放总量约 450 万 t，其中有机垃圾约 225 万 t。这些垃圾并未被有效利用。

2.3 低碳校园的实施策略

2.3.1 实施策略

通过研究国内外高校在制定减排计划、实施具体减排措施、制定制度规范、增加碳汇等方面的实践经验，结合高校碳排放特征和国内外绿色低碳校园建设的实践经验，本书提出我国低碳高校校园的低碳整体实施策略：

1. 低碳规划策略

低碳校园建设的规划设计，从宏观上来说，是必须做好校园的整体规划，如校园基础设施建设可与自然资源进行有机结合，既充分发挥自然资源的优势，又能满足学校建设的总体需求，使环境建设与功能建设同步。同时，全面了解规划区域内自然资源、生态环境以及自然生态特征与校园活动的联系，运用生态系统整体优化的原理和方法，合理地设计和建设校内建筑，追求校园整体的优化和总体关系的和谐，强调各部门、各层次之间的协调，使校园内资源最大限度地节约、利用，校内办公、教学、生活等建筑与当地环境形成一个有机结合的整体。在规划建设过程中，学校要合理设计布局校内的各项建筑、设施，从可持续发展的角度出发，结合校园所处地区的具体情况，优化校园规划建设，最大限度地实现资源的循环利用，推进校园建设的健康发展。科学规划校园绿色景观环境可以有效降低噪声污染，也能为师生构建一个减缓视觉疲劳的生态环境，并能一定程度上减少局部热岛效应。

2. 建筑的低碳设计

建设低碳校园，低碳建筑设计是关键。低碳建筑的内涵和节能建筑、绿色建筑是一致且相辅相成的。校园低碳建筑应涵盖建筑物的规划、设计和使用的全过程，在建筑规划和设计时，根据大范围的气候条件影响，针对建筑自身所处的具体环境气候特征，重视利用自然环境创造良好的建筑室内微气候，以尽量减少对建筑设备的依赖。具体措施可包括合理选择建筑的地址、采取合理的外部环境设计、合理设计建筑形体，以改善既有的微气候、合理的建筑形体设计以充分利用建筑室外微环境来改善建筑室内微环境。在建筑围护结构组成部件（屋顶、墙、地基、隔热材料、密封材料、门、窗、遮阳等设施）的设计过程中注重对建筑能耗、环境性能、室内空气质量与热舒适环境的影响，提高围护结构各组成部件的热工性能，选择围护结构组合优化设计方法，评估围护结构各部件与组合的技术经济可行性，以确定技术可行、经济合理的围护结构。在用能设备效率提升方面，应根据建筑的特点和功能，设计高能效的暖通空调设备系统，在使用中采用能源管理和监控系统监督和调控室内的舒适度、室内空气品质和能耗情况，在日常办公设备选用方面，应尽量使用节能认证的产品。

3. 建筑运行碳减排策略

对于我国高校的整体发展情况而言，设备系统的节能调适与更新已经成为国内众多高校的节能减排主要建设路径之一，区域能源、热电联产、光伏发电、地源热泵、余热废热回收、高效空调、高效新风、节能照明、分项计量、智能监测与控制、智慧信息服务平台等一系列主流的高能效、低碳排设备系统在高校中的应用已成雨后春笋之势，展现出建设低碳校园在整个社会层面的良好势头。

要想在建筑运行中实现更好地减碳就需要对其过时的、低效的各类设备系统进行不同程度的调适和优化。充分利用互联网、物联网等信息技术，优化升级高校节能监测平台，改造高校配电室、变压器、供暖锅炉等基础设施，更新节能灯具、高效用热末端，提高供电、供热系统使用效率。

4. 水资源使用减排策略

废水的再生综合利用和节约用水是实现水资源使用减排的主要路径，新建、扩建雨水收集设施、中水处理站，增大非传统水资源利用率，是高校实现水资源碳减排的主要手段。国内外多个高校的案例在水资源减碳上采用的方式相近，但是根据不同高校的不同需求，在侧重上会有不同。

5. 集中供暖减碳策略

学校的教学类建筑和宿舍楼是占比较大的两类建筑，同时也是学生经常出入的场所，教学类建筑白天有学生上课，建筑负荷较大。学生宿舍楼与教学类建筑的使用情况正好相反，晚上的负荷较大，学校类建筑与其他公共建筑的特殊之处还表现在学校有寒暑假，假期间除部分建筑正常使用外，大部分处于闲置状态，负荷相对较小。因此，高校供暖系统由于供暖季外界气候变化较大，学期和寒假供暖需求负荷差别大，不同类型建筑供暖需求不一致等特点，其供暖系统容易出现较大浪费的现象。高校集中供暖减碳的路径主要是通过设备升级、引进先进设备和引入新能源，并利用好高校供暖的周期性差异性。北方地区拆除学校自建的燃煤锅炉，并入城市供暖管网或采用天然气等清洁能源供暖。

6. 道路交通减碳策略

校园内师生的出行时间有一定的规律，交通流量也容易计算出来。对于学生来说，主要的通行方式是步行，自行车、代步车等非机动车方式占一小部分比例，不同校区之间的通行方式主要是校车、公共汽车、共享单车、校内绿色摆渡车等方式。教职工的交通方式还是以小汽车等机动车为主。在这种情况下，为构建绿色、低碳校园，学校要加强绿色交通系统的建设，合理规划人行通道与机动车通道的比例、位置等。在设计步行通道时，要综合场地、交通量、绿化设施以及建筑美观性等方面进行考量。学校也要在校园内建立慢行交通系统，积极推广慢行交通，鼓励师生用步行或自行车代替机动车，在校园内安设自行车专用通道以及步行主干道，并且这一部分的交通系统禁止机动车通行。机动车也以路径简洁、便于停车为主，学校可以提高地下场地的利用率，加设地下停车位，在节约地上空间的同时，对校园内的生态景观等也不会造成破坏。

7. 可再生能源利用

大学校园以其低容积率、低建筑密度的特点使校园建筑具备了可再生能源，特别是太阳能资源综合利用的先天优势。因此，在校园建设规划过程中，应注重对于太阳能、风能、地热能等技术较为成熟的可再生能源应用。在设计过程中，应注重校园建筑设计参数与可再生能源利用潜力之间的匹配关系，对于太阳能利用，应注重与建筑一体化的设计与建造，包括从太阳能资源利用的角度合理选择建筑的朝向、建筑的平立面形式、屋顶的倾角等，为太阳能资源收集设备的安装创造必要的先天条件。对于其他类型的可再生能源应注重能源品位与能耗需求之间的匹配，同时应遵守经济性原则，避免过高投入与较低产出的应用弊端。

8. 绿化植被的固碳

在校园内进行合理的土地利用规划，确保一定数量和质量的植被面积以保障校园内部的碳汇。采用覆草屋面、平台花园、垂直绿化等手段增加建筑的有机表面,以减小建筑的热（冷）负载,同时吸收二氧化碳,为校园碳汇减排做出贡献。高校可以加强碳捕获和碳存储技术的研发与技术推广,适时通过碳捕获、碳存储技术进行碳汇减排。

9. 建立和完善节能管理制度和激励机制

建立健全完善的制度保障体系才能保证校园低碳建设的有效推进。《高等学校节约型校园建设与管理技术导则》《教育部关于在各级各类学校厉行节约反对食品浪费的实施意见》等文件相继出台,为推进低碳校园建设提供了制度保障和约束机制。高校不仅要对标各种指导性建设文件,严格遵照执行国家已有的制度规则,同时也应结合本校实际制定相关管理制度,也可针对具体节能项目制定更加细化的相关管理规定,如制订《校园用电制度》《校园用水制度》《校园空调使用规定》《校园照明管理规定》《校园空调使用规定》等。高校要在深入认识低碳校园构建意义的基础上,分析低碳校园的建设现状,从而有针对性地提出有效措施,来保证低碳校园的有效建设与发展。

2.3.2 案例实践

对高校进行节能减排措施的目标是减少碳排放,或是将碳排放控制在较低的水平,最终目的是实现校园、城市与环境的可持续发展;而对于已建成的高校,节能减排措施需要从目前最迫切的地方入手,最终使校园形成一个绿色健康的生态系统。山东建筑大学充分发挥自身学科的优势和特点,在绿色建筑、可再生能源利用、太阳能技术推广、中水回收、绿色照明、能耗监测等方面做了大量工作并取得了可观的成效,取得了较大的经济效益和社会效益。具体措施有:

1. 低碳规划策略

山东建筑大学新校区校园规划以保护生态环境为出发点,将行为环境和形象环境有机结合,尊重自然生态,旨在结合地域、地区特点,以高起点的环境艺术及景观设计,创造一个适于师生学习生活的、现代化的山水园林式校园环境。结合基地"一山一谷"的地貌特征,因地制宜地建立校园规划体系,考虑到校园今后的发展,每个组团都留有拓展的余地,使校园结构有很大的弹性,能够满足学校未来发展的需要。在尊重原有地形地貌的前提下建设生态廊道,注重校园文脉的延续,注重环境整体美和自然美的创造,在规划中体现"以人为本"的设计思想。有效利用冲沟,提高土地使用率。在遵循因地制宜原则的基础上,对校园的噪声、天然采光、自然通风等进行了合理的规划和设计。

2. 建筑碳减排策略

山东建筑大学校园建筑的围护结构按照设计建设期相关国家和地方标准进行设计建造,建筑体形设计综合考虑了建筑功能、造型与节能的要求。基于当地的寒冷气候特征,尽可能降低建筑外围护结构表面积的比例,并使热工性能较差的外围护构件面积降至最小;尽量扩大南立面面积占总围护结构表面积的比例,在满足基本通风、采光要求的基础上,减少北向、西向等不利朝向墙面面积及窗墙比。通过控制建筑体形系数来节约建筑能耗,降低建筑造价。在校园建设中采用低碳墙体材料,结合节能门窗,为建筑的节能减排提供可靠的基础;同时综合利用太阳能可再生能源,以校园内太阳能学生公寓为例,公寓在南向房间采用了直接受益式采暖方式,同时利用涓流通风技术来进行室内外空气交换。利用太阳能采暖新风系统为北向房间提供采暖和新风,在南向墙面利用窗间墙和女儿墙的位置安装了157m²的太阳墙板,为室内提供采暖和新风。利用西立面太阳能烟囱,强化自然通风。屋顶集中太阳能热水系统为各房间提供了生活热水。追踪式光伏发电装置为公寓提供公共和周边景观照明。

学校积极探索低能耗建筑技术研究和应用示范,2014年立项建设全国首栋装配被动式低能耗示范建筑,已于2017年建成投入使用。

在校园运行过程中,采用了多种低碳照明技术,包括用于大型教室的JZJD-1型绿色照明技术,用于自习室等小区域教室的JZJD-7型绿色照明技术,用于校园路灯个性化控制的基于Zigbee无线网络技术的路灯监控系统。

在校园管理过程中,在特殊时间段对校园的资源进行整合,统一管理。高校建筑中多数有自身的定位,不同的功能定位引起使用强度的不同,对碳排放量影响巨大。比如校园1号餐厅的碳排放量,由于建筑功能为师生餐饮场所,内部配备大量的用电用气设施,所带来大量的能源消耗,引起较多的碳排放量;而为校园提供热力的锅炉房,由于煤炭的燃烧集中于此,其碳排放量更大,所以这些建筑由于功能决定了碳排放减排的余地较小。而对于部分自习教室,平时自习时间教室使用人数较少,造成"灯多人少"的现象,间接造成碳排放量的增加。所以对这一部分应采取一定措施。比如通过针对学生自习常去的逸夫教学楼的调研发现,其平时照明使用强度一般,使用强度最高为考试及考研期间,而教室有人使用时灯全部开启,造成整体能源利用率低,所以在保证正常舒适度的情况下,在特殊时间段对校园的资源进行整合,假期开放局部自习教室,统一管理,提高教室利用率,避免不必要的浪费。

3.水资源使用减排策略

节水方面,校园建筑的供水系统用户端全部采用节水器具,学校在新校区建设期间,投资700余万元,同步建设了污水处理系统,对校园内的杂排水进行收集、处理和分级利用,目前学校中水站日处理中水3000m³左右,每年生产中水84万m³,中水利用率达到93%,每年节省自来水70万m³,间接减少了碳排放。经过十多年的运行,山东建筑大学的中水利用产生了较好的社会效益和经济效益。全校21座楼宇的冲厕用水、绿化用水、道路降尘喷洒及冲刷等全部使用中水,中水利用率也由原来的70%提高到96%,实现校园污水零排放的同时,也大大节约了学校经费开支。

4.道路交通减排策略

步行系统。步行是高校中最重要的交通方式,也是最常用的交通方式,同时也是最低碳的交通方式。在设置步行系统时需要将一些休息、交流及学习的空间纳入步行系统的设计,在步行道路设置上尽量选取最短距离,不合理的道路段需及时调整,步道与景观结合设计,在步行体验上更加丰富。同时,在步道的两侧可设置适宜尺度的绿化及小品,丰富步道空间。在山东建筑大学校园内,已有较为完善的步行系统和绿化景观。

非机动车系统。在山东建筑大学校园内，学生主要的出行工具有电动车、自行车。根据人们活动频率及距离设置相关的公共自行车租借点以及电动车停放点，在校园的各个校门口设置相关的停车区域，根据校园内部的高差，将两条高差较小的路作为停放自行车的主要路段，同时根据理想的步行出行距离 200~500m，将停车点间距控制在该范围之内，分别在使用较为频繁且适合骑车的浴室、食堂、博文楼、图书馆及科技楼周边设置公共自行车停车区域。

在公交车系统方面，校园中已实现公交车全部使用新能源汽车，所以在新能源的程度上可进一步提高，用碳排放更少的能源来代替。校园自 2021 年 9 月 28 日投入使用摆渡车，电动车的普及将大大减少校园内的碳排放。

机动车系统。高校机动车系统设置需要避免或限制有较多噪声污染和空气污染的机动车进入。对于校园内部而言，需要合理地设置停车位，并且将机动车停车位尽量靠近校园出入口设置，鼓励进校园后采用步行或者自行车的交通方式，避免机动车过多地在校园内行驶。目前在山东建筑大学校园，已有较为完善的道路系统。

5. 可再生能源利用策略

目前，校园中对于可再生能源的利用也随处可见，以校园内 78 盏太阳能路灯为例，每年可节电 42705kW·h，约减少碳排放 31t；学生浴室安装了 300m³ 的太阳能集热器，每年可为学校节约燃煤 100t，约减少碳排放 190t。

梅园一号楼学生公寓太阳能新风，太阳能采暖技术等的应用每年可减排 2429t；光伏发电、绿色照明等低碳照明技术每年减排 713t；空调、制冷采暖设备等低碳技术每年可减排 395t。

太阳能光伏发电，借助政府补助资金，建成了总装机总量为 1MWp 的太阳能光电建筑应用示范项目并网光伏发电系统。在项目建设中，学校充分利用图书信息楼、梅园一号楼、梅园二号楼、梅园三号楼、松园一号楼、松园二号楼、松园三号楼、竹园一号楼、竹园二号楼、竹园三号楼配电室等十栋校内建筑楼顶（图 2-6），采取与屋顶表面结

图 2-6　太阳能光伏发电

合的形式，建成 1MWp 太阳能光伏发电并网系统。该项目使用的太阳电池组件方阵由 5310 块 190Wp 组件组成，占建筑物屋顶面积约 20000m²，2012 年正式投入使用，并入校园内部电网发电，宿舍楼发电即发即用（图 2-6）。阳光充足时日发电约 1600kW·h 左右，累计发电量约 460 万 kW·h，近三年年平均发电量 449579.7kW·h。

经测算，每年可节省煤炭约 1000t，减排灰渣约 500t，减排二氧化碳约 2000t，减排二氧化硫约 30t，减排可吸入颗粒物约 10t，具有较好的节能减排效益。按照目前商业用电电价，用电每千瓦时 0.8 元计算，按照年发电量 116.8 万 kW·h 计算，系统每年可节省电费约 93.44 万元。

太阳能与浅层地热能综合利用。依托学校学科优势，设计安装了太阳能与浅层地热能结合的热泵系统为中央空调供冷供热。该系统利用太阳能向地下热源补热，进行负荷平衡，实现了跨季节蓄热，确保了地源热泵系统长期高效运行（图 2-7）。

图 2-7 太阳能与浅层地热能综合利用

6. 绿植固碳

绿植固碳是目前最有效、最经济，也是最健康的固碳方法之一。建筑中的绿植固碳可分为一般的地上种植和立体绿化，绿植固碳方面，山东建筑大学校园中的绿植固碳量接近总排放量的 1/3。校园景观设计方面，校园本身有着得天独厚的地理条件，校园中的山体丰富植被资源及景观的连续性为校园的景观设计打下坚实的基础，若计算山体上的绿植固碳量，则校园内的固碳量可达到整体排放量的 2/3 以上。同时，校园中有着丰富的绿化和植物配置，校园的景观设计充分遵循生态学和景观生态学的理论，以及因地制宜、适地适树的原则，科学地进行了校园树种规划，构建校园生态园林绿地系统体系，遵循"让森林走进校园，让校园坐落在森林中"的设计理念，校园中进行了丰富的绿植设计（图 2-8）。所以，校园中设计有较多的生态绿地，绿化资源丰富，植物通过光合作用的固碳量进一步提高。

山东建筑大学新校区内已有丰富的绿化，在加强绿化管理的同时，可积极增加建筑的立体绿化。立体绿化引入对建筑的保温隔热有着十分显著的作用，比较常用的设计

图2-8　校园中丰富的绿植设计

方法是将立体绿化和建筑功能相结合，这样可在一定程度上较少建筑的碳排放。尽管寒冷地区建筑进行立体绿化设计本身也存在较多的问题，比如施工技术、植物选取、后期养护等，但从高校角度来讲，立体绿化可适用校园中的大多数建筑，且对于城市建筑绿化系统的建立及节能减排都有积极的促进作用。

7. 节能监管平台建设

山东建筑大学是我国首批节约型校园示范学校，是全国第一部《高等学校节能技术导则》的编写单位，在2011年建立了集审计、监测、管理、诊断、控制等功能于一体校园节能监管平台（图2-9）在全校安装电度表、水表、流量表、温度计、传感器、采集器、数据网关、控制器等设备约3000多台。平台实现了能耗数据的实时监测，并对公共区域的照明、办公室空调、饮水机等进行远程控制。平台结合地理信息系统实时显示建筑物的耗能情况，融合了地理信息、能耗监测、节能控制、太阳能管理、中水管理、视频监控、管网监控、路灯管理、热力监控、信息发布等10个子系统，对全校能耗进行全方位的监测和管理。目前，山东建筑大学能耗监控管理平台已覆盖全校绝大部分建

图2-9　能耗监控平台建设

筑，对主要耗能建筑实施三级监测，实现了计量到房间。学校充分利用平台实时监测控制功能，对一些异常耗能情况，进行技术分析，使用功能更加有效合理，更加科学，更加人性化。节能监控平台的使用，让山东建筑大学对全校用能情况有了整体而详尽的把握，准确掌握了校园的能耗结构，并实现校园能耗实时统计、分析，为学校用能决策提供了数据支撑，为实施节能改造提供了依据。

山东建筑大学自2003年新校区投入使用后，学校高度重视新校区的节能工作，把建设节约型校园列为建设特色名校的一项重要工作内容。2005年学校专门成立了节约型校园建设领导小组，由分管后勤工作的校领导任组长，领导小组成员由校办公室、财务处、后勤处等职能处室及各学院负责人组成。领导小组办公室设在后勤处，负责研究、制定学校节能减排工作计划，检查和督导节能减排工作落实情况。相继制定了一系列节能减排要求和制度（表2-1），通过合理的规划和科学的技术应用，减少能源消耗，并取得了可观的成效。

山东建筑大学节能减排相关制度　　　　　　表2-1

时间	内容
2005年	提出建设资源节约型和环境友好型校园的总体要求
2005年	《山东建筑大学关于建设节约型校园的意见》
2006年	《学生公寓用电定额管理办法》
2007年	《关于进一步加强用电管理的意见》
2008年	《山东建筑大学能源管理办法》
2010年	《高等学校校园节能管理制度汇编》
2011年	《节约型校园建筑节能监管平台项目验收工作报告》
2012年	《山东建筑大学水电管理暂行办法》
2012年	《山东建筑大学节电管理制度》
2012年	《能源管理规章制度汇编》
2014年	《山东建筑大学能源管理手册》
2014年	《山东建筑大学能源管理体系程序文件》
2014年	《山东建筑大学能源管理实施细则》
2018年	《中水运行监管细则》
2017年	《供暖运行监管细则》
2019年	《山东建筑大学后勤处能源中心管理制度汇编》

8. 高校低碳课程教育

目前，山东建筑大学已经在课程系统中设置了绿色通识教育，通过开设节能课程、节能科普宣传、营造节能氛围等措施，引导学生参与其中，使绿色节能环保成为学生的自觉行动，培育形成了富有特色的育人载体。各学院充分发挥学科优势，为全校各专业学生开设了绿色教育理念类公共选修课。如热能工程学院开设了《绿色建筑思维与行动》公共选修课，市政与环境工程学院开设了《低碳经济与中国》《循环经济与可持续发展》公共选修课，土木工程学院开设了《环境灾害与可持续发展》公共选修课。同时，具有专业特色的绿色节能低碳环保课程在相关专业得到充分重视。建筑城规学院建筑学（太阳能建筑一体化）专业开设了《绿色建筑概论》《太阳能利用技术基础》《太阳能（绿色）建筑设计》《热泵技术及地热利用》《建筑节能概论》等课程；热能工程学院建筑环境与设备工程专业开设了《建筑节能新技术》等课程。并结合专业，围绕节能、环保等主题开展了多项社会实践活动，将类似的教学活动继续推广，结合各个学科利用废弃物展开教学工作，结合学校相关专业进行对生活废弃物回收利用的活动，降低消耗、循环利用。在校园中开展与低碳相关的宣传活动，包括与节能减排为主要内容的专题讲座及实践活动，举办相关专家论坛，学生论坛等低碳教育系列论坛，将一些前沿性的理论知识带入学生群体中，推广低碳理念。

第 3 章

低碳规划

低碳校园的规划，不仅仅在于改变现有的粗放式校园建设发展模式，更在于通过建设方式的改变，引导师生生活方式的改变，利用教学使其发挥更为显著的推广效果，形成"低碳＋活力＋健康"的多维目标，促进校园的可持续发展，继而影响城市的发展格局。

3.1　因地制宜的校园规划

在总体规划层面，校园的规划建设应充分考虑当地的气候环境条件和地形地貌特征等要素，尊重原有地形地貌，突出基地环境特色。我国幅员辽阔，不同气候区之间的环境条件差异较大，校园规划应根据地方的环境特点合理布局。同时将建筑布局与校园地形进行有机融合，促进校园与城市环境的和谐共生。

校园总体规划要遵循从决策源头上保证低碳发展的原则，要在生态优先的基础上，对校园功能分区（教学行政区、科研开发区、学生生活区、体育运动区、教工生活区、后勤服务区等）进行合理的规划。校园详细规划要从具体操作层面上切实降低能源消耗和增加碳汇，分区首先要考虑以良好步行环境为导向，并有助于正常的教学和科研活动的进行，营造出浓郁的学术氛围。

校园整体规划设计在理论层面是大学建设的一个系统工程，将涉及规划的各要素归纳为一个整体研究对象进行考虑。具体到方法论，整体设计既强调各专业的整合，也强调社会学、建筑学、生态学、人类学、政治经济学等多学科的交叉渗透与相互促进。从实践角度讲整体化校园规划，强调以清晰明确并贯彻始终的规划结构来统领全局，对功能分区、交通流线、绿地景观等进行合理安排，注重对建筑群体的轮廓造型、外部空间形态环境氛围的整体把握，以营造丰富而统一、有序而充满灵性的校园空间，反对孤立、片面地从校园局部入手进行规划。

社会不断发展，改革不断深化，每个时代教育形态的演进，不仅反映在教育思想、教育目标和教育体系的变化，也必然会伴随着教育组织结构和教育体制的变革，以及与之相适应的校园规划思想的演进。学校规模增大，体制变化是不可避免的，规划设计应有弹性，遵循可持续发展的原则。低碳大学校园规划要求设计理念应有整体性与前瞻性的思想，科学预测、充分考虑大学校园发展。现实校园的规划与建设不应以损害未来发展的可能性为代价，这就要求校园总体规划的格局必须科学、合理、充分，留有余地。因此，大学校园的规划要做到以下几点。

3.1.1　尊重地形地貌，突显基地环境特色

大学校园一般与城市关系比较紧密，低碳校园的建设有利于区域生态环境的恢复，从而促进生态城市的建设，同时可为师生提供更多接近自然、感悟自然的机会，从而起到深层次的生态文明教育与熏陶作用。

现实中部分校园规划仅仅将设计思维局限于完美的平面构图和震撼的视觉表现，而忽视基地自然环境特征的保护和利用，造成不必要的建设性破坏。规划设计者应该牢固树立自然优先的理念，主张尽量利用自然的力量去创造，反对过度运用人的力量去改造。每个校园都有独一无二的自然环境，必须遵循自然演进的规律，维护自然环境的结构稳定性和功能持续性。规划设计时尽量保持基地原有的自然地貌，善待基地中的植被，保留更多的自然生态存量，并形成独特的校园环境。

尊重原有地形地貌的校园规划，一方面，应尊重自然生态环境，以基地环境特色作为出发点，对校园用地高程、坡度、土地适宜性和敏感性等进行分析，针对不同的地块采用不同的开发方式和强度。针对校园环境中具有重要生态多样性意义的地点进行保护，如基地内的河流、山体、湿地等；将生态系统与建筑空间统一考虑，进行适应性设计与改造，力求在充分尊重和尽可能保留原有生态环境的基础上，取得它们之间的平衡。另一方面，校园建设不可避免地对已有环境植被造成影响和破坏，对受到破坏的山体、水体及有重要生态意义的区域进行同步恢复和补偿，使人工植被与校园生态系统及其周边环境重新融为一体，并且获得与天然植被相当的生态功能和一定的生态产出效益。

3.1.2　合理利用地形地貌，营造特色校园环境

大学校园往往需要面积较大的城市用地，出于更加合理地利用土地资源，也是为了更好地协调校园、城市、土地三者的关系并保证其可持续发展，很多大学都选择城郊的丘陵、山地、缓坡地建设大学校园，不少校园还与大海、河流、水库等水体资源相邻。与地势平坦的大学校园相比，山地地势的大学校园依托山地资源，或者紧邻山地而建，给校园各主要功能分区紧密联系和竖向设计带来了一定挑战，但是给规划设计提供了独特的自然条件，竖向空间也更为丰富。利用好地形地貌条件，对于营造具有特色的校园环境具有重要的现实意义。无论是地处丘陵还是地势平坦的大学校园，地形地貌都是规划设计的基础，地形地貌的合理利用和巧妙的竖向规划设计，对于营造层次丰富、具有特色的低碳校园都是至关重要的。

因此，低碳校园的建设，首先应合理利用地形地貌条件和自然资源，灵活展开校园规划布局，根据用地适宜性分析结果，尽量将建筑物集中布置于适宜的平地、缓坡区域内，在用地特别紧张的情况下，局部高差较大的位置也可以根据条件沿等高线或者垂

直等高线布置一些建筑群。在组团之间尽量保留原有的地形地貌，尽量避免破坏原有的自然生态，使校园空间形成一种疏密有致的整体空间格局。不同校园因地形陡缓、形状不同和所处山体部位的差异而具有不同的特色，创造出变化丰富的校园景观空间。其次，协同利用自然山水条件，校园环境与山水景观融合，在规划中巧妙地将校园环境景观的创造同自然环境相结合，通过对整体环境的营造来获得山水校园的意境之美。最后，优选总体结构模式，兼顾功能适度混合，根据校园规模大小、用地情况和设计理念的差异，在校园功能设置的基础上，结合不同的交通流线处理形成不同而具有规律性的空间组合，并呈现出多样化的校园整体空间格局。

综上所述，校园整体环境营造需要在校园功能需求的解读和对气候、基地、周边环境的分析基础上，充分考虑使用便捷、环境舒适、校城互动、资源共享、景观利用等因素，合理地选择校园总体结构模式，避免单一校园功能区域，适度混合功能要素，既保持相同功能组成的密切关系，又促进不同功能间的高效交流。

3.1.3 组织动态发展机制，实现集约化资源利用

在建设节约型社会的国家政策导向下，针对目前部分校园相对粗放的发展倾向，大学需要集约化的低碳校园建设和发展策略来应对我国人口众多而土地资源相对紧缺的现实国情。大学校园的集约化规划是在界定校园范围内对校园各类资源利用的有效组织，但是集约并不意味着追求最大化用地强度的校园建筑叠砌，而需要形成紧凑、合理、高效、有序的动态发展机制，以综合组织功能和复合空间两个主要手段，最大限度节约土地资源并创造出学术社区氛围的适宜校园环境。

校园的集约化要注重高效、紧凑和有序。"高效"是指功能的组织方式。以当代校园生活和运作的组合规律为基础去研究各建筑功能单元之间内在关联的可能性，并创造出积极高效的功能组合关系。系统和高效的功能组织是大学校园集约化规划设计的核心内容之一。紧凑的空间组织模式通过空间功能的复合与空间配置的简约来实现。其中，空间配置的简约往往是通过空间功能高效的集合达到的。因此，空间功能的复合是集约化空间组织的根本动力，而空间配置的简约则是集约化空间组织的表现形式。"有序"包括空间和时间上的有序。空间的有序性保证了高效的功能组织和紧凑的空间组合来实现集约化的价值；时间上的有序性则是为了实现校园的可持续发展。

同时，校园的发展需考虑动态因素的影响。首先，校园的规划结构是可生长的，便于未来校园空间的有序发展；其次，校园空间结构是弹性的结构，为校园生长留有余地；最后，规划与建筑要有足够的灵活性，能适应校园不断变化的要求，能够实现有机发展。"弹性结构"是指空间架构对于时间维度发展过程中，外界发展各个因素影响所表达出来的可适应性和可调整性，弹性化是指通过统筹安排和精心设计，将空间的使用范围和使用能力扩大，提高其适应能力，使空间架构能适应多方位的使用需要，即要求在设计中对于空间的发展趋势等必须做充分的了解，在满足现阶段的使用条件下，使空间架构能同时将僵化的、限制发展改变的、与未来使用相抵触的方面减少到最低程度，

并最大限度地满足未来使用的趋势要求。"有机发展"本身是一种过程，空间架构的有机发展不仅表现为物质空间、行为寄托、文化传统的延续和发展，而且空间架构不断被赋予"限制"因素，必须保证在不超越一定规模和环境承载能力的条件下，同时满足量的需求，获得可持续性发展。这个过程要求空间架构能体现出对两者的弹性适应。弹性化要求校园空间架构规划要在发展的不同阶段采取不同的发展战略和空间模式，而对物质空间的利用既要高效率，又不能超越其容量范围。

因此，校园的规划建设应预留发展用地。预留应分为集中预留和分散预留两种：集中预留的发展用地一般规模相对较大，发展区域的功能以及可建规模自由度较大；分散预留发展用地一般规模相对较小，建成区域容易在附近找到扩展用地。在具体规划设计时，针对学校的实际情况和特点，科学地预留发展用地。同时，提高土地资源的利用效率，在保证空间品质的前提下，以较少的土地提供更多的校园空间；选取适合的校园发展控制模式，在发展中加强空间增长管理，控制空间的无序蔓延，保持校园空间的秩序以及结构，实现真正意义上的大学校园可持续发展。

3.1.4 校园肌理有机发展，规划实现低碳减排

校园的发展一方面表现在内部功能的不断完善与充实，体现在校园环境与校园建筑设施之间的集中与交流程度越来越高，要求校园规划能实现通过校园自身内部改造与更新，实现校园肌理的有机成长过程。另一方面，校园发展也有可能获得新的用地扩充校园空间规模，以满足不断增加的空间需求，新成长与发展的校园空间与原校园空间之间应保持一种有机的内在联系，在获得新的发展空间基础上，保持校园功能发展的连续性、合理性与高效性，从而充分发挥大学校园的整体优势。

在建筑详细规划层面，应积极主动利用建筑节能技术，降低校园建筑的能源消耗。建筑作为校园中主要的用能单位需要承担重要的节能责任。校园建筑在利用主动或被动式节能技术的过程中，提高可再生能源的开发利用效率的同时，降低对传统能源的消耗，从开源和节流两个层面提高校园建筑的综合节能效率。

在生态景观规划层面，校园规划应将地方景观特点和要素引入其中。地方生态景观的引入能够提高校园环境在当地气候条件下的适应性，创造适宜的校园室外环境。此外，不同地区的植物配比能够打造不同特点的校园风貌。绿色生态景观是活化校园氛围和营造舒适校园环境的重要角色，应成为低碳校园设计中的重点。

校园不同区域空间的布局会显著影响学生在校园里的建筑、交通与生活碳排放量及其个体行为，低碳校园的空间区域的功能合理规划能够有效降低校园碳排放量。在高校校园的空间布局中，应以"可持续发展"的理念作为空间布局规划原则，各个功能区相互之间联系紧密却又赖以生存，通过社会效益以此来减少碳足迹，保护环境效益，从而减少经济消费的压力，这是校园长期有益的发展理念。"可持续发展"理念下的校园空间布局应当以校园使用主体——学生用户的需求满足作为出发点，而目前高校随着时代的快速发展与不可避免的被动扩大化，许多低碳校园的空间规划建设会面临新校区与老

校区布局分散、联系不够紧密、交通碳足迹过高等压力。为了能够有效降低校园碳足迹，打造低碳校园，提出科学合理的规划策略，需要更为具体地了解目前高校校园整体空间布局模式。

3.2 低碳校园的规划与实施

低碳策略的规划应着眼于校园环境的系统化、低碳化，可从两个层面上把握：一是总体规划层面上，着重于低碳校园整体形态、结构布局；二是详细规划层面上，强调减少碳排放的规划设计、技术运用及增加碳吸收的绿地系统规划，既要着眼于"碳源"的替代、减少和提高效率，又要着眼于"碳汇"的吸收。也就是说，要在打造低碳校园景观环境的同时，注重能源的节约和资源的再利用，减少和避免污染物的排放，做到布局合理、资源节约、技术先进、环境优美。

3.2.1 通过规划手段减少碳排

通过规划手段合理布局能源设施建设路径，可有效减少二氧化碳排放量。校园建设需规划好管道建设，避免前期管道预留不足，导致后期重新铺设管道。合理利用有利地形进行雨污水管规划，将化粪池、水塔、水泵房、冷凝塔、气压罐、锅炉房、高配房、低压配电房等进行综合考虑，设计一条绿色环保节能的能源输送路径。规划好山体雨水流向，收集雨水用于树木等植物浇灌，避免使用自来水进行灌溉。在建筑群体规划中要合理规划用电、用水、用气负荷，将高负荷用电规划在同一区域，同时尽量将高能耗的建筑物规划在高配房边。避免能耗在输送过程中的浪费，管道的重复建设，高效率地使用变压器、水泵等设备。将建筑物的用电负荷规划在50%，以便今后继续增加能耗设备，将进入该楼的管道预留50%用于今后扩建需求等。

3.2.2 通过规划手段减少碳源

通过规划手段减少能源消耗可以从布局减碳、能源利用、水资源利用、废弃物利用等方面考虑，从用地策划、设施配置等方面实施。具体来说，首先通过实施合理的功能分区，以良好的步行环境为导向，减少汽车在校内的通行，达到布局减碳的目的，这可以通过总体规划和交通体系规划来实现。其次在能源利用上，采用建筑节能和推广绿色建筑，推广应用低能耗技术与产品，开发绿色能源和清洁技术。在水资源的利用上，通过节水措施和中水、雨水等非常规水源的开发，建立节约型资源管理体制。在废弃物利用上实行垃圾分类回收和循环利用。

3.2.3 通过规划手段增强碳汇

通过林业植被将大气温室气体储存于生物碳库，积极扩大碳汇是成本较低的减碳途径。绿色植物通过光合作用可以吸收二氧化碳。因此，植树造林、保护湿地，提高校园绿化率，实际上就是在固碳、减碳。增强碳汇能力，要求将绿化的量（垂直与平面之绿化面积）与绿化的质（生物多样性、树种配置等）进行综合考虑，以尽可能增加碳汇能力。具体来说就是在校园规划中，保留自然山体和河湖水景在校园的位置，多建一些生态景观，少建大面积硬地广场和草坪广场，限建高耗电能的人工瀑布、喷泉等，多营造有利于户外健身、增氧、减少热岛效应的树林绿荫地，尽量营造乔木树种、高固碳树种，提高校园绿地单位面积的绿化功能和吸碳功能。

3.2.4 通过数字化手段实现行为减排

在校区的前期规划中尽量考虑使用数字化信息平台来管理学校资源，因此在规划中要充分考虑到弱电管道、强电管道、强弱电信息点分布与数据采集、数据交换系统的选择、校园网络的构建方案、校园卡、水电表种类选择、校园网数据库构建、设备运行数据采集智能模块、中央空调控制系统数据接口模块等，确保校园各信息采集的兼容性，能够将整个校园的能耗使用汇总到一个数据库中，对该数据库进行智能化分析与管理，推进学校水电运行和资产管理由传统经验型向科学技术型转变，为学校"能源节约""减碳排放"和"低碳发展"提供技术基础和平台支持，全面提升科技创新服务低碳、节约型校园建设的能力。

3.3 合理的建筑规模与布局

随着高等教育逐步服务于现代社会，大学校园也在发生变化，从往日在传统教室里向学生传授知识迅速演变为向科技、专业工作室和实验室提供灵活空间的研究场所，科学技术日新月异，专业学科的性质、内容都处于不断的变化之中。因此，高校的建筑应保持合理适宜的建筑规模，以及满足长期低碳运行的优化布局。

3.3.1 合理的建筑规模

现代高校的发展，一些新专业可能会出现，一些专业可能会扩大规模，还有一些不符合社会需求的专业会被撤销。教学手段、教学组织方式的变革，更会引起建筑空间构成方式的改变。因此，校园建筑应具有合理的规模以满足空间的适应性和应变能力。以教学楼为例，一幢教学楼的使用期是很长的，但它的使用要求能维持不变的期限是短暂的。教学楼的设计应以"可变功能"的概念代替"固定功能"的概念，使建筑长期保持其最高利用价值。以科研实验楼为例，科研活动的主要特点之一是"多变"。有些新建的科研楼还未投入使用，研究课题及其人员组织已经与原设计不尽相同。在科技发展的今天，这个问题表现得更加突出。为了适应发展，提高建筑的灵活性和通用性，应该采取以下策略扩大建筑空间组合，如：增加建筑进深尺度。通过将建筑的隔墙做成可移动或者易拆除的，使室内布置变得灵活，这样形成了大空间单元的标准化以及内部的灵活可变，改善缺乏弹性的小空间的情况。

从建筑理念上来说，功能的适应性，即在相互连续而有限的空间内，以空间整合的方式满足多种行为的需要。一方面，使具体空间的界定呈现出不确定性；另一方面，强调空间之间的相互渗透各空间互为彼此功能发生的条件。换言之，在这种空间整合的有机整体中，满足了人们生理和心理上，行为的自由性和多样性。建筑空间在使用上的多种适应能力是灵活通用性的根本要求，其基本方式是选择统一形态的空间。例如研究一种柱网尺寸，使之适用于不同专业对各类空间最小跨度要求，进而符合各专业的使用要求，进行模数化的综合计算，同时也便于建筑构件的统一化施工。

3.3.2 满足低碳运行的布局优化

校园建筑应根据选址的自然条件进行整体布局，尽量按自然通风和自然采光设计。校园建筑的规划设计应考虑日照、主导风向、夏季的自然通风、朝向等因素，而且建筑的总平面布置，建筑平面、立面、剖面形式和太阳辐射等也对建筑能耗有影响。

建筑总平面的布置和设计应做到在冬季时，不使用大面积的围护。在迎风面尽量少开门窗或其他孔洞，减少作用在围护结构外表面的冷风渗透，处理好窗口和外墙的构造与保温，避免风雨雪的侵袭。同时，最大限度地利用日照，多获得太阳辐射，降低能源的消耗。在夏季，最大限度地减少得热，并利用自然通风来冷却降温。

同时，良好的校园室外环境、较高的绿化覆盖率和大面积的水体也是自然通风和自然采光的有利因素。校园建筑若要采用自然采光与通风，就必须在建筑结构设计采取一些新技术措施，如采用大玻璃窗加大采光通风面积，应减少结构所占用空间，提高建筑净空，使之充分利用自然通风与采光以达到节能降耗。[①]

国内某研究针对校园建筑布局，提出校园建筑布局模式主要分为三种：行列式、"L"式与围合式。行列式是指建筑物成行成排式布置，其特征是建筑朝向较好，场地利用率高，但过于紧凑，会导致空间感弱，背阳面光线较弱。建筑物呈"L"状布置的优点是，"L"式更有利于夏季通风降温，可以充分利用地形，最大化争取日照，非常适合山地型校园。同时，还有庭院围合式。庭院围合式外部界面完整，且可以围合出院落空间，内部空间安静；但通风及采光条件较差，不利于夏热冬冷地区校园建筑。

根据研究关于校园建筑碳足迹的计算与分析，结果显示居住在行列式建筑公寓的学生人均建筑碳足迹为454kg、居住在"L"式建筑公寓的学生人均建筑碳足迹为421kg、居住在庭院围合式建筑公寓的学生人均建筑碳足迹为456kg。由此可见，"L"式建筑布局模式的碳足迹最低。

同时，低碳校园的建成使低碳目标更具有完整性，一个良好的大学校园环境，不仅是大学的自然景观变得美好生动，而且这样怡人的环境更有利于学生素质的提高、修养的上升。学生们处在一个环境优美的低碳校园中不但在生理上感受、亲近自然，心理方面还可以有陶冶情操的教育意义。最重要的是低碳校园的建立，不仅仅是种树、铺草，丰富校园的自然生态功能，丰富校园色彩，最终是为了利用植物的光合作用降低整个校园空间的碳排放，通过净化环境达到减少碳污染的目的。

3.4 低碳校园建设案例解析

3.4.1 项目概况

山东建筑大学新校区校园规划以保护生态环境为出发点，使行为环境和形象环境有机结合，尊重自然生态，结合地域、地区特点，以高起点的环境艺术及景观设计，创造一个适于师生学习生活的、现代化的山水园林式校园环境。同时，校园规划又以信息时代特征为指导，反映信息教育和教育智能化的特点，打破院系独立封闭的布置，设计共享环境，以适应学科交叉的教学、科研模式，实现资源共享、信息共享，利于培养新时代的复合型人才。学校将利用其紧邻科技开发区的地利，结合高校的科研优势，设置科技创业园区，将来的发展目标是"产、学、研"一体化的现代新型高校。

1. 地貌特征

山东建筑大学绿色大学校园建设基地位于济南市东部，占地133hm²，西靠临港科技开发区。南、北、东三侧紧邻城市干道——经十路、世纪大道和凤鸣路，中南部有植被良好的山体——雪山镶嵌其中。基地内地势起伏有致，西南高东北低，基本特征为"一山一谷一洼地"（西山东谷中洼）。地形西南高，东北低。中南部雪山相对高程约80m，植被良好。东部有一呈南北走向的冲沟，形成天然小谷地。

2. 气候条件

济南市属于大陆性季风气候区，四季分明，气候温和，阳光充足。年平均气温14.2℃，最冷为1月，平均气温–1.4℃，最热为7月，平均气温27.4℃。全年主导风向为SSW（南西南风），年平均降水量600mm。

3. 规划理念

在总用地133hm²范围内，规划、建设81.56万m²的建筑，整个校区的规划和建筑突出体现低碳绿色、生态化、园林化、高效率和高品位的主题。其中，一期建设2003年，在校全日制学生人数10000人，建筑面积40万m²；二期建设2005年，在校学生规模18000人，建筑面积60万m²，最终达到26000人的规模。

3.4.2 规划设计策略

低碳校园规划设计策略包括：首先，结合基地"一山一谷"的地貌特征，建立因地制宜的校园规划体系，考虑校园今后的发展，每个组团都留有拓展的余地，使校园结构有很大的弹性满足学校未来发展的需要。其次，尊重原有地形地貌在其下建设生态廊道，注重校园文脉的延续，注重环境整体美和自然美的创造，在规划中体现"以人为本"的设计思想。再次，有效利用冲沟，提高土地使用率。然后，在遵循因地制宜原则的基础上，对校园的噪声、天然采光、自然通风等进行了合理的规划和设计。最后，注意对选址区域尚可使用的旧建筑的保护和改造再利用。

1. 因地制宜的校园规划体系

（1）规划结构分析

针对用地东西窄南北宽的特点，校园规划设计将学生生活区布置在北段，将公共教室、二级学院、图书馆、综合实验和计算中心等主要的学习科研活动场所集中布置在用地中段，将学校科技创业园区布置在用地南段，生态廊道贯穿其中。这样不仅为学校最主要的活动区域提供了优质的环境，利于营造人文学术氛围，也利于实现资源利用的最大化，同时也为学生提供了更多的交流机会与场所。科研、教学、生活、体育各区有序排列，形成有机规划结构，体现高效的学习生活、密切的信息交流和大家庭式的校园生活。

（2）规划功能分析

高校的建设与管理讲求效率与效益，功能区域集中有利于交流与资源共享，分区则有利于管理及保证不同功能体系的完整性。因此，山东建筑大学新校区校园规划设计依据自然地势、大学校园功能的要求以及与城市规划衔接的考虑，利用基地中相对平缓开阔的地段建设相对独立的办公、教研、生活、体育、发展备用等区域（图3-1）。由于功能面积要求较大，用地有限，各功能建筑布局紧凑、集中，体现了网络时代的高效主题。

（3）空间结构分析

场地空间的一个主要功能是根据人们不同的交往需求，创造不同尺度、不同氛围的空间环境。反之亦然，不同尺度的交往空间决定了不同的交往级别。本规划将校园空间分为三个层次：集会型空间、交往型空间和独处型空间。

集会型空间是指日常和节假日时，以学院或系、年级为单位组织的大型公共活动所使用的空间，包括日泉广场、月泉广场、星泉广场，这类主题式的空间往往和主要景观轴线相结合（图3-2）。

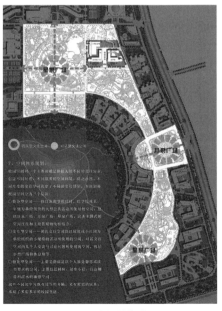

图3-1 规划功能分析图　　　　图3-2 空间结构分析图

交往型空间包括团队交往空间和对话交往空间。前者指以班级或小社团为单位组织的小规模的活动所使用的空间，后者指几个人交谈与讨论问题所使用的空间，包括小型广场和休息角等（图3-3、图3-4）。

独处型空间主要是指以满足个人独处静思或读书要求的空间，主要包括树林、散步小径、沿山脚带和滨水的幽静空间（图3-5）。

新校区校园规划空间结构设计注重从整体上把握地势，综合运用多种手段传承和发展校区的文脉，秉承"以人为本"的设计理念和可持续发展观点，塑造出三位一体的、具有特色的高校校园的景观空间。通过三个不同层次空间的运用，保证了校园空间的延续性和交往性，既有适当的分隔又有密切的联系，承载了多姿多彩的校园生活。

图3-3　校园内古建筑围合而成小广场

图3-4　映雪湖畔休息角

图3-5　布置于林间的休息座椅

（4）交通组织分析

车行——环绕核心教研区的一圈外环干道，有效解决了核心区的交通问题，避免了车行穿越对生态廊道的不良影响，保证了教学区、科研区的宁静。除此之外，还规划了与环路衔接的尽端路，解决各功能组块的交通问题。校园的次级干道由主干道向各个组团内部延伸，解决其内部的交通。主干道路宽18m，次干道路宽12m，符合大学校园的尺度，产生宜人的效果。主次干道，层次分明，各尽其能。同时，将城市公共交通系统引入校园，沿车行道设置公交站点，保证了学校各建筑出入口到公共交通站点的步行距离不超过500m。

人行——考虑到新校区南北用地狭长，学生规模较大，势必会造成以自行车交通为主的交通模式，故在人行道基础上加宽路面，形成中间10m宽的自行车道，两侧各4m宽的人行道。

停车场——汽车采用集中式停车场和路边停车相结合的方式，均衡分布在校园内部；自行车停车分散布置，结合教学区、宿舍区的底层架空和室外自行车停车场来解决。

（5）绿化环境分析

绿化与水系集中在生态廊道两侧布置，使其成为学校的中心绿地，改善整个校园的微气候。南北走向的生态廊道南端开敞，北端略微封闭，引入夏季的西南季风，阻挡冬季的东北季风，形成一个冬暖夏凉的谷地，结合雪山的生态、景观功能，改善周边建筑的微气候，使整个校园的每个角落都能从雪山和生态廊道中获益（图3-6）。

绿化环境同样采用分层分布，以雪山为背景或对景，生态廊道延伸出绿轴到达各组块内部的中心绿化，再由组块绿化到达各庭院内部。整个校园有机地生长在山水一体、生态原真的自然生态之中。

2. 尊重原有地形地貌下的生态廊道建设

生态廊道位于整个校园的核心轴线位置，自南侧二级学院区，顺西南季风方向，抱雪山，穿主入口区和公共教学区，于北部星泉广场达到高潮，渗透至学生生活区和体育运动区，是校园规划"三泉映雪"主题的集中体现（图3-7）。

在生态廊道的规划设计中充分利用绿化、水面、广场作为基本元素，

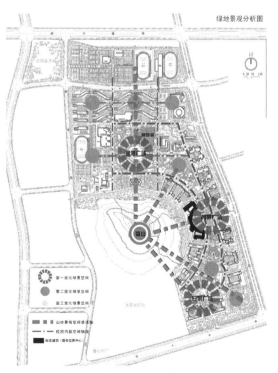

图3-6 校园绿化景观分析图

精心构筑校园室外空间。生态廊道是属于整个大学的共享资源，是师生相互交流的场所，包含了人文生态意义，也为建筑、规划、园林的教学实践提供了第二课堂。

（1）规划设计的原则

在规划设计过程中遵循师法自然的环境观、多层次的空间组织手法、主题式景观节点原则、立体化的植物配置原则，最终实现了山水一体、生态原真、景色秀丽、格调高雅的新校区中心绿地景观。

（2）总体构思和规划结构

生态廊道规划紧扣新校区"三泉映雪"的规划主题和"三泉润泽四季秀，一院山色半园湖"的总体构思，围绕雪山这一景观核心，确定了"三泉、一廊、七园"的规划结构。因势利导，通过空间的收放穿透，顺应山、谷之势，将西南季风引入，生气有效辐射整个校园，不仅在整体形态上体现出大气的格局，更具有本质的生态实效，体现了生态主题。"三泉"是指以日泉广场、月泉广场、星泉广场三个主要公共空间为主题景观节点；"一廊"是指以弧形环山绿脉为廊道；"七园"是指以憩园、映雪湖、树人园、求知园、北园、南园、望日园七块主题绿地为主要休闲活动空间（图3-8）。

（3）生态廊道内的水系布置

山东建筑大学新校区内并无原有水系，在建设中考虑到园区内土石的平衡不外运和校园景观的需要，利用地形的走势，在校园的中北部挖掘了$10000m^2$的水面。因南侧雪山倒影映入水面，故取名映雪湖。湖中水主要来自校内中水的回用和南部山体雨水径流。生态廊道内自南向北规划了百草溪、春晖湖、月牙泉、叠水池、励志湖、映雪湖、星光

图3-7 生态廊道区位图1

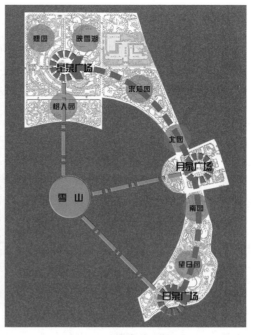

图3-8 生态廊道区位图2

旱喷、"清泉石上流"等水景景观（图3-9）。为了保持水质和良好的校园生态、卫生状况，水系通过与校园绿地的喷灌系统相连，实现了水景、中水的再利用，有效节约了水资源。

（4）植物种植配置

生态廊道内的植物景观设计和配置充分考虑济南的气候和特色、防风沙的需要，特别是在湖区的植物配置重点突出泉城"三面荷花四面柳，一城山色半城湖"的特色。在校道两旁列植法国梧桐和槐树，次要道植白玉兰与紫玉兰；在湖区岸边植柳树，点植枫树；水中丛植荷花；庭院种植桃、李、杏树，点植银杏；草地上丛植迎春、郁金香与龙柏；主要广场植雪松；西北边的住宿区和运动区植白杨。在树种的选择上——"落叶乔木、常绿灌木为主，常绿乔木、落叶灌木为辅，适当点缀花卉地被"为准则，突出地方特色，充分利用乡土树种。在注重发挥树木生态效益的同时，兼顾树木的叶、花、果以及其自身的观赏价值。

植物种植采用乔灌结合的立体化方式（图3-10），力争取得三季有花、四季常绿的效果，冬季观赏主要突出树形（如：雪松、黑松、龙柏等）、枝干（如：白皮松、红端木、紫薇等）、果实（如：金银木、柿子）、开花植物（蜡梅）等；秋季突出叶色的丰富变化（如：银杏、栾树、枫树、紫叶李、南天竹、红叶小檗、地被菊等）；夏季植物品种丰富，考虑此时开花的植物（如：合欢、紫薇、珍珠梅、荷花、金银花等）；春季可观赏开花植物，如碧桃、玉兰、樱花、海棠、迎春、连翘等。

植物物种的多样性主要体现在以下几个区域：①简洁大方的广场与主入口区（图3-11）：中心以草坪为主，外围配植雪松、日本樱花及其他多种花木；②滨水秋色区（图3-12）：以白蜡、芦苇、鸢尾、金银木为主，适当配植垂柳、桃花、蔷薇、水杉等；③秀木佳荫的内环路（图3-13）：以

图3-9 生态廊道水系分析图

图3-10 生态廊道内乔灌木组合绿化实景

合欢为主，配植白皮松、紫荆、紫薇等；④林荫广场区（图3-14）：以毛白杨作庇荫树，少量配有香味的花木，如丁香、海桐、蜡梅、大叶女贞等；⑤雪山自然山林风光区（图3-15）：以黄栌、桧柏、五角枫为主，适当配植国槐、刺槐、火炬、山杏、连翘等。

图3-11　广场与主入口区

图3-12　滨水区

图3-13　秀木佳荫的内环路

图3-14　林荫广场区

图3-15　雪山自然山林风光区

3. 有效利用冲沟，提高土地使用率

鉴于基地内地势起伏较大的特点，在建设施工过程中尽量利用基地内谷地、冲沟建设新的"地景"，大大减少了施工土方量，节省了劳动力，缩短了工期。例如，校园原址东南向有一南北走向冲沟，也就是校园自然地势特征中的"一谷""一洼"，利用此冲沟设置立体交通和地下停车场，实现人车分流，提高土地利用率，体现人文关怀（图3-16）。同时，利用此冲沟形成的部分地下空间作为工程训练中心用房，在节约土地资源的同时扩大了建筑使用面积，也降低了土方填埋量，有效降低了建设费用（图3-17）。对于其他地段的施工，在高程设计中考虑了土方量的平衡，尽量使挖方和填方量相等，减少施工工程量，降低施工难度，节约运输费用。

图3-16 结合南北向冲沟设置立体交通 　　 图3-17 作为工程训练中心的地下空间

4. 场地环境设计

校园的整体规划在遵循因地制宜原则的基础上，又对校园的噪声、天然采光、自然通风等进行了合理的规划和设计。校园建筑尽量避免布置在城市主干道附近，对于面向城市主干道的建筑均做后退处理，且在城市主干道与建筑之间种植高大乔木形成声屏障。一系列噪声控制措施保证了园区环境噪声符合现行国家标准《城市区域环境噪声标准》GB 3096的规定，为教学、生活提供了有利的声环境。

校园建筑布置于生态廊道周围，合理的布局使每座建筑都能获得良好的日照和采光，并且生态廊道因势利导，通过空间的收放穿插，顺应山、谷之势，夏季将西南季风送入校区的各部分，有效辐射影响整个用地区域，为园区建筑的夏季自然通风降温提供了有利条件。同时，园区的大面积绿化及丰富的水系，极大地降低了园区地面对太阳热辐射能的吸收。因此，园区室外日平均热岛强度低于1.5℃。

5. 原有建筑的改造利用

绿色大学校园建设应注意对选址区域尚可使用的旧建筑的保护和改造再利用，充分利用尚可使用的旧建筑，延长建筑的使用寿命，节省旧建筑拆除和新建筑施工过程中能源和资源消耗，避免建筑垃圾的产生。对旧建筑的利用，可根据校园规划要求保留或改变其原有使用性质，纳入校园规划建设项目。

山东建筑大学新校区建设用地基本上为市郊的荒地，原址并无已建成且投入使用的建筑，但在新校区的建设过程中搭建了许多临时性建筑，其中规模较大的当属新校区建设指挥部，该建筑位于校园的中部，雪山东侧，当校园一期工程建成投入使用后，对该建筑进行了改造再利用。在拆除原有建筑外围护结构的基础上，对保留的建筑结构主体部分及周围环境进行了景观绿化设计，形成了现今的"源远亭"。这不仅降低了建筑的拆除费用，而且还具有重要的纪念意义，它表达了对山东建筑大学新校区建设者的感激之情，而且寄予山东建筑大学"立足新起点，开创更加美好未来"的美好祝愿（图3-18）。

原位于在济南市经八纬一路的一幢老别墅，为一层带阁楼砖木结构，占地面积约为135m²，总重320t，距今已有80余年历史。2009年3月1日经过近12个小时的"长途跋涉"，迁往距旧址30多公里的山东建筑大学校园内"安家落户"。

在此次迁移中，采用单梁式墙下钢筋混凝土托换梁，分批分段掏空墙体下原基础后施工托梁。等到全部墙体托梁混凝土达到设计强度后，在预设的顶升点布置22个螺旋千斤顶，将建筑物整体同步顶升0.8m，然后将大型液压平板拖车移动到建筑物下部指定位置，拖车底盘升起，建筑物全部荷载转移到平板拖车。老别墅内的门窗等能拆卸的东西在迁移前已部分拆除，只剩一副"骨架"迁移。迁移后的老别墅新址位于博文馆西玉兰路、天健路交叉口（图3-19），经过进一步的修整复原后，老别墅焕发"新颜"，成为学校又一亮丽的建筑人文景观。

图3-18 指挥部旧址改造后的景观

图3-19 从博文馆上看老别墅

第 4 章

低碳建筑设计与施工

校园建筑是学校教学、科研、生活和服务保障的主要场所，校园建筑碳排放是校园碳排放的基本构成部分。建筑全过程碳排放，主要包括建筑材料生产运输、建筑施工、建筑运行和建筑拆除四个阶段的碳排放，在校园建筑领域，主要关注建筑材料生产运输所产生的"物化"碳排放、建筑建设阶段的施工碳排放以及建筑运行阶段的碳排放。研究发现，总体上，全国建筑全过程能耗与碳排放变化呈现出密切的相关性，即建筑碳排放的主要来源为建筑材料生产、运输、建筑施工和运行中所产生的能耗。根据中国建筑节能协会建筑能耗统计专业委员会发布的《中国建筑能耗与碳排放研究报告（2021）》，我国当前建筑全过程碳排放总量达 49.97 亿 t，占全国碳排放量的 50.6%，且呈增长趋势；其中，建材生产阶段碳排放量 27.7 亿 t，占比 28.0%；建筑施工阶段碳排放量 1.0 亿 t，占比 1.0%；建筑运行阶段碳排放量 21.3 亿 t，占比 21.6%。可见，建筑全过程碳排放量占到社会总碳排放量的一半。

校园内，无生产制造碳排放，交通排放也比较少，建筑碳排放量占到整个校园碳排放量的比例远高于全国总体比例，是校园碳排放的主要组成部分。因此，减少建筑碳排放是低碳校园的核心工作。应将低碳理念和措施贯穿校园建筑全过程，在搞好建筑低碳运行的同时，重视建设、施工阶段的减碳，为运行阶段的低能耗、低排放创造良好的先决条件。可以说，设计建设低碳建筑，大力推行低碳施工，是实现低碳校园的重要基础和主要途径。

4.1 低碳建筑技术策略

设计是建设低碳建筑的首要环节，在建设之初，将低碳设计策略融入建筑，使之生来具备低碳属性，对于减少校园建筑碳排放具有重要的作用。本节主要介绍降低建筑能耗、提升建筑环境质量为目的的低碳建筑设计策略，主要包括建筑形体与空间设计、围护结构保温、围护结构隔热、建筑遮阳设计、日照采光、自然通风和立体绿化等策略。

4.1.1 建筑形体与空间设计

建筑物的建材与能源消耗，与建筑形体和空间设计关系密切，应采用适宜的形体和空间布局，控制体形系数，使空间在满足使用功能的前提下，具有更好的能效。

1. 形体设计

建筑形体在很大程度上决定了建筑围护结构与外部空气接触的面积以及对太阳辐射的接收量，因此建筑形体的不同对建筑能耗影响较大。围护结构总面积与体积关系的比值形状系数是节能设计的主要控制参数之一。在设计中应避免浪费超出使用功能外的空间，增加多余装饰构件等。在满足使用功能的前提下，宜集中设置过渡、辅助空间，选择合理的建筑层高，优化结构设计。在满足结构合理性的基础上，控制材料的使用和碳排放量。

对于节能低碳设计不同气候区、不同功能的校园建筑有着不同的建筑形体。建筑的气候条件和功能决定了较为理想的建筑形体，须通过减少围护结构传热的紧凑型体形设计（图4-1）和有利于太阳得热、自然采光、自然通风的松散型体形之间进行选择。严寒与寒冷地区的校园建筑宜选择紧凑型建筑形体；在湿热地区的校园建筑宜选择建筑松散型形体，其与风和自然光的接触面积大，更利于自然通风和太阳得热；气候温和地区校园建筑的方向和形状在设计时可以有相对更多的自由度。因不同季节不同的建筑朝向获得不同的太阳辐射，在设计时可以优化空间布局，通过各朝向利用不同的太阳得热量，更好地平衡围护结构的得热量。

2. 空间布局

校园建筑具有使用空间大、人数多、人员密集的特点。校园公共建筑的空间布局，

图4-1 山东建筑大学超低能耗示范建筑采用了紧凑的建筑形体

在满足必要的交通和疏散要求基础上，应选用合理的辅助空间设计参数，充分利用空间资源；同时，应尽量通过自然手段节约人工照明和空调使用。

校园建筑建筑功能的多样性决定了建筑空间形态的多样性、丰富性。建筑空间的设计主要包含建筑的房间和空间的布置以及建筑中交通流线的设计，其中功能和空间布置的目的是解决建筑中功能的分布，不同的布置会使建筑产生不同的能耗。因此，校园建筑的空间设计宜尽可能集约化、减少不必要的建筑空间，从建筑设计阶段减少建设与运行阶段的建筑碳排放量。

建筑中的主要空间宜设在南部或东南部，充分吸收利用太阳能来保持较高的室内温度；将对热环境舒适度要求较低的过厅、卫生间、设备室、走廊等辅助空间应设在最易散热的北侧，并尽量减少北墙的窗户面积。建筑中的内部空间可依据温度划分为两个区域：舒适区、缓冲区。以校园中的办公建筑为例，舒适区为办公室和会议室，即采暖和空调区，以保持更舒适的室内环境；中庭、边厅与走廊作为缓冲区，其与室外温度的相关性较大，温度变化较大，不设独立的采暖空调系统。冬季时缓冲区可以通过由太阳辐射加热，再加上舒适区的影响，缓冲区不会温度过低；夏季时通过合理的遮阳避免阳光直射，缓冲区也不会温度过高。

4.1.2 围护结构保温

围护结构节能设计是建筑节能设计的重要部分，通过合理的围护结构热工设计，尽可能达到冬季保暖、夏季隔热的作用，降低建筑冷热负荷，减少采暖空调系统能耗，可显著降低建筑运行阶段的碳排放量。

1. 墙体保温

在设计中应尽量提高建筑外墙保温性能，减少冬季的热量损失且降低夏季的传热量。根据保温层在墙体中所处的位置不同，外墙保温主要有外墙外保温、外墙夹芯保温、外墙体内保温和外墙体自保温等做法。（图4-2、图4-3）

图4-2 山东建筑大学新校区学生公寓使用的薄抹灰外墙外保温系统

图4-3 山东建筑大学新校区学生公寓使用的外墙保温装饰一体化系统

2. 屋顶保温

屋面的保温设计主要通过设置保温层提高屋面热阻，减少屋面散热量。在屋面保温层设计时应选用抗压强度大、重量轻、吸水率低、导热系数小的保温材料，如聚苯乙烯泡沫塑料、发泡聚氨酯等。按保温层位置不同，屋顶保温可分为正置式保温屋面与倒置式保温屋面。

3. 地面保温

地面层也是建筑散热的主要途径之一，应采取必要的保温措施，特别是单层占较大比例的建筑，地面部位的散热所占的比重较大。不同于外墙、屋顶直接与室外空气换热，地面的散热途径为：一部分热流从室内经过室内地面向下传递；另一部分热流经室内地面及下层垫层、土壤、外墙传至室外土壤和空气。地面保温即在传递路径上将热量阻止，采用在室内地面设保温层并将外墙室外保温向下延伸的做法减少通过周边地面的热损失。

4. 门窗、幕墙保温隔热

门窗的热损失主要通过玻璃、窗框的传热与门窗缝隙的空气渗透，因此主要通过减少玻璃、窗框的传热系数和增加门窗本身及洞口的密封程度来提升保温性能。

外窗、玻璃幕墙等部位，具有鲜明的得热失热"双刃剑"特色，可选配的技术措施也比较多，应根据所在气候区和房间功能综合考虑冬季得热和夏季遮阴的平衡，合理选择适宜的技术组合。

5. 建筑整体气密性

良好的建筑气密性可以有效降低夏季热风渗透与冬季冷气渗透增加的暖通空调能耗，还可避免由于湿气进入建筑内所产生的发霉、结露等问题，可为建筑创造更良好的室内环境。

建筑整体气密性关系到建筑围护结构的方方面面，除了门窗部位外，各种外墙体上的穿墙管道，甚至砌体结构与混凝土结构之间的缝隙，都是建筑外围护结构主要空气渗漏点。

提升建筑的整体气密性，应尽量使用简洁的造型和节点设计，避免或减少出现破坏气密性和难以保持气密性的节点。重点处理好门窗洞口、墙体缝隙、不同材料的连接处、屋面管道的洞口、室内墙体的电器线盒处等易产生气密性问题的部位。施工完成后进行整体气密性测试，以确定整体气密性是否达到设计要求。

目前，我国相关标准规范中对建筑气密性强制性要求，主要是对外窗气密性、建筑整体气密性的要求，并伴随着我国超低能耗建筑的示范推广逐步提出的。随着我国建筑高质量发展的不断推进以及超低能耗、近零能耗建筑的大量推广，建筑整体气密性的要求会越来越高，由此带来的技术和工法水平的不断提升，为建筑节能填补了又一块"短板"。山东建筑大学超低能耗实验房建筑整体气密性测试如图 4-4 所示。

4.1.3　遮阳隔热

1. 建筑遮阳

建筑遮阳能够有效减少夏季辐射热量进入室内，改善房间的热环境。对于提升围护结构综合热工性能具有重要作用。同时，遮阳设计又是建筑外观设计的重要组成部分，可丰富建筑的外立面。建筑遮阳设计策略主要分为建筑自遮阳、构件遮阳以及绿化遮阳三种形式。

（1）建筑自遮阳

可对建筑自身形体产生的遮蔽效果加以积极利用，并通过合理的建筑形体变化优化自遮阳效果。在建筑设计中，将有遮阳需求的空间尽量布置于自身阴影区，即可有效地利用自身形体遮蔽。通过精细化阴影分析，在给定边界条件范围内，可以对形体进行优化调整，最大限度地改善建筑内外环境。

（2）建筑表皮遮阳

对接受太阳辐射的建筑表皮进行遮阳，是减少夏季得热的有效途径。由于建筑表皮遮阳通常结合建筑外装饰同步设计施工，这种功能性的外表皮做法，通常会在建筑立面整体形成一种韵律，赋予建筑协调的技术美。同济大学建筑与城市规划学院西立面遮阳如图4-5所示，山东建筑大学行政办公楼、逸夫楼西立面的生态防晒墙如图4-6所示。

图4-4　山东建筑大学超低能耗实验房建筑　　　图4-5　同济大学建筑与城市规划学院西
　　　　整体气密性测试　　　　　　　　　　　　　　　　立面遮阳

图4-6　山东建筑大学行政办公楼西立面、逸夫楼东立面的防晒墙

（3）构件遮阳

构件遮阳是运用建筑构件对建筑立面、屋顶进行遮阳的做法。构件遮阳是当前建筑窗口、玻璃幕墙遮阳设计的主要做法。

1）外遮阳

建筑外遮阳是建筑外遮阳构件设置的一种遮阳方式，包括百叶翻板、百叶帘、遮阳篷以及遮阳膜等遮阳设施。建筑外遮阳构件可以有效地遮挡阳光照射到建筑表面进而进入建筑物内，从而降低太阳辐射得热，减少室内温度升高。部分活动外遮阳设施可在冬天兼作保温装置，减少室内热量的流失。

山东建筑大学学生公寓安装的固定遮阳板如图 4-7 所示。

2）中置式遮阳

中置式遮阳是指将遮阳装置放置于窗户或玻璃幕墙两道玻璃或双层玻璃的中间，与窗框等构件共同组成整个的窗户或幕墙组件，这种遮阳方式与外窗幕墙一体化，有较强的整体性，大多由工厂预制，一体成型。图 4-8 为山东建筑大学超低能耗实验楼中使用的中置式遮阳右上角玻璃采用贴膜遮阳。

图 4-7　山东建筑大学学生公寓安装　　　　图 4-8　山东建筑大学超低能耗实验楼中使
的固定遮阳板　　　　　　　　　用的中置式遮阳右上角玻璃采用贴膜遮阳

3）内遮阳

建筑室内遮阳是设置在建筑透明围护结构室内侧的遮阳装置，常见形式有窗帘、百叶或卷帘等，大多是由布料、塑料、木头等材料制成。由于内遮阳无法阻挡阳光直射窗户，穿过玻璃的太阳辐射会使窗户和遮阳帘受热升温，造成室内温度升高。因此，内遮阳的遮阳效果特别是阻挡辐射热量进入室内的效果弱于外遮阳，但由于其价格相对便宜，控制方便，安装简便，仍然是应用最多的遮阳形式。

（4）绿化遮阳

绿化遮阳是利用绿化为建筑表面提供遮阳的方式。对校内的低层建筑来说有较高的美观性和经济性。可结合景观绿化设计，在建筑物外侧一定距离种植树木，或设置立体绿化，从而实现墙面、屋顶的遮阳。除遮阴外，植物蒸发还能降低建筑物周围的空气温度；同时，降低地面和周边环境的反射和长波辐射。

2. 构造隔热

建筑物外围护结构采取构造隔热的主要目的是将一部分围护结构接收的太阳辐射热能阻挡在室外，降低室外热扰对室内热环境的影响，减少建筑夏季冷负荷。隔热性能良好的外围护结构，在炎热的夏季能明显减低室内空调能耗，减低空调耗能碳排放，提高人的热舒适性。对外围护结构的构造隔热主要包括屋顶隔热、外墙隔热和门窗隔热等措施。

（1）屋顶隔热

屋顶在阳光辐射和室外气温作用下，表面温度升高，热量传入室内使室内温度升高。由于夏季屋顶太阳辐射得热量最高，所以，在建筑的外围结构中，对隔热要求最高的是屋顶。屋顶隔热不仅能显著改善顶层室内热环境，还能减少空调设备的投资和运行费用。

1）通风隔热

通风隔热是通过设置通风间层，一方面遮挡阳光，另一方面利用风压和热压作用把间层中的热量带走，从而减少向室内的传热量，降低内表面温度和空调负荷。根据通风间层设置位置不同，通风隔热可分为架空通风隔热屋面和顶棚通风隔热屋面。

2）种植隔热

在屋顶上种植植物，在遮阳的同时，利用植被的蒸腾和光合作用，吸收太阳辐射热，可达到很好的隔热降温效果。

（2）外墙隔热

建筑外墙也需要具有良好的隔热性能，尤其是东、西外墙。为提高外墙夏季的隔热能力，可采取设置通风间层、采用隔热性能好的墙体材料、设置带铝箔反射层的封闭空气间层等措施，提升墙体隔热能力。

3. 加强反射

通过调整建筑外表面的反射率等参数增加对太阳辐射的反射，可以减少太阳辐射热吸收量，起到一定的降温隔热作用。可通过使用反射隔热涂料、反射隔热膜等措施提高反射隔热量。在不具备使用专用增强反射材料的场所，采用浅色外墙表面、光滑饰面等做法，也可以在一定程度上增强建筑反射，减少得热量。

（1）隔热涂料

反射隔热涂料因其具有反射太阳辐射和隔绝热量的功能，当运用在建筑外表面时，可有效降低内部温度，减少空调等制冷设备的使用，起到节能减排的作用。目前，隔热涂料根据隔热机理和方式的不同大致可分为阻隔型、辐射型和反射性三种。其中，阻隔型隔热涂料是指通过阻碍热能传递来起到隔热的效果，一般可通过添加一定量的低热导率填料来实现功能。辐射型隔热涂料一般是添加了红外辐射材料，能将日照的光能和热能吸收后以一定波长的形式发散到空气中，来实现隔热降温的目的。反射型隔热涂料则是通过涂层对太阳光的高反射率来降低对太阳光的吸收，从而达到降温隔热的效果。

（2）反射隔热膜

建筑物外窗、玻璃幕墙等透明围护结构往往是建筑物能耗损失主要部位，降低建筑窗户的能量损耗是建筑节能的重要环节。隔热贴膜可提升透明围护结构阻隔太阳辐射和屏蔽红外线的能力。隔热贴膜有多种型号，性能侧重点不同，应根据房间使用功能及对采光的要求合理选取适宜的隔热贴膜。

4.1.4 日照采光

日照和采光是评判一栋建筑室内环境质量的重要标准，具有良好日照和采光的建筑不仅能改善室内舒适度且能有效地降低建筑能耗。校园建筑种类较多，宿舍楼、图书馆、教学楼以及实验楼等都对日照采光有不同的要求，因此在对校园进行日照和采光设计时，需对每栋建筑的不同功能要求进行设计。"日照"和"采光"是两个关联但并不相同的概念。开窗即可获得采光，但不一定能够获得日照。日照在建筑环境中起着天然采光和人工照明不可代替的作用。实际工程中，受建筑密度、周边环境等因素制约，日照常常难以达到较理想的标准或在夏季出现了严重的过热情况，应根据具体建筑功能要求、建设场地和空间布局，在设计中对日照和采光进行优化，使建筑获得适宜的日照和充足的天然采光，并避免出现眩光等采光缺陷。

1. 建筑日照

良好的日照设计应在冬季争取更多的太阳能，而在夏季避免获得过多的辐射热，从而减少采暖空调能源的消耗。日照设计中，除保障必要的日照需求外，还应充分利用地形，注意节约用地，考虑建筑组合的需要。

建筑日照会受到建筑布局、建筑间距和建筑朝向三个方面的影响。

（1）建筑布局

校园建筑设计中，阳光的适度摄取与必要的遮挡都是十分重要的。校园内建筑种类多样，不同功能的建筑对日照的需求量也不同，需要根据不同的功能要求进行合理布置。因此，在设计时，要依托建筑立面及当地环境，综合考虑窗户尺寸需求确定建筑的布局形式。

当地形复杂时，宜根据功能组合需要结合地形进行布置，冬季尽量避免互相遮挡阳光，夏季尽量形成对周边建筑和室外活动场地的遮挡，并具有良好的自然通风条件。

（2）建筑间距

校园规划在建筑群体组合中，为保证日照时间和日照质量的要求，建筑长轴外墙之间需保持足够的日照间距。相对于建筑室外交通、绿化、通风、防火等方面的空间要求，日照间距需要更大的空间来满足后排房屋底层冬季日照时间。

（3）建筑朝向

朝向选择的原则是在保证正常使用功能的前提下，尽量使冬季获得足够的日照并避开主导风向，夏季减少太阳辐射并能利用自然通风。规划设计中影响建筑朝向的因素很多，如建筑功能、周边环境及建筑用地条件等。一般来说，建筑朝向很难完美兼顾夏季防热、冬季日照、自然通风和道路组织等因素，使得"良好朝向"或"最佳朝向"范围成为相对值，是在具体环境条件下对朝向的综合分析结论。

2. 天然采光

良好的天然采光不仅能够有效地提高建筑的使用性能，而且也能减少建设中的照明能耗。在遵循一般建筑采光设计原则的基础上，宜采取以下策略进一步提升天然采光质量。

（1）利用有利朝向

如果热环境控制策略以冬天采暖为主，应尽量采用南向侧窗进行天然采光。如果冬天不需要采暖，尽量采用北向侧窗进行天然采光。有天然采光需求的场所，为了不使夏天太热或者带来严重的眩光，应尽量避免使用朝东和朝西的侧窗，或采取必要的改善措施。

（2）采用有利的平面形式

高校采用的多层建筑中，一般情况下窗户以内 5m 左右的区域能采光较好，再往里的地方采光效果逐次递减。在建筑功能适用的情况下，可通过建筑物的平面优化扩大天然采光面积；利用侧窗和天窗之间的搭配组合对大进深区域的天然采光进行改善。

（3）利用天窗采光

一般单层建筑和多层建筑顶层可以采用屋顶上的天窗进行采光。相对于侧窗采光只能局限在靠窗 5m 左右的区域，天窗能使光线均匀地分布在相当大的区域，而且水平的窗口也比竖直的窗口获得的光线多。但是，来自天窗的光线在夏天时比在冬天时更强，而且水平玻璃窗相对难遮蔽。针对这一问题，屋顶可采用高侧窗、矩形天窗或者锯齿形天窗等形式的竖直玻璃窗予以解决。图 4-9 为山东建筑大学地下工程训练中心和道路设置的天然采光口。

（4）采光通风廊道

为提升校园建设用地利用效率、丰富空间层次，在校区规划建设时，通常会采用结合地上建筑附建地下室或半地下室的方案，增加建筑面积。但是，这些地下室或半地

图 4-9 山东建筑大学地下工程训练中心和道路设置的天然采光口

下室由于缺乏良好的采光通风，常被用作实验室、资料室及仓库。为了改善这些空间的环境品质，提高地下、半地下空间的适用范围和灵活性，应采取措施满足师生长时间在其中学习工作对天然采光和自然通风的需求。

在地下半地下空间外侧设置采光通风廊道是解决上述问题的有效措施，不仅保证了半地下空间的日照、采光和通风要求，而且提高了半地下空间的使用效率，减少地下空间的照明及通风能耗，有效降低运

图 4-10　山东建筑大学新校区建筑中
广泛采用的采光通风廊道

行费用。山东建筑大学新校区建筑中广泛采用的采光通风廊道如图 4-10 所示。

（5）导光措施

光导照明技术可采集天然光，并经管道、光纤等途径传输到室内，为大进深和地下空间提供天然光照明。应注意选用适宜的应用场所，尽量缩短传输路径，减少光损失和工程造价。（图 4-11）

图 4-11　山东建筑大学展览馆应用导光管、高侧窗、采光井等措施提升天然采光质量

4.1.5　自然通风

校园建筑人员密集，室内人员散热散湿量大，对建筑空调负荷影响较大。良好的自然通风可在过渡季节显著提升室内热环境质量和空气品质，减少空调的使用。对许多未设置空调的教学楼和学生宿舍来说，建筑夏季自然通风状况直接影响师生身心健康与学习生活质量。

校园的建筑设计等相比于普通居住建筑设计考虑的因素更为复杂与全面。在自然通风方面，首先应从规划布局的风环境分析入手，避免局部强风，为建筑通风创造良好的先决条件。同时，通过合理的被动式建筑设计手法和气流组织，将所处场地环境的自

然风引入室内，实现良好的通风降温和换气效果。自然通风的关键在于形成足够的通风动力，以及建立合理的通风路径。

1. 风压通风

风压是指室外自然风绕流建筑引起建筑周围压力分布的不同，形成开口处的压差，从而实现建筑自然通风。建筑迎风面和被风面的风压，与迎风角度、建筑进深和高度有关，在设计时尽量使建筑最大限度地面向自然通风季节的主导风向；多层建筑平面宜尽量通透；还可结合场地环境通过高大树木等风障来实现对主导风的调控。目前，CFD分析工具已广泛应用于建筑风环境设计分析，可借助工具对设计方案进行推敲，力争创造相对有利的风压通风条件，形成适宜的建筑风环境。

气流组织方面，通风开口宜在风压最大的两面，同时尽量一次流过所有区域，减少通风路径中的阻挡，避免回旋风。另外，室内有污染源的区域诸如卫生间等区域，应有独立的通风路径，或布置在下风向。同时，应当认识到，仅依靠风压驱动实现校园建筑自然通风的现实条件并不稳定，过渡季节里风向多变且风速较冬夏小；在静风天气或当建筑群密集致区域自然风难以流动时，较难在建筑的迎风面形成合适的风压。针对这一现实情况，不仅可以进一步优化自然通风设计方案挖掘潜力，还可通过强化热压通风和设置机械通风的方式为室内提供必要的通风保障。

山东建筑大学梅园一号公寓南向房间运用了冬季涓流通风技术借助风压来进行室内外空气交换。通风器安装在南向外窗上，与窗户成为一体。通风器有格栅的一端装在室外，共有3个开度，在室内通过绳索控制室外格栅的开口大小，使用十分方便。通风器的最大通风量为8.4L/s，风压为10Pa。在使用时可设定最小持续通风量，使房间一直有微量新风供应。通风器中的过滤器可以过滤掉进入室内空气中夹杂的粉尘和悬浮物，保证新风质量。过滤器应方便拆卸、清洗及更换，防止长时间使用后产生粉尘及悬浮物堆积，影响新风风量和质量。（图4-12）

图4-12 生态学生公寓窗上安装通风器实景

2. 热压通风

热压是由温差引起的空气密度差所导致的建筑开口内外的压差，从而形成垂直方向上的通风动力，也被称为"烟囱效应"。当风压通风难以利用时，利用热压通风同样能起到降温的作用，且不受朝向的限制。

热压通风的主要影响因素为温差和高差，即出风口和进风口之间的垂直距离及空气温差，所以在层高较高的建筑空间中，较容易实现较大的热压，如高大空间、楼梯间等。为了取得最佳效果，通风的开口应设置在靠近顶棚和地板处，出风口尽可能高，可兼作利用侧光的高侧窗。为了进一步提升高差，可将建筑局部空间（如楼梯间、中庭局部等）升高，成为风塔式的垂拔空间。另外，进风口处的气温应尽可能低一些，可将进风口设置在背阴处、绿化空间或水景观处，甚至采用连接地下空间的做法。为了进一步提升温差，可利用太阳辐射加热垂拔空间中的空气，必要时在垂拔空间中设置吸热体加热高处的空气，增强热压强度通风效果。这种做法也被称为"太阳能烟囱"，其最大的优点是可以在不过度升高垂拔空间高度和室内气温的情况下，增大进风口与出风口的温差，满足热压通风需求。山东建筑大学图书馆、办公楼中庭和边厅热压通风口如图 4-13 所示，山东建筑大学办公楼、逸夫楼防晒墙利用空调废热强化热压通风如图 4-14 所示。

图 4-13　山东建筑大学图书馆、办公楼中庭和边庭热压通风口

图 4-14　山东建筑大学办公楼、逸夫楼防晒墙利用空调废热强化热压通风

3. 综合通风设计

校园建筑的自然通风设计，应将风压通风与热压通风相互兼顾考虑。建筑中可以采用不同建筑房间使用不同通风策略的方法，如建筑迎风面，进深较小、不受遮挡的上部空间和房间可以利用风压通风；而在建筑背风面，进深较大、受遮挡的下部空间和房间可以利用热压通风。也可根据不同的天气采取不同通风策略，如在有风存在的天气利用风压通风，在无风的天气利用热压通风。高密度建成环境中，建筑依赖风压通风的可能困境如图 4-15 所示。

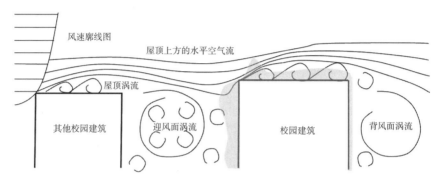

图 4-15 高密度建成环境中，建筑依赖风压通风的可能困境

另外，在垂拔空间顶部，还可借鉴工业建筑拔风风帽和无动力通风器的做法，利用室外风强化出风口处的负压，实现风压热压联合下的自然通风。山东建筑大学新校区学生公寓中，采用了利用太阳能烟囱热压通风的措施，充分利用太阳能和风力强化"烟囱效应"，为公寓的自然通风提供动力保证。太阳能烟囱位于太阳能学生公寓的西墙中部，与走廊通过窗户连接。通风气流组织示意图如图 4-16 所示。烟囱采用钢结构支架，由槽型压型钢板围合而成，并将钢板外表面涂黑，增加太阳热辐射吸收率。烟囱以一层西侧疏散出口的门斗为基础，外壁开大窗，窗扇固定，为走廊提供间接采光；一层走廊通过顶棚处的风道与门斗处的烟囱相连；2~6 层走廊近端的窗户尺寸为 2600mm×2400mm，均分成 6 扇下悬窗，室内污浊热空气由此进入太阳能烟囱。冬季关闭所有下悬窗防止室内热空气散失，屋面处留有检修口，并在风帽下安装铁丝网，防止飞鸟进入。学生公寓的竖向拔风烟囱和通风窗如图 4-17、图 4-18 所示。

4.1.6 立体绿化

立体绿化，又称垂直绿化或空中绿化，通过合理的布置和配套技术措施，使绿植出现在建筑物的屋顶、外墙、阳台、窗台等表面，美化环境的同时，增加了

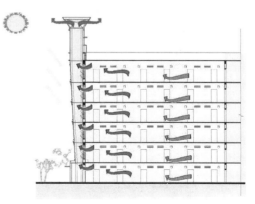

图 4-16 学生公寓热压通风气流组织示意图

绿化面积。对校园建筑进行立体绿化，可有效弥补平面绿化的不足，提升绿容率，营造更加舒适健康的环境。在校园中大规模实施立体绿化，可显著提升校园碳汇量，是实现校园"双碳"目标的有效途径。

　　立体绿化主要有屋顶绿化和立面绿化等形式。屋顶绿化是在建筑物的天台或者露天平台上种植一些绿色植物，增加园林绿化面积，改善环境，形成绿色、优雅的景观以及活动空间。立面绿化又称垂直绿化，可在建筑物的外墙墙根处栽培一些吸附、攀爬能力强的植物，使它们攀附在墙体表面或预设的攀爬架，植物长成后，就像给建筑物披上了绿色的外衣；也可以在墙面或者屋面上种植一些藤蔓植物，大面积覆盖墙体表面（图4-19）。

图4-17　学生公寓的竖向拔风烟囱

图4-18　学生公寓走廊通风窗

图4-19　山东建筑大学超低能耗示范建筑屋顶花园

4.2 低碳结构与建材

建筑结构和所使用的建筑材料,是影响建筑全生命周期碳排放的主要因素之一。采用低碳建筑结构体系和具有低碳属性的建筑材料,可以从源头上减少建筑物化碳排放,低碳效益显著。

4.2.1 低碳结构体系

建筑结构体系是指在建筑物中,用来承担各种荷载或力学作用的空间受力体系,是建筑的骨架。建筑结构是建筑本体的主要组成部分,是决定建筑材料用量、施工量等建筑碳排放核心要素的主要影响因素,选择具有低碳特性的建筑结构体系,或对建筑体系进行低碳化处理,对于降低整个建筑全生命周期碳排放,起到重要的先决作用。

建设低碳建筑,应从减少建材用量、使用低碳结构材料、减少施工量三个方面综合考虑,尽量选用低碳结构体系。主要的理念和思路,一是结构轻量化,二是结构合理化。建筑结构轻量化直接降低了建材使用量,减少了建材生产的能源消耗,进而减少了碳排放量。结构合理化也是节约建材用量,降低碳排放的有效方法。通过减少不必要的建筑造型,采用合理经济的平面布局、跨度尺寸、空间设计,可有效降低建筑结构设计复杂性,减轻自重,减少用料和施工量。

建筑结构体系,从主要承重构件材料来分,主要有混凝土结构、钢结构、木结构和混合结构等。其中,由于钢材具有强度高、用料相对少、自重轻及可循环利用的特点;木材具有自重轻、天然取材、可再生的特点;而且两种材料构成的结构均容易实现建筑部件的工业化生产及模块化安装。因此,以木材、钢材为主材的结构体系均具有低碳属性,配合以合理的结构设计,可以实现较低的建造碳排放量。

混凝土、砖石类材料,虽然不具备钢材、木材的天然低碳属性,但通过对结构设计方案进行优化,在保证结构安全和抗震性能的前提下,合理减少结构尺寸和材料用量,避免不必要的浪费,也可以显著减轻建筑自重,配合以装配式等工业化建造方式,也可显著减少建筑的碳排放,实现更好的技术经济性。本节主要对钢结构、木结构体系和混凝土结构的方案优化进行介绍。

1.钢结构体系

（1）钢结构体系特点

钢结构建筑体系是指以钢材为主要承重构件的建筑体系,通常用型钢或钢板制成基本构件,根据使用要求,通过焊接或螺栓连接等方法,按照一定规律组成承载结构。

钢结构建筑与其他结构的建筑相比自重轻,强度高,抗震性能好,原材料可以循环利用,有利于可持续发展和环境保护。钢结构建筑具有天然的装配式属性,工业化程度高,施工方便,周期短,同时钢结构建筑还可以合理地布置功能区间、增加使用面积。这些优点使得钢结构成为建筑结构发展的重要方向。

钢材密度与强度的比值一般比混凝土和木材小,因此钢结构重量轻;钢材便于机械制造，加工精确高，安装方便，是工业化程度较高的一种结构，其施工速度快，投资经济效益好。同时应注意钢结构耐锈蚀性较差，需要经常维护；耐火性也较差，需要在结构设计时加以注意。

（2）装配式钢结构建筑

装配式钢结构建筑是通过标准化设计、规模化生产、装配化施工和智能化管理建造而成的钢结构建筑（图4-20），具有自重轻、建造工期短、节能环保和抗震性能强等优点，具有广阔的发展前景，是当前钢结构体系的主要应用形式。装配式建筑是建造方式的重大变革，发展装配式钢结构建筑是推进供给侧结构性改革和新型城镇化发展的重要举措，有利于节约资源、减少施工污染、提升劳动效率和质量安全，有利于促进建筑业与信息产业、机电行业进行工业化深度融合、培育新动能、推动过剩产能的转化转型。

图 4-20　山东建筑大学装配式钢结构教学实验楼

（3）钢结构体系的低碳特性

钢结构体系以钢材作为主要的建筑材料，具有轻质、高强的特点。一般情况下，相对于混凝土结构比较粗壮的实心构件，钢结构构件相对薄壁细长。因此，从结构部分来说，对于同一幢建筑，使用钢结构建成后的结构重量要比使用混凝土小得多。虽然生产钢材单位质量的碳排放量大于水泥，但综合考虑钢结构和混凝土结构的材料用量，钢结构的碳排放量较低。

由于钢结构的重量比混凝土结构轻很多，在同样的运输距离下，运输钢结构构件所需要消耗的能源显然较少，碳排放量较低。另外，运输商品混凝土需要专用车辆，而运输钢结构构件只需要普通卡车即可，所以相对于现浇混凝土结构，钢结构建筑施工运输成本较低，运输环节的碳排放量也较低量。

与混凝土结构建筑施工相比，钢结构施工不需要消耗水，无须使用模板，需要更少的施工人员，施工周期更短，更加节能环保，这些优势都能很大程度上减少碳排放量。据统计，与混凝土建筑相比，在生产施工过程中钢结构建筑可减少12%能耗、39%用水量、15%二氧化碳排放、6%氮氧化合物排放、32%二氧化硫排放、59%粉尘排放、51%固废。另外，钢结构建筑所需要的施工场地更小，带来更少的植被破坏，减少了碳汇资源的损失，从另一个角度减少了碳排放量。

此外，钢结构建筑在使用过程中可以对损坏、老化的构件或节点进行快捷而方便的替换，对其他构件没有影响。钢材还有可回收利用的特性，钢结构建筑拆除后建材回收利用率很高，资源循环利用的效益十分可观。

2. 木结构体系

（1）木结构体系特点

木结构建筑体系是用木材作为主要承重构件的建筑体系，已有数千年历史，具有自重轻、抗震性好、美观度高等优点，在设计合理、施工合格、维护得当的情况下，具有足够的稳定性和耐久性。同时，木结构建筑也存在木材易燃、易腐、易蛀和材质不匀等固有缺点，传统梁架结构也难以构建复杂的建筑空间，外加成材木料难以跟上巨大的建设量，甚至导致了乱砍滥伐的生态破坏，使得其在现代建筑中未能得到大规模应用。

除了上述问题，多年来，由于木材资源短缺，木结构建筑在国内应用较少。近年来，随着人们对环境的关注和生态林业的发展，具有良好性能的现代木结构建筑受到越来越多的重视，应用领域不断拓展，在适用领域推广木结构建筑，正在成为建设行业探索实现"双碳"目标的一条有效途径，具有巨大的发展空间。

（2）现代木结构

根据我国《木结构设计标准》（GB 50005—2017），可将现代木结构分为方木原木结构、轻型木结构、胶合木结构三种结构体系。现代木结构针对传统木结构建筑存在的耐火、防蛀、防潮等问题，进行了很大程度上的解决：如轻型木结构墙体构

图4-21 应用现代木结构的山东建筑大学雪山书苑

件，对构件采用包覆材料防火处理；在木龙骨之间添加保温隔热材料，并在其外面覆盖石膏板等不燃材料，通过合理选择材料和组装方法，经济地达到规范要求的耐火极限。防潮方面，通过加装防雨幕墙系统和其他相关技术措施，木结构墙体能够通过雨水排水引流，水蒸气散发，墙体通风干燥等手段，确保墙体不会因为雨水或冷热空气交换而受到潮气侵蚀（图4-21）。

近年来，我国现代木结构得到了快速发展，轻型木结构、胶合木结构、钢木结构逐步兴起，多高层木结构建筑开始得到应用，木结构技术标准体系逐渐形成，相关研究、教学和推广逐步扩大。可以说，木结构研究与工程应用在我国已发展到了一个崭新的阶段。

（3）木结构的低碳特性

使用木结构是减少建筑全生命周期碳排放的一种切实可行的方法。木材属于"负碳"建筑材料，树木在生长过程中，能吸收二氧化碳，树木在生长过程中固化的碳比木材在生产和使用过程中释放的碳更多。木材本身就是一种绿色建材，是植物固碳的成果，在生产过程中耗能极少。使用木材建造，能够将固化的碳转移到建筑当中，延长固碳周期。

在使用木材的同时，减少了传统建材的使用量。《现代木结构建筑全寿命期碳排放计算研究报告》表明，如果与仅使用钢筋和混凝土的基准建筑相比，木材的使用可以使建材生产阶段碳排放降低48.9%~94.7%。

木材还是一种可再生资源，通过有计划地扩大植树造林可持续地获取木材，种植的树木又能持续固碳，还能够洁净空气，美化环境，并为野生动植物提供自然栖息地。通常，每生长 1m^3 树木，能吸收 1t 二氧化碳并释放 0.75t 氧气，二氧化碳通过光合作用固化储存在树木中。增加木材在建筑中的使用可以促进森林资源的可持续发展，减少对化石燃料和不可再生材料的需求，减少温室气体排放，形成良性的生态循环。

随着我国"双碳"目标任务的逐步落实，在木结构建筑推广领域，通过林业部门规划管理增加国内的标准化原料木材供给；建设行业继续研究推广适合我国国情的木结构体系，木结构体系将迎来更大的发展，成为低碳建筑的生力军。

3. 结构方案优化

建筑设计优化中，结构设计优化空间最大，结构成本的弹性和离散性大，最具有用材量和成本控制的意义，是建筑设计优化的重点。无论建筑设计选用何种建筑结构体系，都宜进行结构方案优化，不仅可降低建筑生命周期的碳排放，也具有显著的经济效益。

低碳视角的结构方案优化即按照建筑结构设计相关标准、规范和低碳设计理念方法，根据建筑结构设计内容以及相关建筑方案着手制定切实可行的优化方案，在确保建筑的结构设计满足建筑结构设计的标准和规范的基础上，从减少建筑碳排放的角度对原设计进行排查，降低不安全因素，避免过于粗放、余量过大的过度设计影响，纠正原设计中不安全、不必要、无用的、不合理的内容和做法。结构设计优化，如同人体健美，杜绝不必要的浪费，提升运行性能。

结构方案优化，应有全局观念，着眼细节，遵循安全第一、功能优化、经济合理的原则，重视先进技术的应用，力求达到整体最优。

4.2.2　低碳建材使用

建筑材料生产、运输过程所产生的碳排放量，占全国碳排放量的近30%，占建筑全生命周期碳排放量的60%，比建筑运行阶段的碳排放还要高将近20%。这部分碳排放以"物化"形式，随着建筑材料在建筑中的使用，成为建筑碳排放的主要组成部分。因此，建设低碳校园建筑，应尽可能选择具有低碳属性的建材，从源头上减少建筑碳排放量。

1. 选用低碳型建材

低碳型建材即生产阶段碳排放较少，碳排放因子较小的建材。在建筑主材中，金属类材料的碳排放因子均比较高；水泥、混凝土、砂浆类次之；而木材、砂石、玻璃等建材的碳排放因子较低。建筑中使用的有机材料如有机保温材料、塑料类制品的碳排放因子也非常高，但用量相对少。综合考虑用量，钢材和水泥的排放量最大，除此之外，混凝土和砌块的排放量也占有一定比例。

（1）低碳型水泥

虽然建筑材料中，钢材的生产碳排放量最高，但钢材可以通过回收循环利用在一定程度上达到减少碳排放量的目的；而水泥用量巨大，难以回收，所以水泥成为建材减少碳排放量的关键因素。

造成水泥高碳排放的原因主要有以下方面：煅烧过程中需要使用大量煤炭，其原料需要大量使用石灰石，生产技术也有待提升。因此，减少水泥二氧化碳排放的主要途径包括四个方面，一是大力推广先进有效的水泥低碳生产技术应用，提高全行业的碳减排整体水平，提升水泥在加工期间的减排技术；二是采用科学优化的水泥生料配方；三是选用工艺先进、节能高效的生产设备；四是提高生产管理水平。

（2）使用回收再利用的建材

应重视建筑材料的回收利用，提高建筑材料的回收利用率，多使用可重复利用、可循环再生使用的材料，减少建筑材料生产环节的碳排放。

目前，建筑垃圾中，钢材具有良好的再利用特性，其回收再利用率达到71%；塑料制品回收后可挤压作为原料制成木塑材料，寿命为木制品的10倍；砖、石、混凝土等建筑垃圾，经过分选、破碎、筛分成粗细骨料，代替天然骨料来配制混凝土和道路基层材料；玻璃回收后压碎处理成碎玻璃，可重新作为玻璃原料使用，也可用于生产玻璃混凝土，可降低混凝土的腐蚀性；碎玻璃还可处理成圆角玻璃砂，用作人行道铺面材料。

工业化建造模式大量使用预制部品，彼此之间相对独立，单独装配、拆卸，大幅降低砖石、混凝土类材料的应用，在技术层面上相较于传统建造模式更容易实现建筑垃圾的初步分离。

（3）尽量就地取材

建材运输环节也会产生大量的二氧化碳，如果大量使用外地主材，会使项目施工成本和碳排放量共同增加。因此，在选择建筑材料时应尽量选择本地或周边出产的建材，减少运输距离。另外，采用节能低排放的运输方式也有助于进一步降低二氧化碳排放量。

2. 选用高性能建材

通过使用高性能、高耐久性材料，减少建材的使用量，延长建筑构件的使用寿命，也是减少建筑碳排放的有效途径。

合理选用高性能建筑材料特别是结构材料，主要包括高性能钢和高性能混凝土，可减小构件截面尺寸及材料用量，同时也可减轻结构自重，减小地震作用及地基基础的材料消耗，节材效果显著，优于普通建材。我国《绿色建筑评价标准》中，也将高性能结构材料的使用作为重要的节材手段。

（1）高性能钢

建筑用钢的性能直接影响着钢材的用量。钢的强度级别每提高 100MPa，可少用钢材 10%~20%，可减少矿石消耗，节省大量物料运输能耗。目前，我国建筑高强度钢材用量仅为 10% 左右，相对于发达国家 30% 的用量，应用前景广阔，有巨大的节材减排空间。

钢结构的发展不断推动着高性能钢的发展。为满足建筑钢结构行业对建筑用钢不断提升的力学性能和特殊性能的要求，我国已开发了六大系列高性能建筑用钢，包括抗震建筑钢系列、高韧性建筑钢系列、耐火建筑钢系列、耐候建筑钢系列、耐火耐候建筑钢系列和极低屈服强度建筑钢系列等。

在建筑工程中应用高强结构钢，能够减小构件的截面尺寸和结构自重，相应地减小焊缝尺寸，改进焊接质量，提升结构疲劳寿命，从而减少焊接材料用量和焊接工作量，同时还能够减少各种防锈、防火等涂层的厚度、用量及其涂刷工作量，降低钢结构构件的加工、制作、运输和施工安装工程量，在降低各环节碳排放的同时，还可创造更大的建筑使用空间。

（2）高性能混凝土

高性能混凝土是指除了水泥、集料外，还加入了高品质的外加剂等。有良好的耐久性和力学性能，由优质材料通过先进的工艺制成。我国《高性能混凝土应用技术规程》（CECS 207—2006）对高性能混凝土定义为：采用常规材料和工艺生产，具有混凝土结构所要求各项力学性能，具有高耐久性、高工作性和高体积稳定性的混凝土。高性能混凝土，根据用途和配方不同，通常可以具备较高的强度、耐久性、耐火性，良好的自密实性、体积稳定性，较低的水化热、收缩和徐变。

合理使用高性能混凝土能更好地满足结构功能要求和施工工艺要求，最大限度地延长混凝土结构的使用年限，降低混凝土用量和工程造价。

3. 绿色建材

（1）绿色建材的特点

绿色建材是指采用清洁生产技术，不用或少用天然资源和能源，大量使用工农业或城市固态废弃物生产的无毒害、无污染、无放射性，达到使用周期后可回收利用，有利于环境保护和人体健康的建筑材料。

我国《绿色建材评价标识管理办法》将绿色建材定义为在全生命周期内可减少对

天然资源消耗和减轻对生态环境影响，具有"节能、减排、安全、便利和可循环"特征的建材产品。

由此可见，绿色建材具有以下特点：

1）绿色建材具有良好的建筑节能性能，同时生产加工过程中的能耗尽可能少。

2）绿色建材主要原材料使用的一次性资源最小，在原材料的采集过程中不会对环境或生态造成破坏绿色建材生产过程中所产生的废水、废渣、废气符合环境保护的要求。

3）绿色建材使用过程中的功能齐备（如隔热保温性能、隔声性能、使用寿命等），具有健康、卫生、安全、无有害气体、无有害放射性等特点。

4）绿色建材生产所用的原材料是利废的，在使用寿命终结之后，废弃时不会造成二次污染，并还可以再利用。

（2）绿色建材种类

1）低环境影响类建材

以相对最低的资源和能源消耗、环境污染生产的高性能传统建筑材料，如用现代先进工艺和技术生产的高质量水泥。

2）高性能建材

具有更高的使用效率和优异的材料性能，从而降低材料的消耗，如高性能混凝土、轻质高强混凝土。

3）健康建材

具有改善居室生态环境和有利于人体健康的建筑材料，如具备抗菌、除臭、调温、调湿、空气净化等功能的陶瓷、涂料等。

4）再生类建材

利用工业废弃物制成的建筑材料，如利用工业废渣经资源化和高性能化后制成的水泥材料、墙材制品。图4-22为山东建筑大学建设和修缮工程中使用了本地出产的蒸压粉煤灰砖等再生建材。

图4-22 山东建筑大学建设和修缮工程中使用了本地出产的蒸压粉煤灰砖等再生建材

4. 绿色建材（产品）认证

健全绿色市场体系，增加绿色产品供给，是生态文明体制改革的重要组成部分。住房和城乡建设部、工业和信息化部与国家市场监督管理总局等部委大力推进绿色建材（产品）认证及生产应用工作。其中，绿色建材认证对预制构件、建筑门窗及配件等51种建材产品开展绿色建材产品认证。

同时，绿色产品认证积极稳妥地整合现有绿色建材相关评价认证制度，推动绿色建材评价向统一的绿色产品认证转变。

目前，纳入绿色产品认证的建材产品范围包括：认证类别（6类），即人造板和木制地板、涂料、卫生陶瓷、绝热材料、防水密封材料、陶瓷砖（板）。随着绿色建材需求的持续增长，绿色产品认证的建材产品范围将不断扩大，逐渐渗透到建设工程的方方面面。

目前，从国家到地方，均出台了支持绿色建材促进建筑品质提升的政策，绿色建材和绿色（建材）产品认证的推行，将对我国绿建建筑高质量发展、建设行业及早实现"双碳"目标起到重要的促进作用，对绿色建材产业的发展起到有力的推动作用。

4.2.3 低碳施工建造

建筑施工是建筑企业组织按照设计文件的要求，使用一定的机具和物料、通过一定的工艺过程对建筑设计进行物质实现的生产过程。在这一过程中会产生大量的污染与排放。

本节中，主要对建筑施工碳排放来源进行分析，探讨装配式建造这一新的建造方式对施工碳排放量的影响，提出降低现场施工碳排放量的策略。

1. 建筑施工碳排放来源分析

建筑施工过程中产生碳排放的来源包括《温室气体核算标准》（ISO 14064—1）所定义的直接排放、间接排放和其他间接排放，其中直接排放是施工现场施工设备、动力、办公室和维修设备使用各种燃料（含固体、液体、气体）造成的碳排放导致的排放；间接排放是指办公室、施工涉及维系设备产生的除燃料外的能源消耗（如电、暖气等）造成其他企业产生的碳排放；而间接排放是施工上游活动和周边活动导致的排放。施工现场碳排放按区域分为施工区碳排放、办公区碳排放和生活区碳排放，其中以施工区碳排放为主要组成部分。在本节中，对施工碳排放的来源分析，主要关注施工现场的直接碳排放、间接碳排放以及与施工现场直接关联、对周边环境产生直接影响的施工运输碳排放。建筑施工碳排放示意图如图 4-23 所示。

（1）施工直接排放

施工直接排放，主要来源包括施工现场的燃油施工机械、食堂炊事等处的一次能源直接消耗以及相关施工工艺的燃烧排放等。其中，施工机械设备能耗为主要能耗。施工机械

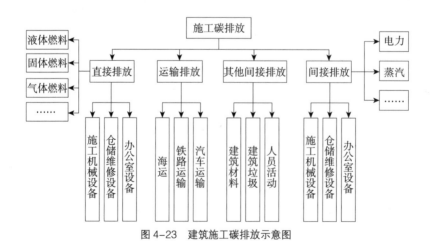

图 4-23　建筑施工碳排放示意图

设备能耗主要由建筑材料用量种类、建筑结构形式、施工设备和施工方法等因素决定。

土石方工程和桩基工程是大型施工机械使用集中的环节。土石方工程主要包括场地平整、路基建设和回填等，使用的主要设备有推土机、平地机、装载机、挖掘机、压路机和夯实机等，碳排放主要来源于柴油的消耗。桩基工程是将钢筋混凝土制成的桩体压入土体，加强地基承载能力，主要设备有打桩机、钻孔机等，其碳排放主要来源于汽油的消耗。

（2）施工间接排放

施工间接排放，主要包括施工机具、照明、电气设备、食堂炊事等方面消耗的电能以及各施工环节消耗的物料，如氧气、乙炔、水等。间接排放渗透到建筑施工的各个环节，如钢筋工程，在模板预制和模板现场安装时进行的钢筋的弯折、切割和焊接消耗的电能；混凝土工程和砌体工程中搅拌设备及混凝土输送设备运转消耗的电能；安装及装饰工程等环节对木材、管材、水泥沙子等原材料现场二次加工、搅拌以及现场安装所使用的电动机械消耗的电能和物料，均会产生相应的碳排放。另外，工地办公区、生活区有大量各类用电设备，产生电耗和物料消耗。施工间接排放涉及面广、种类繁多，在核算时应充分涵盖工地工作生活的方方面面（图4-24）。

图4-24　施工用电是施工间接排放的主要来源

人员也是工地碳排放的重要影响因素之一，工地施工、管理、服务保障人员的数量、行为均会对施工碳排放产生影响，施工间接碳排放也应将人员因素考虑在内。

（3）运输排放

运输是建筑施工必备保障环节，虽然其大部分过程不在施工场地内，但其过程与建筑工地直接连接，其排放随建筑施工规模、建造方式、流程工艺、进度计划等密切关联，因此，本节将施工运输纳入施工排放来源。影响施工运输碳排放的因素主要包括运输方式、运输距离、运输量、运输效率等。

运输方式会影响单位重量运输能耗，远距离运输应优先考虑海运或铁路运输，近距离运输则以车辆运输为主。运输总量受建筑规模、建造模式、施工工艺和施工方案影响。运输距离直接影响施工运输碳排放，应尽量减少运输距离。运输碳排放还与运输车辆能效和驾驶员驾驶习惯有关。

2. 低碳施工策略

根据对施工碳排放来源的分析，在施工阶段，通过加强施工组织管理，可以从施工节能、节材、节水、施工运输等方面采取措施，降低施工碳排放，减少施工对环境的影响。

低碳施工的成功实施，不仅能够降低施工阶段的碳排放，往往能够同步提升施工管理和技术水平，缩短工期，实现更好的降耗增效。

（1）低碳施工组织管理

施工企业是低碳施工的主体，应将低碳施工融入施工管理体系，从"人、机、物、法、环"等要素，围绕低碳施工的原则和影响因素，设定目标、明确责任、加强监管。

1）组织协调

项目施工各参与方均以最大限度减少碳排量为己任，调动项目组全体工作人员共同为实现低碳化施工目标而努力。建立低碳施工量化目标，明确碳排放与建筑施工进度的关系。加强组织协调将碳排放纳入现场施工管理"五控二管"，即质量、投资、进度、安全、碳排放五项指标的控制和合同及信息的管理。围绕低碳施工目标，制定管理规章制度，明确各级负责人的职责和管理权限；在项目参与单位中展开低碳施工教育培训，学习各项要求并落实到现场施工中，责任细分至每一个项目参与者。严格施工现场碳排放指标的监管，落实好碳排放的统计、公示及制度建设等。

2）技术管理

项目部组织包含低碳专家在内的技术力量，对施工方案进行低碳专项论证，结合施工现场实际情况，选择合理的施工工艺、施工工序，并对多种施工方案进行综合评审，选择最优的施工组织方案。同时，当实际施工碳排放与施工计划发生较大偏差时，应组织有关方面进行讨论，分析偏差原因，采取应对措施。

3）经济措施

实施激励性经济措施，促进低碳施工。将低碳施工目标进一步分解为能耗指标，加强考核、对超额完成低碳施工目标的予以评优奖励，对未能完成低碳施工任务的进行处罚。如出现碳排放造假、大量排污、严重偏离目标值等问题，造成恶劣影响的，给予责任单位和负责人进一步惩戒措施。

（2）低碳施工技术策略

低碳施工技术策略，主要包括施工现场的节能、节材、节水，以及降低施工运输环节的碳排放量。

1）施工节能

提高施工机械能源利用效率，强化设备管理，保证设备的技术状况；合理布置、分配设备，提升设备资源利用效率，合理安排大型机械使用时间，减少空转频率并注意及时维护保养。尽量使用电力驱动设备，必须使用燃油设备的，尽量选用高能效低排放设备，并做好相应措施，避免燃油的蒸发、泄漏等损耗。

采取节电措施，将施工各部门用电量控制在合理范围内，设置最高能耗限量，分项计量，定期分析历史能耗数据，及时核算，纠正不合理用电。用电器具设备的使用率和荷载率相匹配，合理控制生活区照明照度，采用节能照明灯具和声控、光控装置，临电线路布置规范合理，设置过载保护系统；尽量选用能效等级高的电器，使用变频等技术对适宜设备进行节能改造。工地临时办公和居住建筑应具有良好的保温隔热性能，减少供暖空调能耗。积极推动太阳能等清洁能源在施工过程中的应用，如用于生活区热水供应。

2）施工节材

建筑施工应积极采取措施，通过提高周转次数，重复利用可拆卸部位等措施，提高施工物料利用率。以加快施工进度、缩短材料使用周期为目标，将施工流水段和工序科学合理地划分，加快工期并缩短材料使用周期；另外尽量选用低碳可循环施工建材，合理优化钢筋加工工艺，节省用料，降低损耗。

利用可回收使用的组装式建筑材料来搭建施工临时板房和生活设施；施工辅助工具租赁使用。

制订科学严谨的预算方案，科学组织施工，降低建筑材料剩余率。加强工程物资的使用管理，优化配置建材资源，杜绝好材劣用、大材小用的现象；加强建筑施工废弃物管理，将建筑施工产生的各类固体废物分类收集和分别处理处置，进行减量化、资源化、无害化处理。

3）施工节水

建筑施工现场场地、设备、车辆清洗、混凝土养护、生活保障等方面需要大量用水（图4-25），应加强用水管理，采取必要的节水措施，杜绝浪费。

图4-25 建筑施工多个环节大量用水

施工节水措施主要包括减少自来水用量、雨水收集利用和废水循环利用等。首先，应积极研发应用节水施工工艺，减少工艺用水。合理布局施工用水管网线路，通过核算施工用水量和生活用水量合理选取管径，保证管道安装质量，尽量避免跑冒滴漏现象。推广使用节水器具，在保障用水需求的前提下，通过限制流量和开闭，减少用水浪费。雨水收集利用，在多雨地区或雨季施工，可通过雨水管网集中蓄水池，经简单净化后，用于洗车、场地洒水防尘和降温。工地冲洗废水，可收集到沉淀池进行沉淀，净化后的清水循环再利用。施工场地周边如有充足的自然水源，在政策法规允许的情况下，可予以利用。山东建筑大学松园学生公寓施工中，在现场设置了具有沉淀池的洗车台，显著节约了冲洗用水量，如图4-26所示。

图4-26　山东建筑大学松园学生公寓施工现场洗车台

4）施工运输

施工所需各种材料在运输环节的碳排放很大程度上由运输能耗决定，主要与建材种类、数量、产地以及运输的途径、距离、工具等因素有关。因此，提高本地材料利用率可以大大降低建材运输造成的能耗和排放。另外，因为建筑材料需求量大、供需关系复杂、市场变动因素较多，在运输方式和距离的选择上应充分规避风险，节约运输能耗；在运输过程中须采取必要的措施以保护建材，减少运输损耗。

施工现场车辆运输、施工机械作业、渣土堆放等施工活动会产生大量的扬尘、噪声，并排放大量的二氧化碳和废气。合理布置施工现场，分类安放施工建材，可减少场地内运输碳排放。优化塔吊和升降机数量与平面布置，吊运物件按类集中堆放，升降机集约使用，减少能源浪费。

除上述策略外，从绿色施工角度出发，施工期间尽量保护场地原有植被，并结合采取适当方式增加施工现场的绿化，在固定土壤、减少扬尘污染、美化环境的同时，也可起到的碳汇作用，吸收部分二氧化碳。

3.装配式建造

装配式建造，是依托装配式建筑体系，使用预制建筑构件在工地装配建筑的建造模式。相对于传统全部现场施工的砖混结构和现浇混凝土结构相比，具有节约资源、缩短工期、成本低、质量高、使用性能好、环境污染少等特点，得到快速发展。

（1）装配式建造的优势

与传统的现场施工建筑相比，装配式建筑在设计环节就考虑了装配式建造相关的施工规范、施工技术，将配件标准、配套技术，将设计和施工环节一体化，极大地体现了全寿命周期的理念。

　　装配式建造具有标准化设计、工厂化制造、装配化施工的特点。研究表明，构件工厂预制化和现场装配能够显著降低现场施工量，缩短建设周期，节省主要建材，节约施工现场用电量，从而降低建筑建造阶段的碳排放量。装配式建筑体系中，墙体等构件比较容易实现重复使用，又进一步减少了因建筑拆除造成的废弃物处理和新建建筑碳排放。图4-27为山东建筑大学运用钢结构装配式技术建造的超低能耗实验房，图4-28为山东建筑大学钢结构装配式绿色教学实验楼施工现场。

图 4-27 山东建筑大学钢结构装配式超低能耗实验房

（2）装配式建造的低碳效益

　　装配式建造具有显著的低碳效益。据统计，钢筋混凝土工程中，模板工程和钢筋工程的碳排放量最大，装配式建造将这两个环节纳入工厂，以工业化方式完成，减少了施工现场碳排放量。装配化施工虽然部分增加了工地现场的大型机械使用量，但工序更加集约，整体现场施工工作量减少，减少了施工碳排放量。

图 4-28 山东建筑大学装配式建造现场

　　相对于传统的施工方式，装配式施工在生态环境效益方面具有明显优势，显著减少了施工扬尘和大气环境污染，同时有效减少了现场人员健康的损害。首先，与传统建筑相比，预制装配式建筑现场施工时间大大缩短，有效减弱了因施工所造成的环境污染时间和对周边居民的生活影响程度；其次，施工作业时间的优化有效地减少了工人作业时长所产生的各种成本。（图4-28）

第 5 章

能源利用

5.1 校园能源规划

能源是校园教学、科研和工作生活所需的必要保障资源，同时能源使用是校园运行阶段碳排放的首要途径。通过校园能源规划，做好校园能源系统顶层设计，优化学校能源资源配置，提升用能效率，是实现低碳校园的重要途径。

5.1.1 校园能源规划概述

能源规划是规划设计和能源管理的重要环节，其主要目的为：通过对能源需求的精准预测分析，结合规划区域资源条件、能源种类、可选用系统形式等因素，根据用能负荷特性科学合理地配置资源和能源，为园区提供因地制宜、技术可靠、经济合理的规划方案，实现规划区域内合理、集成、高效地输配、储存、利用所需的各种形式和品位能源，实现能源的供需高度契合和高效利用。

能源规划，对实现区域各类能源资源的优化配置，达成预期的节能与低碳目标具有重要的基础作用，可以显著提升供能系统综合效益。通过规划，对整体系统各层面进行不同程度的整合和完善，有利于解决系统因不匹配导致的各种问题。

建筑能源规划的发展已有百年历史。20世纪以来，世界各国都在全面推动能源高效利用及能源规划发展。1908年，国际区域能源协会成立，致力于促进提供可靠、经济、高效、环境友好的区域能源方案。1970年，区域空调在大阪首次供热，区域能源平均供给面积为50万 m² 以上，主要应用于办公建筑和商业建筑。1978年美国开始提倡小型热电联产（CHP）。我国在中华人民共和国成立初期，在北方最先发展区域能源供热系统，近30年来由分散供暖发展到集中供热，又逐渐向区域供冷发展，尤其近十年，我国的区域能源发展方向渐趋综合。总体来说，建筑能源规划的发展经历了由单一的供热规划向供热、供冷综合利用规划，再到热电冷综合利用规划的过程。当前"双碳目标"背景下，国家大力推动能源革命，通过能源规划提高能源效率、促进高效清洁能源应用成为建筑能源利用中的重要一环。

建设领域传统的能源规划通常更多地从用能角度出发，在给定的外部能源供给条件下，尽可能降低用能负荷，减少能耗，同时考虑供需两侧的平衡和效率，使用能负荷特性与供能资源条件尽可能匹配。近年来，随着城市建设的发展和区域能源理念的发展，综合集成区域供暖、供冷、供电，解决区域能源需求的所谓区域能源系统得到快速发展，也成为建筑能源规划的重要指导思想和主要内容。

能源规划主要任务，即通过精准测算，设定科学合理的能耗目标，合理高效地利用区域条件，在因地制宜、开源节流、经济可靠的原则下，优化校园能源系统配置，制定相应的设计策略和指标体系，经充分论证形成实施方案，指导项目实现预定的规划目标。

目前，校园能源规划可定义为：通过制订校园节能减排的量化目标，对校园区域形成全面、合理、综合的能源规划，运用节能设计、智能控制、新能源等技术手段和建筑调适、行为节能等管理措施，实现校园能源消耗的有效控制、能源结构的合理调整、能源系统的高效运行以及能源体系的优化管理。合理的校园能源规划不仅提升了学校用能系统建设运行水平，还能提高区域能源供需协调能力，促进清洁能源就近消纳。

5.1.2 校园能源规划的原则和内容

1. 校园能源规划原则

（1）安全可靠

安全可靠是校园能源系统的第一要务。校园能源规划应必须确保校园能源系统安全、可靠、稳定运行和持续供应，保障正常的教学、科研和生活秩序。校园供电、供气、供水等基础设施建设，须做好技术论证，确保施工质量，加强日常维护，避免各类事故，并做好突发事件的应急预案。

（2）高效运行

运用高效节能技术和调适管理手段，依托校园能耗监控平台，保障校园能源系统高效运行，对学校能源使用进行合理管控。一方面积极论证引入高效节能和新能源技术；另一方面，重视校园运行管理制度、人员业务能力等软件建设，建立运行管理质量体系，并通过智能化管理平台提升实施效率，实现整体高效运行和运行水平的不断提升。

（3）经济合理

坚持经济合理的原则，对校园能源系统进行投资估算和经济技术分析，充分考虑各种经济性因素对校园能源系统性能和效益的影响，平衡好技术可靠性、先进性、分期投资、长期运行效益与低碳性能等指标，以全生命周期成本最低、碳排放最低为条件，进行多目标优选，确定综合最优方案。

（4）因地制宜

坚持因地制宜的原则，一校一策。校园能源规划须详尽了解校园的用能结构、建筑能耗、能源供应等情况，根据校园所在地的市政基础条件、常规能源及新能源利用条件和当地的能源政策，结合校园用能负荷特性，充分挖掘可再生能源利用潜力，降低常规能耗和供能压力。能源规划方案应充分考虑校园整体建设规模、建设时序等要素，合理分批分期实施。

（5）低碳导向

坚持低碳导向的原则，在校园能源规划中，通过供能系统、用能设备、运行管理的低碳化指标体系和实施方案，结合培训、宣传、科普等配套措施，将低碳理念渗透到校园能源系统建设、运行、师生工作、生活的方方面面，以能源规划引导能源系统低碳设计、运行，促进校园低碳管理和师生员工的行为低碳。

2. 校园能源规划内容

（1）前期准备

根据校园当前建设运行实际开展调研，摸清家底。掌握校园发展现状，包括校园占地面积、建筑类型、建筑面积、校园内用能的分类统计以及师生人数等。分析评估校园周边能源供应条件，包括对电力、天然气、可再生资源和余废热资源。根据学校当前建设目标需求，分析校园能源保障水平和需求满足度。了解校园内和周边区域的环境状况，对环境影响做出合理的评估。

（2）目标制定

对校园能源系统开展需求预测，以校园建筑用能、交通用能、生活用能等各现有能源需求量作为预测基础，考虑能源结构的调整因素，结合各项节能技术，以绿色低碳作为重要权重，对未来的能源需求总量做出合理预测。在需求预测基础上，根据国家、行业的能源规划与低碳发展政策、技术标准、相关能源系统和能源规划案例，结合学校当前建设目标和未来发展规划，制订指标合理、适度超前的校园能源规划目标体系。

（3）资源潜力

对校园所在区域进行资源潜力综合分析，根据区域能源、资源禀赋，合理利用当地资源；以全局视角统一分析规划校园中电力、水、燃气等各常规能源和新能源，按精准需求分析决定供应规模；结合校园负荷特征，提升能源系统供给与需求的匹配度开发效率潜力；通过节能降耗新技术、管理措施的应用，挖掘节能潜力；对建筑群光热利用、地热利用潜力进行评估，开发利用新能源。

（4）系统配置

校园能源系统配置需依据对冷热负荷的估算预测，根据校园地域、气候等情况，以传统的电力、热力、燃气为基础，地热能、光伏光热等可再生能源共同构成校园能源供应系统。根据供能性质分别规划多种方案并分析其优缺点及适用性，对所规划冷热源方案进行多因素评价并选择最优方案。可采用结合可再生能源的分布式能源系统提升综合效率；设置蓄能装置应对校园能耗负荷的复杂性和多变性，实现"削峰填谷"；开发利用微网技术，使校园内建筑间互为补充，互为备份；利用校园智慧能源管控系统，监测光伏、储能、太阳能、空气源热泵热水系统的运行情况，实现与智能微网、智能热网、校园照明智能控制系统及校园微网系统的信息集成及数据共享。

（5）管控措施

校园能源管理人员依托校园智慧能源管控平台，通过软硬件措施，保障校园能源规划目标的实现。对校园能源系统的动态实时监控与管理掌握数据，通过对数据进行分析与挖掘，生成优化控制策略，进而对各节能控制系统综合管控。通过智能集控，对校园内所有的变电站、建筑用电、用水、用气等监测，实现对资源情况的一体化布控，提升了功能化管理水平和工作效率，降低了管理成本。

（6）落实措施

校园后勤及能源管理部门积极对接、研究相关事宜，保证校园能源规划与本校实际的贴合度和编制深度。成立工作专班与上级教育主管部门、建设主管部门、供能部门、校园建设和使用部门加强对接，建立长效工作机制，推动能源规划的后期建设落实。认真梳理上报能效提升、新能源利用相关项目示范，争取政策支持。

3. 实施要点

（1）综合统筹

校园能源规划具有高度的综合性，应统筹资源，优化配置，通过在发、输、变、储、用等环节的交联与融合，实现电—气—热—冷—水的综合供应，实现管道的复合式传输和利用，实现各种能源的高效综合利用，减少浪费，降低排放，提高设备设施资产利用率；促进校园能源的可持续发展。

（2）规划联动

校园能源规划在纵向上与常规规划联动，应建立能源规划与总规、控规、修规及各专项规划的联动机制，考虑能源总量、能源结构、能源安全以及能源与环境等方面指标的承接，把宏观、指导性的专项规划转变为具体校园的整体性能源规划。在横向上，校园能源规划应与低碳相关各专项规划相契合，衔接地方"双碳"政策具体要求与当地城市规划、环境保护规划、国土规划、产业规划等相关规划，做到统一协调。

（3）技术论证

应加强校园能源规划技术实施的适用性、可行性、先进性论证。首先选择适用的多元指标：经济性指标、技术性指标、碳排放指标、能效指标、环境影响指标以及服务指标进行论证，根据校园的建设规模与能源具体情况确定各指标的权重。还要对校园能源规划进行风险评估，技术可靠性须得到充分保障；经济性方面，充分估计能源价格的变动，考虑新能源技术进步和未来政策的连续性导致的影响。依据论证结果，对于不符合要求的部分，进行修改完善。

（4）校核完善

能源规划实施后，应将能源系统运行实际效果与能源规划方案进行校验。根据校园能源系统各部分设置，采用定性或定量的方法进行短期的能源校核完善。在长期的运行与校验中对于与规划目标相差较大的运行项目进行核对与再检查，针对出现的问题提出合理的处置要求，完善相应的处理措施，确保能源供给高效持续的完善性。

5.2 校园能耗组成与类型

5.2.1 校园能耗组成

我们通常所指校园能耗是校园运行能耗，包括校园建筑能耗、园区公共设施能耗、交通能耗、学校教学科研以及师生生活保障相关能耗等。其中，建筑能耗是校园能耗的重要组成部分，建筑能耗主要包括供热、空调、照明、教学科研设备、生活设备等能耗。校园能耗涉及的能源类型主要包括电力、天然气、煤、燃油等。相对于其他建筑园区，高校校园能耗具有以下特点：

1. 能耗类型多差异大

高校校园包含多种不同功能类型的建筑，包括办公楼、教学楼、实验楼、宿舍、食堂、浴室、体育馆等，各类建筑的用能方式、能耗大小和强度有着明显差别。一般来说，教学楼、科研楼、宿舍建筑面积占校园总建筑面积比例较高。从建筑类型使用的能耗占校园总能耗比例来看，科研类建筑、宿舍与食堂是校园用能的主要建筑类型，其次为教学类建筑和其他后勤类建筑，场馆类建筑能耗最低。从单体建筑能耗来看，科研楼建筑间能耗差异最大，主要是由科研楼学科性质差异造成。从单位面积能耗统计来看，教学楼单位建筑面积能耗平均值水平最低，食堂单位建筑面积能耗平均值最高，约为教学楼的两倍。

2. 时间特征明显

高校校园用能在时间上具有明显特征，多呈周期性特点，主要体现在年周期、周规律、日规律中。在年周期中，存在季节、学期、假期等方面的影响：由于夏季和冬季建筑需要冷热供应，其能耗相比较春秋季要高；由于多数高校的寒暑假期间建筑内滞留人员很少，大部分楼是关闭状态，能耗明显下降；由于学生课程计划和学期结束时考前的复习安排，自习时间增加，学期末能耗增加。在一周内，工作日的能耗相对周末的能耗较高。在一天内，不同类型建筑的能耗呈现明显的潮汐性特点，办公教学类建筑用能峰值集中在白天，宿舍类建筑用能峰值集中在夜间。以山东建筑大学为例，学校每年有两个主要假期：暑假时间为7月中旬至8月底，寒假时间为1月中下旬至2月底，基本为济南地区每年最热与最冷的时段。在两个假期期间，大部分学生离校返家，仅有少量学生在宿舍、假期公共自习室和科研工作室学习，仅有部分教师和后勤工作人员在校工作，教学楼基本处于关闭状态。因此，寒假期间关闭集中供热，暑假期间在校人员单独使用空调降温，寒暑假能耗大幅降低，每年6月、12月的能耗成为年度峰值。

3. 其他因素的影响

高校用能根据学校办学层次、学校规模、学科类型，地理位置、气候条件的不同，具有不同的特点。学校的主要学科对科研实验的需求，对校园能耗有明显影响，理工类高校相比文史类高校对实验需求量大得多，用能量相对较多。研究表明，以湖北地区为例，工科类高校学生人均能耗高于文理类高校约35.8%。相同学科类型的学校层次不同，其招生规模、承接的科研任务量也不同，因此能耗也存在较大差异。不同气候区的校园用能特征明显不同，严寒及寒冷地区高校冬季供暖多以一次能源为主，且量比较大；夏热冬冷和夏热冬暖地区的高校夏季空调电耗相对较多。以寒冷地区与夏热冬冷地区为例，如图5-1所示，夏热冬冷地区校园总体单位建筑能耗高于寒冷地区，其中教学楼与图书馆两个气候区的能耗差距较小，实验楼与学生宿舍能耗差距较大。

5.2.2 校园能耗类型

1.电能

电能是高校最主要的能耗类型。我国高校电力供给形式主要为国家电网将电源输送到公共变电站，再通过高校自建的专用变电站将电输送到校园中进一步输配使用。校园中用电方式途径主要包括照明、空调、电梯、教学实验及其办公设备、风扇、冷热饮水机、餐厅电器、机械通风、路灯用电、电动车辆以及其他生活保障设备设施用电等。

随着校园和建筑环境品质和服务水平的不断提升，耗电量也随之快速攀升。据测算目前高校建筑年平均耗电量高达40~110kW·h/m²，相比之下，普通居住建筑平均电耗仅为10~25kW·h/m²。

高校用电具有明显的时间特征，用电量随着季节变化、开学季和假期、每周工作日和周末、每天不同时段，教学科研工作的具体安排发生明显的随动，每年2月、8月用电能耗最少，5月、6月、9月、12月用电能耗较高（图5-2）。

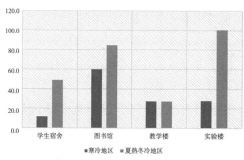

图5-1 不同气候区不同建筑类型高校单位面积能耗
（kW·h/m²）

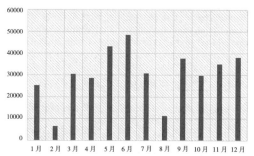

图5-2 校园教学楼用电月变化

从用电的日变化来看，校园内师生学习生活活动的规律性使得校内不同建筑都有各自相对集中的使用时间，且与教学生活安排直接相关，呈现明显的规律。白天工作时段校内师生大都集中在教室、办公楼、实验楼、图书馆等公共建筑内，此时宿舍楼内人员较少；随着课程结束，餐厅、宿舍等生活类建筑人员逐步增多；晚上下班后，办公楼内工作人员较少，图书馆、实验室、工作室人员逐渐减少；晚上10点以后，教室、图书馆以及办公楼内基本没有滞留人员。以山东建筑大学为例，教学楼日用电高峰期在上午8点到晚9点，其中在上午9点、下午3点与晚8点到达用电波峰（图5-3）；学生宿舍日用电从上午8点到晚上12点呈现增长趋势，波峰在中午12点和晚上10点，晚上10点用电量最高（图5-4）。

校园内不同类型的建筑用电量有较大不同。以山东建筑大学为例,餐厅用电量最大,约为教学类建筑的 2~3 倍(图 5-5)。教学建筑与配套辅助用房的用电量相当,约为宿舍建筑的 2~3 倍。其原因主要是餐厅建筑中供餐饮等设备的用电量相比教学建筑设备用电量较多,宿舍楼中设备的用电量相对较少。

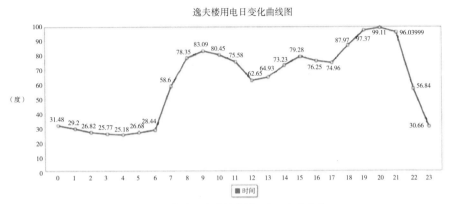

图 5-3　山东建筑大学教学楼用电日变化曲线图

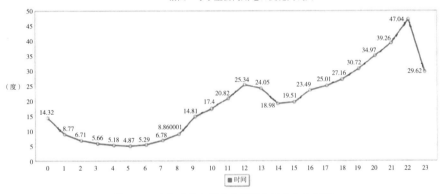

图 5-4　山东建筑大学宿舍楼用电日变化曲线图

图 5-5　山东建筑大学各栋建筑年用电量

2. 一次能源

一次能源指自然界中以原有形式存在的、未经加工转换的能量资源，又称化石能源，如煤炭、石油、天然气等。校园内使用的一次能源多为天然气、煤炭、燃油等。高校校园供热系统能耗是北方学校能耗总量的主要组成部分，一直以来，北方采暖地区校园多使用燃煤或燃气锅炉作为热源进行冬季集中供暖。此类校园，一次能源占总能耗比例通常比较高，而且构成了校园直接碳排放的主要组成部分。北方冬季供暖高校之前多采用燃煤供暖，煤炭是校园能耗很大的组成部分。随着北方地区清洁供暖的不断推进，越来越多的高校已将燃煤锅炉更换为燃气锅炉，或采用市政热力，校园能源和碳排放结构随之发生较大变化。天然气的另一主要使用场所是食堂，校园食堂多使用燃气炊具烹饪。以山东建筑大学为例，年消耗天然气 199 万 m^3，其中食堂年天然气用量约在 40 万 m^3。供暖年天然气用量约在 159 万 m^3，单位面积能耗 $2.7m^3/m^2$。

燃油消耗主要为高校所属车辆和校园燃油车辆使用，校园中除了公交车、校园后勤车辆之外，行驶最多的车辆为小型私家车。少数高校使用燃油锅炉和其他燃油动力设备，也有一定的燃油需求。

3. 水耗

在能耗统计中通常将水耗一并统计，校园水耗的类型主要为公共卫生用水、绿化用水等。校园公共卫生用水是指宿舍和教学楼等建筑内的个人清洁用水包括洗漱用水、器物清洁用水、厕所清洁用水以及楼内清洁用水。各项统计资料显示，目前公共卫生用水占大学校园总用水量的 30% 以上，具有较大的节水潜力，应对公共卫生用水进行有效的节水管理，提高用水效率，避免浪费。大学校园绿化用水是人为提供的植物灌溉用水。全国各地域降雨量不一，但普遍存在雨量不均，降雨量不足以维持植物需水量的情况。应根据植物需水规律和当地供水条件，充分有效地利用自然降水和再生水，使校园绿化取得良好的经济、社会和生态环境效益。通过充分利用再生水，采取各种节水措施，可有效控制校园用水量，以山东建筑大学为例，年用水量 59 万 m^3，单位面积年用水量为 $1.01m^3/m^2$，人均用水量为 $21.51m^3$，取得了良好的节水成效。

4. 其他能耗

高校中涉及的其他能耗主要有市政热力等形式。随着北方大气治理，高校的燃煤锅炉房需要更换为其他热源；高校热源达到使用年限时，也需要对热源进行更换。部分具备条件的高校采取了市政热网接入的方式进行热源改造。改造后，供暖热源由自烧锅炉变为市政热力热源，校内不再设有大型燃煤燃气蒸汽锅炉和汽水交换设备，代之以热力交换供热设备。该改造形式，从根本上消除了原锅炉热源的直接排放，消除了绝大部分一次能源消耗，在校园自身减排中可起到立竿见影的作用。同时，改方案相对于原有锅炉房，提高了供热效率和安全性，减少了热源系统占用的建筑及校园空间。

5.2.3 校园能耗案例

本节以山东建筑大学为案例，对近年来校园能耗的组成、用量、使用规律进行定量剖析，进而为节能潜力分析提供基础支撑，也为其他高校的能耗统计分析提供参考。

山东建筑大学的能耗类型长期以来以电能、煤炭、天然气、燃油以及水耗为主，主要用途为校园建筑用能、园区环境和工作生活条件保障用能等方面。山东建筑大学总建筑面积为70余万 m²，其中学校后勤类建筑所占的面积为13.5 万 m²，约占全校面积比例的 18.8%；教学建筑占的面积为 10.57 万 m²，占校园总面积的

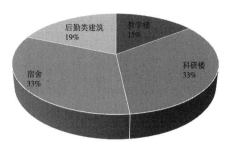

图 5-6　山东建筑大学各类建筑建筑面积所占比例

14.8%；宿舍楼建筑所占的面积为 23.51 万 m²，占总面积的 33%；综合科研楼类建筑在校园公共建筑中内占有最大的面积23.82 万 m²，约占总建筑面积的 33.4%，如图 5-6 所示。

2017 年建筑大学共有师生及后勤人员 2.98 万人，能耗总量为 6198.3tce，人均能耗为 207.74kgce，人均水耗 23.39m³/ 人（表 5-1）。2018 年建筑大学共有师生及后勤人员3.02 万人，能耗总量为 5542.9tce，人均用能能耗为 183.38kgce/ 人，人均水耗 24.6m³/ 人。与基准期 2017 年数据相比，统计期 2018 年人均能耗有所下降，由 207.74kgce 下降为183.38kgce；人均节能量 736tce；人均水耗有所上升，23.39m³ 上升为 24.6m³（表 5-2）。

学生人数及能耗　　　　　　　　　　　　　表 5-1

指标 ＼ 时间	2017 年	2018 年
用能人数（人）	2.98 万	3.02 万
耗水量（m³）	697858	797947
综合能耗（tce）	6198.3	5542.9

能耗指标　　　　　　　　　　　　　表 5-2

序号	指标名称	2017 年	2018 年
1	用能人数人均能耗（kgce/ 人）	207.74	183.38
2	用能人数人均水耗（kgce/m²）	23.39	26.4

能耗成本方面，以学校 2011~2013 年用能成本为例，能耗支出比例如图 5-7 所示。可以看出，学校用电支出和用煤支出占校园资金支出的主要方面。其中用电资金占了学校资金总支出的 46%，高于其他类型的能耗。校园能源主要用途如图 5-8 所示。

1. 电能消耗

山东建筑大学所需电力由社会电网购入，经配电室降压后分配到校区各用电单位使用，电力使用单位主要有教学楼、办公楼、实验室、学生宿舍、制冷站、食堂等。

校园中用电设备类型繁多，用电途径多种多样，主要包括照明用电、空调用电、电

风扇用电、教学及其办公设备用电、冷热饮水机用电等。由于学校的办学规模不断扩大，人数持续增多，山东建筑大学在2013~2020年用电量总体呈上升的趋势。校园内电力消耗的主要方面有教学科研设备、办公设备、室内照明及生活电器设备、电梯等。

学校主要耗能设备：燃煤热水锅炉3台（2017年拆除），天然气锅炉5台；干式变压器7台，合计装机容量5000kVA；中央空调风冷螺杆热泵机组10套，制冷量1583kW；单体空调390台，合计585P；空气热源泵13台，合计118.3kW；水泵12台，合计229kW；电梯3部，合计30.5kW；各类风机8个，合计523kW。

在建筑用电量方面，科研实验楼用电最多，占全年总电耗的35%左右；其次为食堂和学生宿舍，分别占全年总电耗的22%和20%（图5-9）。学校各类建筑单位面积能耗如图5-10所示。

2019年，学校共使用电量21100476kW·h，2020年学校共使用电量17888889kW·h单项能耗降低了15.2%（图5-11）。建筑用电碳排放如图5-12所示。主要因素除了学校不断推进节能工作外，2020年春季新冠疫情的影响也占了很大因素。

2. 一次能源能耗

（1）煤炭

山东建筑大学校处于寒冷地区，冬季集中供暖，热力供应学校动力中心提供。

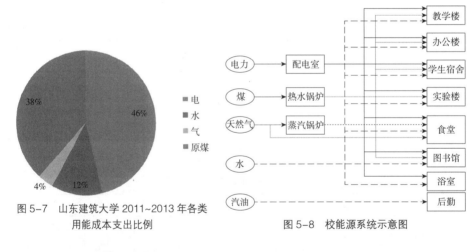

图5-7　山东建筑大学2011~2013年各类用能成本支出比例

图5-8　校能源系统示意图

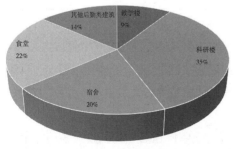

图5-9　山东建筑大学各类建筑用电量所占比例

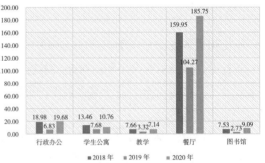

图5-10　山东建筑大学各类建筑单位面积年用电量（kW·h/m²）

2017 年之前山东建筑大学校园的供暖热源为燃煤锅炉房，能源类型为燃煤；2017 年11 月改用天然气。热源改造前，2015 年使用的烟煤量为10939t，2016 年使用的烟煤量为 5950t，2017 年使用的烟煤量为 815t，全年使用烟煤所产生的碳排放为 1424t。可见通过改变能源结构，大幅减少了一次能源的使用量（图 5-13）。建筑用煤碳排放量如图 5-14 所示。

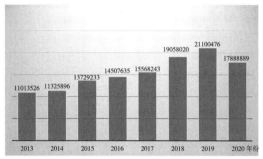

图 5-11　2013~2020 年山东建筑大学
建筑年耗电量（kW·h）

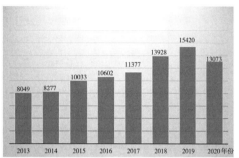

图 5-12　2013~2020 年山东建筑大学
建筑用电碳排放量（t）

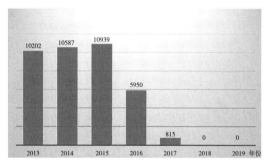

图 5-13　2013~2020 年山东建筑大学
建筑用煤炭量（t）

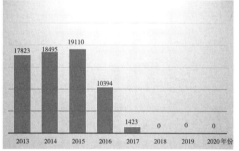

图 5-14　2013~2020 年山东建筑大学
建筑用煤炭碳排放量（t）

（2）天然气

2017 年 7 月，学校根据济南市人民政府办公厅下发的《关于加快推进全市燃煤锅炉淘汰改造工作的通知》文件要求，山东建筑大学原有 3 台 20t 燃煤供暖锅炉、1 台 10t 燃煤蒸汽锅炉、附属设备设施及 80m 高的钢筋混凝土烟囱完成拆除。学校采用 BOT 运营管理模式，根据实际供暖面积及要求，发挥中标运营单位资金与技术力量的优势，新装5 台 10t 燃气锅炉（图 5-15）。不仅保障了校区 50 余万 m² 的供暖，也降低了供暖成本和环保压力。该轮改造，很大程度上改变了学校的能源结构，显著降低了学校的直接碳排放。2013~2020 年学校建筑业使用天然气量如图 5-16 所示，天然气碳排放量如图 5-17 所示。

学校月天然气用量如图 5-18 所示，由图可知 3 月、10 月、11 月、12 月、1 月天然气的用量最高，餐厅炊事用气也是校园燃气消耗的重要组成部分；供暖使用天然气用量，远大于供食堂烹调用的天然气用量。

图 5-15 山东建筑大学燃气锅炉房

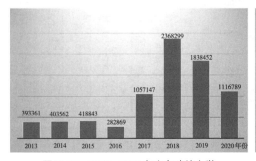

图 5-16 2013~2020 年山东建筑大学
建筑用天然气量（m³）

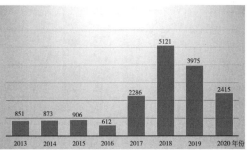

图 5-17 2013~2020 年山东建筑大学
天然气碳排放量（t）

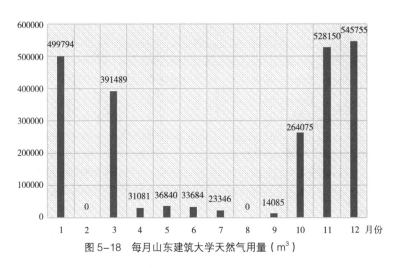

图 5-18 每月山东建筑大学天然气用量（m³）

5.3 监测平台建设

5.3.1 概述

　　校园作为社会重要特殊的组成部分，同时也是能源消耗大户。因此，建设校园能耗监测平台，能为校园的节能工作提供大量的基础数据和资料，建立合理有效的能耗评价指标体系，找出建筑用能中存在的问题，以最大限度地降低在能源使用过程中的各种浪费，进而提出节能优化方案，降低学校运行成本。

校园能耗监测系统，可实现学校能源分类、分项、分区、分房间计量，帮助管理者实时反馈校园、建筑整体能耗运行的现状及趋势，动态展现用户的能耗监测、平均能耗、能耗变化趋势分析等结果，通过能耗诊断、对标分析等方式从能耗各环节查找问题，完善能源管理流程，实现校园能效的不断提升。

在高校领域，校园能耗监测平台的建设示范走在社会前列。2008年，住房和城乡建设部会同教育部发布了《高等学校节约型校园建设管理与技术导则》（建科〔2008〕89号），成为高校建设校园能耗检测平台的重要技术依据。同年，中共中央党校、清华大学、同济大学、山东建筑大学等12所高校获选首批节约型校园建设示范高校，并通过财政补贴的方式建设了第一批校园能耗监测综合管理平台。平台投入使用后，山东建筑大学进行岗位调整，后勤管理处新增节能监测中心岗位，负责平台的日常管理工作（图5-19）。在十几年的使用中，学校对平台功能也进行了进一步拓展，依托校园网、智慧建大等学校网络通信资源，利用先进的信息化前沿技术，逐步实现信息集成、数据共享、平台统一、标准一致的数据融合。目前节能监管平台主控室主要包含能耗监管平台管理系统、太阳能光伏发电管理系统、智能控电管理系统、合同节水管理系统、供水管网渗漏监测系统等智慧能源管理相关的运行体系，已逐步形成多种节能项目统一管理的新格局，在学校绿色校园工作中发挥着重要的支撑作用（图5-20）。

图5-19 山东建筑大学节能监管中心

图5-20 节能监管平台系统功能界面

目前，国内高校开展节约型校园创建已近十多年的时间，其中能耗监测平台建设是建立健全高校能源管理体系的重中之重，成为绝大多数高校校园的标准配置，在提高能源管理水平及能源使用用效率方面发挥了重要作用。

5.3.2 总体架构

针对校园能耗监测系统对能耗数据的获取、存储、分析处理、展示应用等的功能需求，对建筑能耗监测系统整体架构为 5 个层级，即：前端设备层、数据采集层、数据传输层、数据处理层和系统应用层。系统整体架构如图 5-21 所示。

校园能耗监管系统，通过数据采集器采集计量仪表的数据，通过无线网 / 以太网或 RS485 传输到数据网关或智能集中器中进行处理和传输，再将采集器得到的能耗数据上传至系统的数据中心。系统的数据传输分为两个层级，分别是采集器得到的能耗数据上传至系统数据库，以及标准化处理后的数据上传至数据中心，两个层级中的数据信息都是通过 TCP/IP 协议网络进行传输的。

1. 前端设备层

（1）智能电表：智能电表是以微处理器和网络通信技术为核心的智能仪表，具有自动计量、数据处理、双向通信和功能扩展等能力，能够实现双向计量、远程 / 本地通信、实时数据交互、多种电价计费等功能。主要分为单相电能表、三相电能表、多功能电能表等种类。系统所选电表的参数要求如下：所有电表均达到 1 级精度，其中多功能电表达到 0.5S 级精度；具有标准 RS485 远程数据接口，通信协议遵从《多功能电能表通信规约》DL/T 645。安装在电表箱中的智能电表（图 5-22）。

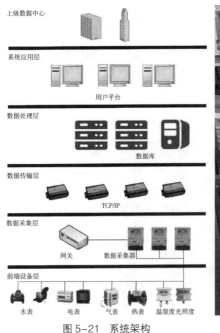

图 5-21　系统架构　　　　　　　　　　图 5-22　安装在电表箱中的智能电表

（2）智能水表：智能水表是一种以流量传感与信号处理部件、内置嵌入式计算机系统和算法、各类输入和输出接口及（或）电控执行器等为平台，具有或部分具有流量参数检测、数据处理（如：滤波、运算、存储、自检与自校）、数据显示、数据通信、电控阀受控启闭以及网络接入等功能的水表。智能水表主要有智能卡式水表、分线制智能远传水表以及总线制智能远传水表等。建筑能耗监测系统所选用水表的参数要求如下：计量等级 1 级精度，具有标准 RS-485 远传数据接口，通信协议遵从国标《户用计量仪表数据传输技术条件》（CJ/T 188—2018）。应根据现场实际情况，合理选择安装适宜类型和防护等级的智能水表，保证系统采集、传输、性能稳定、适应现场环境（图 5-23）。

图 5-23 智能远传水表

（3）热量表：热量表是用于测量及显示水流经热交换系统释放或吸收热量的仪表，分为整体式和组合式两种。热量表根据流量测量方式，主要可分为机械式、超声波式和电磁式三大类；根据温度测量方式主要分为接触式和非接触式两大类。热量表应带有检测接口或数据通信接口，接口形式可为标准 RS-485 或无线接口；热量表还应具有断电数据保护功能。

（4）对于燃气、油能以及煤炭等一次能源用量，以及建筑的基本信息，不便于使用表具计量远传，需要通过人工采集的方法输入系统。

2. 数据采集层

数据采集层负责将采集到的数据信息解析、校验和打包，再通过集中器或网关实现与上层主站的交互，主要由数据采集器和智能集中器或数据网关组成。

（1）数据采集器：数据采集器，是一种可以现场实时采集数据、处理数据的自动化设备。在能耗监测系统中，数据采集器用于采集实时能耗数据，并将采集上来的数据封装上传至网关。数据采集器技术参数应满足《高等学校建筑节能监管系统建设及运行管理技术导则》的要求，支持同时对多个量仪表的数据采集，兼容 Modbus-RTU 协议、《多功能电能表通信规约》DL/T 645—2007、《户用计量仪表数据传输技术条件》CJ/T 188—2018，可独立配置，同时具备数据短时保存和断电续传功能。

（2）网关：网关用于实现对数据的传递、缓存、重发等功能。网关收到数据采集器的数据后，将数据进行存储，等待上报。

前端设备层与采集器之间的通信方式通常采用 RS-485 总线接口组成的两线制半双工网络。RS-485 传输速率较高，通信距离长，抗噪性能较好。该方式支持一主多从的通信模式，下位机设备拥有唯一地址编码，这对于所传数据与采集点位之间的对应意义重大。RS-485可联网构成分布式系统，其标准驱动节点数为32个，完全适用于校园建筑内部分区域、分设备类型的监测，对于特殊情况还可通过网络硬件设备进行扩容。

3. 数据传输层

数据传输层，主要依托数据传输网络，将不同采集点计的数据与数据网关的对接，通过校园网络，将校园能耗数据传输到数据中心，实现资源共享。为确保数据的真实性、有效性和准确性，应对数据进行校验与防护，为用户进行进一步的能耗分析做好准备。

4. 数据处理层

数据处理层首先对下层上传的原始能耗数据进行存储，然后通过相应的统计公式、算法体系、报表模板等对原始数据进行处理、分析和再存储。数据的处理功能分为数据存储和数据分析，系统的数据处理流程如图5-24所示。

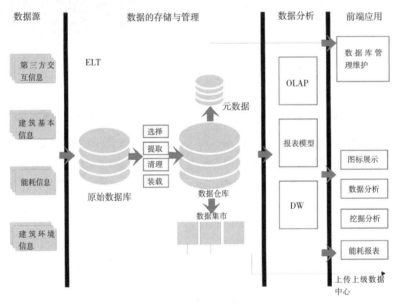

图5-24　数据处理示意图

各类原始的能耗数据和信息被数据仓库技术ETL（Extract-Transform-Load）根据设定的时间间隔选择抽取到临时中间层后，经过数据清洗、转换和集成，把预处理过的数据加载到数据仓库中存储。数据仓库中的数据会被长期保存，以便满足用户不同时段查询或分析的需要。可通过元数据对数据仓库进行管理维护。能耗数据及其他信息存储在数据仓库中，一方面会被不同的数据集市运用去分析和处理对应类别用户的能耗数据；另一方面又会直接通过联机分析处理系统（OLAP）、数据挖掘或数据报表模型对数据进行不同层次和角度的分析处理。

5. 系统应用层

系统应用层是用户视角的层级，负责耗能过程监测展示、处理后数据的直观展示及能耗分析报告的生成和发布，不同操作权限的用户能够查看到不同的展示信息，具有能耗监测、报警管理、统计报表、数据分析、用户权限管理、系统日志生成，以及管理主机数据存储等功能，可自动对应用数据库进行备份，以防运行数据丢失，如图 5-25~图 5-27 所示。

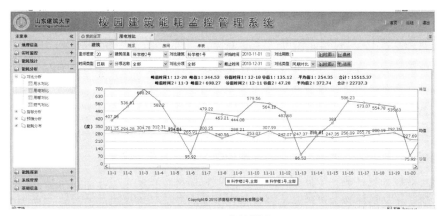

图 5-25　能耗监测

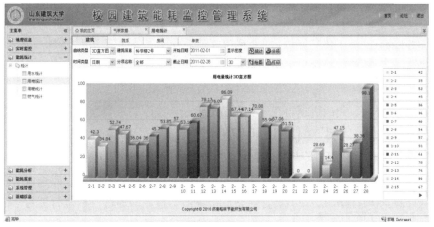

图 5-26　统计报表

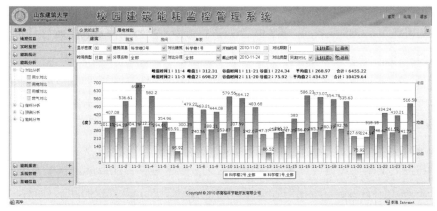

图 5-27　能耗对比

5.3.3 数据应用

建设利用好能耗监测平台采集校园建筑能耗数据，并为管理者提供多维度能耗对比分析，可掌握校园能耗特点，有针对性地制订实施节能管理办法。校园能耗监测平台可对能耗数据自动生成统计表单，可便捷查询有关数据。将数据挖掘技术应用到节能监管平台的能耗监管中，对校园能耗可进行能耗报表、节能诊断、能耗预测、节能控制、告警、报修管理等功能。有利于提高学校的能耗管理水平，全面掌握校园用能状况，明晰能耗去向，发现不合理用能，挖掘节能潜力。

1. 能耗报表和公示

能耗监测平台可实现能源报表和公示，据能耗监测数据自动生成规范化能耗报表和进行能耗公示等，从而推动激励化的能源管理，促进提升管理水平。

（1）能耗报表：能耗数据报表功能，是能耗监测平台必不可少的基本功能，可以在平台上将采集的能耗数据进行查询预览及导出表格文件。操作界面可以按用户需要选择建筑种类，查询能耗区间选择报表打印模板，进行数据查询。

（2）能耗公示：建立能源公示制度，运用监测平台发布学校内各二级学院、各处室、各单独计量单位的用能（水、电）的同比、环比变化情况。在学校或其指定的校园网站（节能办公室网站）建立链接，对能耗统计结果或能源审计结果进行公示，接受监督，满足各学院能源耗费可视化、了解用能水平、提供节能改造依据。

2. 节能诊断

能耗监测平台收集的数据可用于校园节能诊断。校园建筑类型较多，其用能情况存在较大的差别，从而导致不同建筑之间能耗水平对比存在困难。利用能耗监测平台提供的充足数据，将这些数据进行拆分和计算，对校园各类型建筑用能情况进行诊断和分析，发现能耗超出理想范围的建筑、用能系统及设备等，可以帮助发现建筑能耗设备存在的故障、挖掘建筑节能潜力，寻找行之有效的节能改造措施。通过对其进行针对性的精确调适或改造，降低校园能耗。节能诊断一般可实现以下功能：

（1）实时监测大部分运行能耗数据，使管理人员能实时掌握能源系统运行情况，对运行做出及时、合理的调整策略。

（2）对能源系统的低效率、准故障运行进行诊断，提高能源系统的运行可靠性，即实时监测能耗系统运行状况，及时发现运行中存在的问题。

（3）提供建筑能源系统优化运行咨询报告，提出相应的管理策略，特别是暖通空调系统的优化运行策略，空调系统耗电是电耗的主要组成部分，精准有效的空调系统优化运行策略，可为调适改造提供技术保障。

3. 能耗预测

能耗预测是指通过能耗监测平台存储的大量数据对各种能源的需求量及其比例关系的未来状况进行推测。能耗预测的过程即通过数据分析，开展校园建筑总能耗时间序列分析研究，建立能耗预测模型，根据平均预报值，进而得到下一周期单位面积能耗预测值。数据的预测一般都基于统计，从能耗监测平台得到的大量数据中发现数据之间符合某种统计规律，然后可根据统计规律对未来的能耗进行预测。该功能在需求侧管理上具有极高的价值，可以预测能耗峰值的出现时间，从而提前预警。在校园建筑的实际运行过程中，将一段时间内能源消耗的趋势进行合理科学的预先估算，对整个学校的建筑能源系统的管理具有积极意义。

4. 告警功能

能耗监测系统自动分析所采集的数据，然后匹配系统中所设置的告警阈值信息，当采集的数据触发告警阈值时将自动根据所定义的报警类别、报警级别生成告警信息，实现告警功能。告警管理模块的常用功能主要包括告警类别管理、告警阈值管理和告警信息管理。

5. 节能控制

节能控制是利用传感器监测各设备运行参数，进而通过系统平台对各远传设备的参数等进行配置，通过执行装置对用能设备进行调控，可实现包括用电控制、路灯控制、水量控制、水压控制、供暖控制等功能。通过对室内人员、环境、能耗等信息进行实时监测，在满足国家有关标准和师生需要的前提下，进行合理控制，尽可能地减少能源浪费。同时，实现对已安装的各类节电和节水控制器等节能设施的远程集中管理。

6. 报修管理

报修管理模块主要对仪表数据中断和各类故障信号进行报警，可以精确到建筑内具体计量仪表，中断时间，以便管理人员和维修人员确认后进行管理维修（图5-28）。并且，通过对报警信息进行记录，可以查询历史报警情况，为管理人员提供更加全面的信息，便于排除故障，有效预防故障的发生。

管理人员通过平台提示，及时、准确地定位数据中断仪表位置，通知维修人员进行定点排查维修，并且通过恢复数据时间，可知维修人员的维修速度，有助于管理人员对

图5-28　保修管理界面

维修部门进行业务考评。管理员对于经常出现数据中断的仪表进行统计，统一维修，更换，有利于提高工作效率。

5.4　校园节能调适与改造

5.4.1　校园节能调适

建筑调适（Building Commissioning）是一个以结果为导向的工程建设体系，在欧美等发达国家已经发展了超过40年，对提升建筑性能的作用已经得到了验证。从西方国家引入的"建筑调适"技术在中国建筑领域已经开始逐步应用和发展，从建筑暖通空调开始，逐步延伸至机电设备、照明系统、建筑智能化、建筑围护结构以及可再生能源应用等专业。建筑调适，通过对建筑的全过程检查、测试、调整、验证、优化等工作，使建筑各部分、各系统的实际性能达到设计和使用要求，保证全工况高效运行。

建筑调适的重要性在欧美等发达国家已得到充分重视，已成为提高建筑实际性能的重要手段，相应的研究工作已开展40多年。1977年，加拿大公共事务部首次将调适理念运用到建筑工程中。20世纪80年代，建筑调适在美国呈现出发展势头。1984年，美国暖通空调工程师学会（ASHRAE）成立了暖通空调系统调适委员会。1988年，该委员会颁布了ASHRAE第一版暖通空调系统调适指南，标志着调适概念被正式引入建筑行业，由此开始了建筑调适的高速发展阶段。建筑调适的学术、技术讨论如火如荼地开展起来，很快建立了建筑调适服务商资质认证体系。随后，所有联邦机构所属建筑开始制定建筑调适计划；美国绿色建筑委员会在LEED体系中，引入建筑调适作为先决条件项；建筑调适协会（BCA）适时成立，都对推动建筑调适发展起到重要作用。20世纪90年代中后期建筑调适开始在既有建筑中得到应用。进入21世纪后，美国能源部、ASHRAE、建筑调适联合会等组织和行业企业都在此方面进行了大量研究和工程实践，建筑调适技术与工具进一步完善，制订了相对完善的标准规范、调适工具和模板，形成了较成熟的实施程序和管理体系。目前，建筑调适正在越来越大的范围内迅速发展，技术体系不断完善，正逐步发展成为建筑建设和运行的标准工作程序。

我国建调适理念的雏形可以追溯到20世纪70年代哈尔滨工业大学（当时的"哈尔滨建筑工程学院"）郭骏教授带领的团队开展了供热系统"调试"。1978年，郭骏教授首次提出并实施了锅炉系统的调试。1990年前后，香港相关部门发布了12本基于英国特许建筑服务工程师学会（CIBSE）调适规范的系列手册。2004年，香港推出了自愿性质的"整体环境绩效评价计划（CEPAS）"，该计划将建筑调适列为评价的一项重要指标。20世纪90年代，清华大学与日本名古屋大学交流合作中将空调系统调适的思想和方法引入内地。自2008年开始，中国建筑科学研究院在建筑机电系统的调适方面展开了大量研究、应用和积累，进行了一系列大型公共建筑的调适实践，完成了系列调适课题研究，取得了较丰富的实践经验和技术支撑。近几年来，我国绿色建筑、空调行业的相关标准，开始将调适作为章节条目纳入标准要求，这些标准规范的颁布和实施，对我国建筑调适的发展起到了积极的推动作用。2017年11月，中国建筑节能协会建筑调适专业委员会（2020年4月更名为建筑调适与运维专业委员会）成立，成为我国建筑调适发展的重要里程碑。目前，我国建筑调适发展势头迅猛，推动建筑由高指标真正实现高性能、高效率，成为促进建设行业高质量发展的重要途径。

校园用能系统调适即通过在校园规划、设计、施工、验收和运行维护阶段的全过程监督和管理，保证校园用能系统能够按照设计和用户要求，实现安全、高效运行的工作程序和方法。校园用能系统调适，在提升能源使用效率的同时，还可以进一步提升园区及建筑环境品质，避免因能源系统故障导致的事故和突发事件。相对于建筑单体，校园能源系统具有更大规模、更复杂的系统和更加密切的耦合性，因此开展校园的用能系统调适，具有更大的意义和更好的预期效益。

校园建筑的用能特征和常规公共建筑相比具有以下特征：一是高校建筑类型多样，《高等学校校园建筑节能监管系统建设技术导则》中划分了办公楼、图书馆、教学楼等13种建筑类型，比相关导则中对公共建筑划分的8种类型更为复杂，不同类型建筑的能源使用特点和负荷差异较大；二是高校建筑用能系统运行于部分负荷工况的时间远高于普通公共建筑，寒暑期放假的期间系统负荷率低；三是高校已普遍建有校园建筑能耗监测平台，监测数据中积累了大量的能耗数据，该数据可充分用于指导能耗系统的调适。校园调适需根据校园的自身特点来具体实施，校园调适应通过前期调研、方案设计、实施、交付的全过程监督和管理，保证校园内建筑及设备能够按照设计要求，满足需求，实现安全、高效的运行。

5.4.2 校园节能改造

校园节能改造，主要针对节能诊断中发现的仅靠调适无法完全解决的问题，进行必要的改造。校园节能改造是提升校园既有能源系统性能和能效的重要途径，主要针对使用时间久、系统设备老化、故障频发、难以满足功能需求、技术过时、能耗远高于行业当前水平的建筑、用能系统和设备进行改造，从而大幅提升服务质量和能效水平。改造幅度根据需要和现实条件，可实施包括更换局部部件、更换主要设备、增设调控装置等不同程度的改造。大学校园使用时间少则数十年，多达数百年，因此，根据校园建筑和用能系统实际，有计划地持续开展节能改造，是保持校园能效的必然措施。校园节能改造宜结合建筑、系统维修维护同步实施，也可单独实施。为减少对学校正常教学科研工作和师生生活的干扰，节能改造通常在寒暑假实施，因此需要较便捷的改造方式，尽量节省工期，减少工程量和施工影响。在商业模式方面，近年来合同能源管理模式在节能改造中取得了良好的综合效益，得到了日益广泛的应用。

校园节能改造，通常围绕供热空调及生活热水系统、供配电与照明系统等方面开展。

5.4.2.1 空调节能改造

空调系统是高校能耗的主要组成部分之一，相当比例的电耗用于空调系统。因此，针对这一能耗大项，宜在节能诊断、调适基础上，进一步挖掘潜力，进行必要的改造。

一般来说，空调系统改造属于重大的建筑更新，宜结合主要设备更新换代和建筑功能升级同步进行。空调系统改造时，需注意冷热源系统、输配系统和末端的配置应相互匹配。改造后，空调系统应具备按实际冷热需求进行调节的能力；应实现供冷、供热量和主要设备的分项计量，主要设备运行参数适宜一并采集并上传校园能耗监测平台。

校园实施空调系统节能改造，应符合现行国家标准《建筑节能工程施工质量验收规范》GB 50411、《通风与空调工程施工质量验收规范》GB 50243 等规范的规定。

1. 冷热源系统改造

既有建筑更换冷热源设备的难度和成本均较高，因此，冷热源节能改造一般以挖掘现有设备潜力为主，可以从压缩机运行磨损、易损件、换热器表面结构、管路脏堵、冷媒泄露、电气系统完好度等方面入手，进行必要的清洁、维修和更换，提升机组效率。

在充分挖掘现有设备潜力基础上，仍不能满足冷热需求或建设之初设计、选型不当，且已使用较长年限，可结合建筑翻新，予以更换。整机更换一般遵循以下原则：当设备运行时间接近甚至超过使用年限，或使用的能源、工质不符合环保要求时，应在改造中予以更换；当热源、冷源效率或实际性能系数过低，机组更换后静态投资回收期不超过5~8 年时，也可进行更换。

空调系统设计容量是按建筑物最大制冷、制热负荷选定的，且留有 10%~15% 的余量，而全年最大负荷需求所占的运行时间比例一般不到 10%。校园建筑空调系统大部分时间非满负荷状态运行，过高或过低的负荷率都会导致机组主制冷效率 COP 低下，致使机组运行负荷无法稳定运行在高效率区。因此，空调的变工况运行特性对空调系统节能有着重要意义。应加强对空调系统在不同季节、不同月份和时间的实际负荷变化情况、系统运行状态、设备运行性能和实际使用效果的记录和分析，根据实际负荷特性，确定合理的冷热源运行策略。冷热源运行策略应保障系统随建筑负荷变化进行实时调节，且冷热源设备保持在较高的效率下运行。

冷却塔宜根据冷却水的水温来控制冷却塔风机开停及开停数量，最大限度地节约冷却塔风机能耗。当冷却塔实际效率较低时，应进行清洗或必要的改造。

当校园建筑具有较大的直接利用新风进行降温的潜力，或者存在一定规模的需要全年制冷的内区，原空调系统未充分利用天然冷源时，应予以改造。

2. 输配系统节能改造

在空调能耗中，输配系统能耗占了近 30%，主要由水泵和风机消耗掉了。在实际运行中，根据空调实际负荷变化，调节冷媒流量，不仅能够直接降低水泵风机能耗，还可提高末端的调节性能，保持冷源高效稳定运行。一些较老的系统，采用定流量控制方式，导致循环水流量过大，温差过小，能量利用率低，能耗高。校园建筑空调系统节能改造，应对空调输配系统运行状况进行评估，对于严重偏离实际工况的水泵，应进行更换，避免长期"大马拉小车"等情况的浪费。在配置基本合理的基础上，可应用变频等技术对水泵风机进行变速改造，利用控制系统对冷冻、冷却水进行变流量控制，根据负荷变化及水力管网流量压力变化调整水泵运行状态，结合节能运行控制策略，使用变频器调节电机转速, 在满足系统所需压力流量的前提下, 避免不必要的浪费 (图 5-29)。降低输配和整体系统能耗。在水泵变速改造中, 特别是多台水泵并联运行的情况下, 应根据管路特性和水泵特性曲线对不同状态下水泵实际运行参数进行分析, 制定合理的变速控制方案。如变速调节无法达到足够的节能效果, 或改造成本过高, 可考虑直接更换更适宜的水泵。

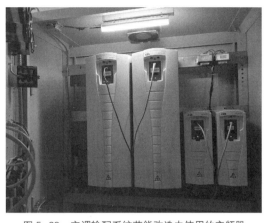

图 5-29 空调输配系统节能改造中使用的变频器

当空调水系统主管支路回水温度相差较大, 且难以通过调节解决时, 宜进行相应水力平衡改造。当空调系统管路保温存在问题时, 应进行维修改造。

3. 空调末端节能改造

空调末端是室内安装的用于调节空气参数的末端装置, 其换热和调节性能都会直接影响室内热舒适度和空调能耗。对于空调末端的改造, 要注意现场的可实现性, 包括相关设备、风口、风管的设置; 还要注意与其他设备的协调运行。

当空调不具备末端室温调节供能时, 应进行改造, 使之具备室温调节功能。根据《国务院关于加强节能工作的决定》规定:"所有公共建筑内的单位, 包括国家机关、社会团体、企事业组织和个体工商户, 除特定用途外, 夏季室内空调温度设置不低于 26℃, 冬季室内空调温度设置不高于 20℃"。空调末端室温调节装置的设置和使用管理, 应注意遵守此项规定。另外, 空调末端温度调节改造应注意: 校园建筑公共场所, 人数较多, 每个人对于温度的要求不尽相同, 频繁改变温度设定值会造成温度较大的波动, 以至于使温控器损坏, 影响系统运行。因此, 教室等公共场合的风机盘管温控器宜联网控制或对末端控制器进行一定的权限控制。空调末端控制改造中, 除温湿度控制外, 还可结合人员检测等功能, 当人员离开忘记关空调时, 自动关闭末端, 避免浪费。

由于初始设计不合理, 或建筑、房间使用功能改变造成原空调分区不合理的情况, 在改造时, 应根据实际使用情况, 对空调系统进行重新分区。对于餐厅、会议室等高负荷区域, 在空调系统改造时, 应根据使用特点, 选择适宜的系统形式、分区和运行方式。

对于全空气系统, 宜具有全新风和可调新风比运行的功能, 新风量的控制和工况转换, 可采用新风回风焓值控制方法。对于风机盘管加新风系统, 处理后的新风宜宇节送入各空调区域, 提高新风利用率, 减少风机能耗。在新风系统改造时, 应考虑采用排风热回收装置, 对排风能量进行分析, 降低新风能耗。

5.4.2.2 供暖系统节能调适

目前, 北方地区高校的集中供暖系统, 是学校的主要能耗组成部分。因此, 在实施供暖系统调适的同时, 各校都积极采取措施, 对实施供暖系统节能改造。

1. 热源改造

热源端主要是针对锅炉房和换热站进行改造。近年来，随着环保和清洁供暖要求的逐步落实，大多数高校已完成燃煤锅炉改造，将热源换为天然气锅炉或市政热力。燃气锅炉提升热量利用效率主要有改善燃烧状况、减少废气排放、回收利用能量等方式。在锅炉房改造时，合理选择燃气锅炉的额定功率以及锅炉台数，锅炉出力与实际使用匹配度越高，排烟损失越小，节能效果越明显。选用采用高效燃烧技术的锅炉，使燃料与空气充分接触，可有效提高效率，减少污染。采取措施降低燃气锅炉的排烟温度，可以利用排烟中产生的余热，将这部分余热进行回收再利用。一般的锅炉热效率在85%~88%左右，排烟温度220~230℃。通过设置节能器、冷凝器等先进的余热回收装置，利用排烟热量后，排烟温度下降到140℃以下，锅炉效率可提高到95%~110%左右。另外，还可以回收再利用锅炉排污水的热量，通过热交换装置，将连续排污水中的热量加以利用，提高给水温度达到节能目的。

锅炉房节能改造时，宜同步安装运行参数采集和控制调节装置，实时掌握运行情况，便于实施节能控制。在锅炉房蒸汽进汽侧安装蒸汽温度变送器、蒸汽压力变送器、流量计以及电动调节控制阀；凝结水箱安装温度传感器与液位传感器；供暖给水侧安装温度传感器、压力传感器及流量计；在供暖回水侧安装温度传感器、压力传感器及流量计。图5-30为锅炉房节能改造中安装的电动调节阀和热量表。

图5-30 节能改造中安装的电动调节阀和热量表

利用自动控制系统和远程智能监控系统对锅炉房和换热站节能进行改造。气候补偿器已在供热领域得到广泛应用，可根据室外气候的温度变化，用户设定的不同时间段的室内温度要求，按照设定曲线自动调节供水温度，实现供热系统气候补偿。同时，还可以通过室内温度传感器的反馈，根据室温调节供水温度，实现室温补偿。另外，还具有限定最低回水温度的功能。

集中供暖系统输配环节的节能改造主要将水泵运行特性与管网特性尽可能匹配，具体改造原则和方式方法与上一小节中介绍的空调输配系统改造类似。对循环泵使用恒压差控制方式：建筑热需求下降时，供暖管道的阀门开度自动由全开调整为半开。通过调节供水温度与循环量，以流量调节方式自动调节热量，依据室外气候匹配供热量，以达到按需求供热的目标。山东建筑大学对锅炉房和中水站中的循环泵、鼓风机、引风机、补水泵、污水泵等大功率用电设备全部加装了变频设施，通过采取这一措施，收到良好的节电效果，节电率达到了 20% 以上。

换热站节能改造，除清洁、维护、更换低效换热设备，还可安装系统能效优化控制模块、换热站状态检测控制模块以及补水泵控制模块，检测换热站运行状况，实施节能调控。

2. 运行改造

学校运行具有明显的"潮汐性"特点，因此，通过对集中供热运行参数进行周期性调节，使热源输出与实际供热需求尽可能匹配起来，可实现显著的节能效益。

分时分温控制是校园集中供暖系统节能改造经常使用的方法，可在校园建筑的供热入口设置热量控制调节阀，控制建筑供热分时调节，实现按需供暖。夜间教学楼和办公楼不使用时自动关小阀门，同时监测走廊和卫生间的温度，温度过低时打开阀门，保证设备不结冰；早晨按时提前打开阀门，确保师生学习活动时室内温度的要求；学生宿舍在白天上课和大学假日期间关闭或关小阀门，从而减少房间不使用时段的供热浪费。通常需要对建筑室内温度、供回水温度和压力以及电动阀开度进行采集，根据室内温度和回水温度综合加权，控制调节阀的开度，并设置最小压差以保证流量。

山东建筑大学对供热系统这一全校最大的单项用能系统进行了较全面的改造。完善了原有气候补偿系统；实行分时分温控制，热源和热力入口加装调节装置；室内加设温控阀门、楼宇控制器，温度变送器，实现室内温度可调，按需供热；对输配系统采取了变频控制（图 5-31、图 5-32）。改造后，办公建筑，夜晚 10 点后进入防冻状态，流量调节为 20%，节约 80% 供热流量，到第二天早 7 点全开，控制时间在 9 小时；宿舍在白天上课时段也相应调低流量。学校节假日，学校整体建筑进入防冻状态。供热系统

图 5-31　山东建筑大学对供热系统实施了分时分温和室温控制改造

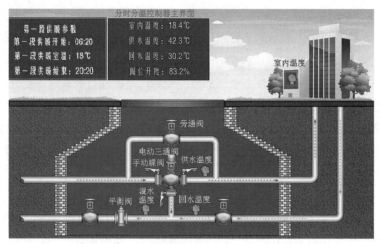

图 5-32　山东建筑大学供热系统分时分温控制界面

综合改造效益显著，改造前后对比，供热单项节能率达 55.8%。

通过在房间安装智能控制器以及各类传感器，在房间供暖散热器前安装电热式执行阀，依据定时、室内有无人员情况、室内温度、室外温度等信息，通过智能节能控制器，实现对房间供暖温度的智能化调节，从而有效降低建筑供暖能耗。

另外，供暖期间开窗通风时间较长等使用管理问题，也可借助室温变化梯度监测等方式予以检测和判断，进而采取管理措施。集中供暖系统水力失调导致供热不平衡等问题，可通过设置自力平衡调节装置予以解决。

5.4.2.3　照明和供配电系统

高校校园建筑类型多样，照明需求场景多，可靠性要求高。因此，在制定高校照明系统能效提升技术方案时，要考虑适用不同场景，包括灯具及智控系统的技术要求，充分利用其需求和运行特点节约能耗，避免浪费。高校照明系统节能改造范围主要包括室内照明、景观照明、路灯等，应根据其使用特点进行分类改造。

供配电系统为所有校园用电设备提供能源，其运行状况和合理性直接影响校园节能用电。在实施节能改造时，宜根据负载变化和发展要求，结合新的供配电节能技术实施改造，提高校园供配电保障能力、使用效率和电能质量。

1. 高校照明系统现状问题

（1）照明效果未达到要求

许多高校照明设备长期使用后，普遍存在衰减情况，再加上积灰等因素影响，导致工作面照度和照明质量达不到设计要求。还有部分物业管理人员片面认为降低照明灯具高度、减少灯具数量可实现节能效果，但这种错误做法会导致教室照度偏低、眩光等问题，无法满足正常使用要求，不可取。

（2）光源效率低

高校大量使用的 T8 荧光灯光效较低，虽然降低了初期投入，但后期使用、维修成本却大幅上升。

（3）控制不合理

高校照明系统大多建设年代较早，已不能满足目前的节能设计要求，分区和控制方式未充分考虑节能运行。断路器控制方式虽然布线简单且投资成本低，但会导致大量灯具同时开启和关闭；普遍使用的跷板开关控制相对烦琐且人工操作，对人员自觉性要求较高；定时控制和人工远程控制管理和使用不够灵活。

（4）照明节电意识有待进一步提高

由于许多高校开放性的管理模式，以及人员的节能意识淡薄，在教学楼、宿舍楼、图书馆等区域长明灯以及人走灯不熄现象较多。

2. 室内照明节能改造

（1）采用高效光源

高效光源指效率高、寿命长、安全和性能稳定的光源。照明光源是影响照明能耗的主要因素，在满足显色性、色温、频闪等性能基础上，将T8等传统光源更换为LED等低能耗、长寿命的光源，可从源头提升照明系统能效。

LED是绿色环保型的半导体电光源，光线柔和，光谱纯，无辐射。LED灯无须起辉器和镇流器，所以启动快、功率小、无频闪、不容易视疲劳，是目前取代传统日光灯的主要选择。采购LED灯时应注意规避存在蓝光危害的产品。

（2）对于室内照明系统改造措施

原照明方式和灯具效率过低时，在条件允许的情况下，应在改造中选择高效率节能灯具，通过将校园普遍安装的双端头直管型荧光灯的梯形控罩型灯具更换为双曲面蝙蝠翼抛光氧化铝配光灯具，可以大大提高灯具效率。

（3）采用智能照明控制系统

许多校园建筑只能实现简单的区域照明和定时开关功能，甚至只能由师生、物业人员手动开关。针对传统的照明控制方式，可进行智能控制改造。智能照明控制通过使用亮度、红外、微波传感器等设备，对照明开关进行智能化控制，以便达到管理智能化和操作简单化的效果，减少照明浪费。通过使用亮度控制，可充分利用天然采光，避免不必要的白天开灯的情况；校园建筑中许多场景，使用人员随机性、不确定性较大，通过采用红外、微波等人体探测控制，可实现灯随人亮，特别适合自习教室、图书馆等场所；公共区域照明，可采用声控、红外、微波和延时等感应控制，实现人在灯亮、人走灯灭。节能改造时，宜结合节能控制要求对照明配电回路进行必要的分区、分回路设置。图5-33为山东建筑大学节能改造中采用的照明控制器和传感器。图5-34为照明系统改造后的实施效果。

3. 室外照明节能改造

室外照明是校园照明的重要组成部分，主要包括路灯和景观照明，由于其数量多、功率大、使用时间长，应重视对其进行适宜的节能改造。

（1）路灯照明改造

选用LED等高效光源，替换非节能型光源，遇到具备条件时可更换太阳能光伏灯

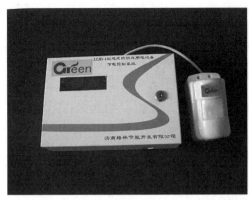

图 5-33　照明控制器和传感器

图 5-34　山东建筑大学照明系统节能改造实施效果

具；进行路灯智能化节能改造，依据道路及周边环境的亮度变化，提供满足行人可视要求的自适用照明系统；结合亮度感应等措施，优化路灯开关时间。在路灯控制设置时，应根据校园不同道路的具体情况设定开关时间等控制策略。图 5-35 为山东建筑大学路灯智能管理系统。图 5-36 为路灯节能控制效果。

（2）景观照明系统改造

合理控制灯具数量。根据现场照明需求，选取适当的功率、光通量等，并合理布局灯具点位，减少不必要的用灯；在此基础上更换 LED 等高效节能光源，条件合适时可更换太阳能光伏灯具，从而降低照明能耗。采用智能控制，满足景观需求的前提下，最大限度节电。

4. 供配电系统

校园供配电系统是为所有校园用电设备提供能源的系统，其运行状况和合理性直接影响校园节能用电。当供配电系统改造需要增减用电负荷时，应注意对供配电容量、电缆、线路保护和保护电器的选择性配合等参数进行核算，核算变压器负载率，使其保持在合理节能运行区间。应根据有关部门规定，更换已被淘汰的高能耗、技术落后的机电产品。

图 5-35　山东建筑大学路灯智能管理系统

图 5-36　路灯节能改造控制效果

　　随着校园内变频空调、智能给排水、LED 灯等各种非线性、冲击性的电力电子器件负载的大量使用，电网积累一定量的谐波，使得正弦电流发生畸变，降低整个系统运行环境质量，导致系统可靠性下降。可以通过改进用电设备和采用专门滤波设备的方式进行系统谐波治理，提高电能质量。

　　山东建筑大学为了全面了解学校配电系统的电能质量状况，组织相关人员在学校正常运转的一周时间内，对配电系统的电力参数和工作状况进行了现场测量。经测试，学校 6 台变压器，电压谐波含量在 1.7%~6.3% 之间，电流谐波含量在 7.9%~28% 之间，谐波电流以 3、5、7 等奇次谐波为主，尤其是 3 次谐波含量较高，并超标，电流波形畸变。对此情况，对全校三个配电室五台变压器进行改造，安装有源滤波装置，显著提高了用电质量。

第 6 章

可再生能源利用

在节能降耗的同时，根据当地气候和自然资源条件，合理利用可再生能源，是校园减碳的重要途径。目前，校园主要利用的可再生能源形式为太阳能、浅层地热能、空气能等。

6.1　太阳能利用

长期以来，我国高度重视并大力推广太阳能利用，光热、光伏应用多年来保持世界第一。太阳能利用带动了相关产业发展，目前我国已成为全球最大的太阳能产业基地，成为太阳能产业领军者。丰富的太阳能工程经验和强大的产业基础，为我国实施太阳能利用提供了有力支撑。

同时，应该看到，太阳能虽然具有总量大、无污染等优点，也具有密度相对小、时空不稳定等缺点。目前某些利用技术装置还存在效率较低、成本较高等问题，在太阳能利用中，应通过合理的选型、设计和调适，充分发挥其经济环境效益。

太阳能主要利用类型有光热利用和光伏发电两大类。在建筑领域，光热利用主要有太阳能热水利用和热风利用，包括生活热水供应和基于热水、热风的太阳能供暖等技术；光伏利用主要为与建筑一体化结合的 BIPV 技术，以及与热泵等技术结合的"光伏＋"技术。

6.1.1　太阳能热水利用

1. 技术概述

随着我国经济的发展，生活热水已成为人们的基本生活需求，是高校生活保障的重要组成部分。高校人员密集，生活热水需求量大，时段相对集中，采用太阳能热水技术，可实现较高的可再生能源保证率，经济环境效益显著。

太阳能热水供应系统与常规能源热水系统相比具有节能环保和低成本的突出优点，可显著降低生活热水供应的碳排放。太阳能热水系统可在大多数地区实现全年较高的生活热水保证率，在冬季及连阴天等辐照量较少的情况下，由辅助热源辅助加热，可保证正常供热水。在应用中，宜根据场地、热水负荷特性等实际条件，综合考虑投资成本和管理运维，通过设计补偿或合理设定供水时间来减少辅助热源的使用，达到较高的综合效益。

2. 系统原理和组成

太阳能热水系统主要由集热器、循环管路、蓄热水箱、控制系统、辅助加热装置以及必要的保温、防腐、排气、防冻、换热、支架等部件组成，在阳光的照射下，集热器使太阳光能充分转化为热能，加热集热器内的水或其他传热介质，并将热量存储到水箱，由热水管网送至用水点使用，系统原理如图6-1所示。

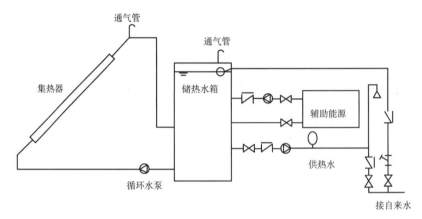

图6-1 太阳能热水系统原理图

3. 类型选用

按照太阳能热水系统的运行方式可分为自然循环、强制循环和直流式系统。按照太阳能热水系统供热水的范围分类，可分为独立系统和集中供水系统。按照集热器内传热工质与生活热水的关系可分为直接系统和间接系统。根据辅助热源装置在系统中设置的位置，可分为内置加热系统和外置加热系统。

高校应用中，根据用水需求、应用场所、安装条件和后勤管理实际选择适宜的系统和集热、储热和辅热形式，集中浴室通常选用集中集热—集中储热—集中辅热的大中型太阳能热水系统；学生公寓可采用集中集热—集中储热—集中辅热或集中集热—分散储热—分散辅热的大中型太阳能热水系统，也可分宿舍采用独立的小型太阳能热水器。系统选型可参考高校太阳能热水系统选用表（表6-1）。

4. 夏季过热问题

太阳能集热器一般根据冬季工况配置，面积较大。单位面积集热器夏季产水能力大约是冬季的4~6倍，而夏季洗浴所需热水较冬季少很多，尤其是暑假期间，集热能力严重过剩，导致了集热系统的过热问题。

集热器过热，将导致集热系统内温度过高，压力增加。在这种状态下运行，会造成传热介质的气化损失、变质，集热器和管件材料的老化、破坏，降低系统使用寿命。特别是承压系统，热媒容积较小，过热问题更加突出。

高校太阳能热水系统选用表　　　　　　　　　　　表 6-1

建 筑 类 型			学生公寓	公共浴室	餐厅食堂	游泳馆	教学办公
太阳能热水系统类型	运行方式	自然循环	●	●	●	●	●
		强制循环	●	●	●	●	●
		直流式	●	●	●	●	—
	供热水范围	独立系统 / 紧凑式	●	●	—	●	●
		独立系统 / 分体式	●	●	●	●	●
		独立系统 / 整体式	●	—	—	—	●
		集中系统 / 集中集热—集中储热—集中辅热	●	●	●	●	●
		集中系统 / 集中集热—集中储热—分散辅热	●	—	—	—	●
		集中系统 / 集中集热—分室储热—分室辅热	●	—	—	—	●
	传热工质与生活热水的关系	直接系统	●	●	—	●	●
		间接系统	●	●	●	●	●
	辅助能源位置	内置加热系统	●	●	●	●	●
		外置加热系统	—	●	●	●	—

根据国家《民用建筑太阳能热水系统应用技术规范》的要求，在工程应用中，通常采用加装 T/P 阀的防过热水箱、加大膨胀罐容积、集热介质排空、设置储热水箱和热平衡水箱、电控遮阳、电控散热器、带有防过热集热器等方式实施。即便如此，由于高校太阳能热水应用总量较大，夏季还是面临大量的过热问题。

为了进一步克服此矛盾，应从能源规划方面寻找突破，通过对校区能源需求特性的深度分析，着眼整个校区能源供需，合理选型配置热源，开展季节性蓄热的方案论证，在化解过热问题的同时，提升整个校区的能源效率。

6.1.2　太阳能热风利用

1. 概述

太阳能热风利用，主要以空气作为热媒，将太阳辐射照射到吸热部件上转化的热能带走，以热风形式加以利用。太阳能热风与热水利用，并称太阳能光热利用的两大形式。

相对于太阳能热水利用，具有热媒密度低、热容量小、导热系数低、与集热部件之间对流换热系数较低等特点，相对于热水利用，热风利用具有以下优点：工作温度范围较广，不存在冬季冻结问题；不会腐蚀集热部件和管路；对集热器的承压密封要求相对较低；时间常数小、启动快；安装成本低。图 6-2~ 图 6-4 为太阳能热风利用工程。

太阳能空气采暖系统的辅助热源有电加热器、热泵装置、热水换热器、蒸汽换热器、燃煤装置、燃气装置等形式。由于空气热容量较低，在太阳能热风利用中，一般不单独

图 6-2　山东省首栋被动式太阳房学校南向采用集热蓄热墙
热风供热

图 6-3　山东诸城太阳能真空管空气集热器供暖系统

图 6-4　与玻璃幕墙结合的渗透式太阳能热风供热系统

设置储热装置，通常通过建筑构件兼作储热；白天热量有较多富余，对储热需求较大的场所，可对建筑构件进行强化蓄热设计，将热风通过建筑构件进行蓄热，在技术经济合理的情况下，也可单独设置卵石床、相变蓄热装置等，进一步加大蓄热量。

2. 被动式太阳能热风利用

传统的被动式太阳能建筑设计中，通过合理的构造设计，利用太阳能自然循环加热空气为建筑供暖，是一种常见做法，也可称之为被动式太阳能热风利用。被动式太阳能热风利用与建筑构造一体化，具有构造简单、造价低、节约常规能源和维护管理简便等诸多优点，采用对流环路的集热蓄热墙是其主要利用形式。

对流环路型集热蓄热墙的基本结构为在重质蓄热墙外侧涂黑，其顶部和底部分别开有通风孔，并设有可开启活门，外设一道大面积透明盖板，形成具有集热、保温、蓄热的复合结构（图 6-5）。阳光透过透明玻璃盖层照射在集热墙上，加热墙体和夹层内的空气，产生热压，进而带动室内空气循环加热，从而实现被动式太阳能供暖。该构造在顶部设置排气口，夏季可向室外排出热风，减缓室内温度的升高。

实际使用中，针对集热蓄热墙热容量较大、内外两侧同时散热和夏季室内过热等问题，对该技术进行了改进：在集热蓄热墙外侧设保温层，墙体与玻璃之间的夹层内安装钢板或其他吸热换热强的集热元件，通过快速升温循环加热室内空气，达到冬季快速启动的目的；同时，保温层减少了墙体热损失，可显著提高系统集热效率。夏季工况下，由于集热元件的遮蔽和保温层的作用，室内传热量减少，显著改善了夏季过热的情况。

在被动式太阳能建筑的附加阳光间设计中，通常也会在阳光间与室内的隔墙上设置可开闭风口，当阳光间温度较高时，开启风口，形成一个"大型"对流环路集热蓄热墙，使室内空气进入阳光间循环加热（图6-6）。

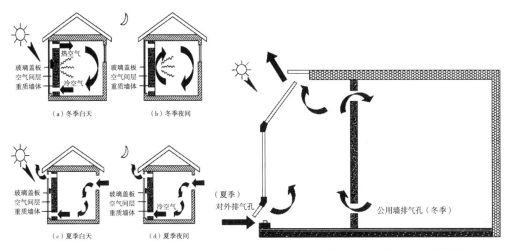

图6-5　对流环路集热蓄热墙原理　　　　图6-6　附加阳光间开设内外通风口强化换热

被动式太阳能热风系统的辅助热源，一般设置在室内，直接为室内补充热量。

对流环路型集热蓄热墙通常与建筑一体化设计、施工，往往需要较多现场作业；以往受建筑材料、立面设计、构造做法、施工工法、循环热压等因素的制约，这种做法未必能够充分达到较高的集热效率，多用于因地就势、就地取材的应用场景，如农房建设。

高校校园虽具备较完善的供暖空调设施，通过合理的设计，创新性地运用新材料、新构造，积极应用对流环路集热蓄热墙这类被动式太阳能热风技术，将建筑立面充分利用起来，在加强建筑保温隔热的同时，可进一步降低建筑供暖能耗。除了供热利用外，该技术在强化自然通风换气、改善室内环境质量方面，也值得设计人员积极探索、创新应用。利用集热蓄热墙强化室内通风换气原理如图6-7所示。

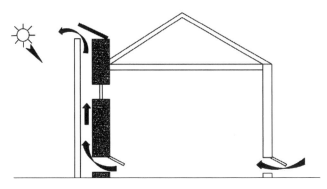

图6-7　利用集热蓄热墙强化室内通风换气

在建筑设计中，经常用利用"烟囱效应"实现建筑的自然通风、降温，可以通过设置"太阳能烟囱"，利用太阳能加热空气，进一步强化"烟囱效应"，起到更好的自然通风换气效果，使用原理和效果如图6-8、图6-9所示。

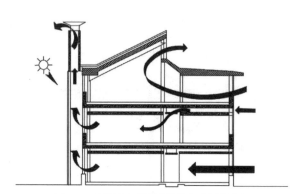

图6-8 利用太阳能烟囱组织室内通风换气

图6-9 加拿大阿尔伯塔 Solar Dragon 生态建筑中应用的太阳能烟囱

3. 主动式太阳能热风利用

主动式太阳能热风通过太阳能空气集热器使用空气作为载热介质，将太阳辐射能转化为热能，加热空气后送供生产、生活使用。太阳能空气集热器的工作原理与太阳能热水集热器基本相同，都是通过吸热体吸收太阳辐射热，换热给载热介质后送至用热处，区别仅在于载热介质不同。系统原理如图6-10所示。

主动式太阳能热风利用主要由太阳能空气集热器、风机、控制装置及配套管路、辅助加热装置等组成，根据需要设置储热装置。主动式太阳能空气采暖设置风机提供循环动力，相对于自然循环，具有更好的换热效果。自动控制装置根据温度和集热效率调节系统风阀、风机运行参数和辅助热源，保障系统供热参数满足需求，并且尽可能保持较高的集热效率。

主动式太阳能热风系统的辅助加热，一般采用适合空气热媒、与风管一体化安装的电热风机、燃气热风机，或使用其他加热介质的空气加热器。系统组成和原理如图6-11所示。

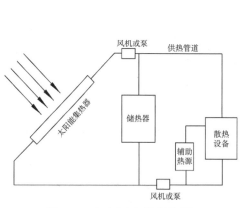

图6-10 主动式太阳能采暖系统

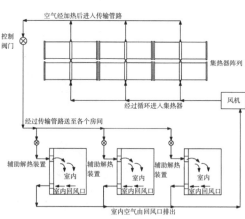

图6-11 系统组成和原理示意图

主动式太阳能热风利用主要以其集热器类型分类。目前，成规模使用的太阳能空气集热器主要有平板式、渗透式和真空管式三大类（包括基于这三类基本形式的改进型集热器）。建筑一体化应用的太阳能热风系统如图6-12、图6-13所示。

图6-12　与外窗一体化设计的太阳能空气集热装置　　图6-13　幼儿园渗透式太阳能空气集热器在新风系统中的应用

6.1.3　光伏发电技术利用

1. 概述

光伏发电技术（Photovoltaic，简称PV），是利用半导体界面的光生伏特效应将光能直接转变为电能的技术。相对于传统火力发电，光伏发电具有安全可靠、无噪声、无污染等优点，是一种用户侧绝对"清洁"的供能方式。相对于太阳能热水、热风等光热利用，光伏发电技术可将太阳辐射直接转化为高品位电能，可直接供应建筑主要用能；其自重较轻，辅助设备较少，安装维护更加便利，在建筑利用中具有更加广泛的领域和用途。

随着光伏发电转化效率不断提升，成本大幅降低，外加其突出的"清洁"属性，近年来得到了快速发展。最新的国民经济和社会发展统计公报显示，2021年全国并网太阳能发电装机容量30656万kW，占全国发电装机容量237692万kW的12.9%；年度增长20.9%，是所有发电形式中增长最快的，将在实现"双碳"目标中扮演重要角色。

高校用电负荷具有等级分布范围广，但相对集中的特点，高校并网光伏电站的发电高峰出现在每天的正午时刻，此时也是超市、食堂、宿舍生活区等建筑的用能高峰，光伏并网可一定程度上缓解校内用电高峰对电网的电力需求，有利于改善电力系统的负荷平衡，降低线路损耗。

2. 系统组成和分类

（1）系统组成

光伏发电系统是光伏发电技术的工程实现形式，主要包括光伏组件、逆变器、控制设备、蓄电池等主要组成部分和相应的支架、线路、追踪装置等辅助配件。

光伏组件是光伏发电系统的核心元件，由光伏电池片组成，将太阳辐射转化为直流电能；根据需要通过逆变器将直流电转化为交流电供负载使用，或者输入市政电网。系统控制装置能够通过控制电路来分配光伏系统中的电流，还可对光伏阵列与蓄电池之间或者光伏阵列到逆变器之间的电流传输和交换进行调整、保护和控制，保证系统的高效与安全运行。蓄电池是光伏系统的储能设备，通常用于离网的独立光伏系统。

（2）系统分类

光伏系统按是否并网，可分为独立光伏发电系统和并网光伏发电系统；按集中分散可分为集中式和分布式系统。

高校用电负荷具有年周期变化规律，开学季，光伏项目所发电力能够完全被校园电负荷所消耗；寒暑假期间，由于教学区、生活区的主要供电负荷明显减少，整个校区的电负荷处于低谷，使用分布式并网系统可避免资源浪费。

3. 设计要点

（1）组件选型

在高校中应用光伏系统，应选择适宜的组件，在保持尽量高的发电效率的同时，实现良好的建筑造型和立面效果。宜采用建筑构件一体化的光伏组件，如光伏幕墙、光伏遮阳装置等。作为建筑构件使用的光伏组件，要满足相应的建材规范要求，光伏组件应有足够的强度、安全性和耐久力，面板玻璃应能承受施加于面板的荷载、地震和温度等作用的影响。

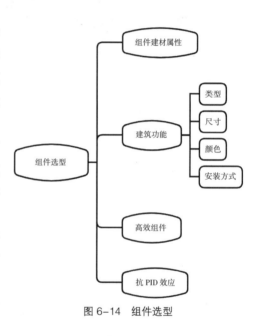

图 6-14 组件选型

如图 6-14 所示，应根据使用场所、安装条件、造型需求等实际，确定光伏组件可利用位置、面积，从而选择适宜的组件类型、尺寸、颜色和安装方式。组件应具有较高的发电效率和良好的抗 PID 效应。

（2）结构与安全

光伏系统结构应能够承担面板和支承结构自重、检修荷载、风荷载和雪荷载，具有规定的承载能力、刚度、稳定性和变形能力。结构设计使用年限不应小于 25 年，预埋件结构设计使用年限宜按 50 年考虑。

光伏系统的消防和防雷应与建筑统一设计，相关要求不低于所在建筑部位的设计要求；光伏系统金属部分须可靠接地。建筑一体化光伏系统（BIPV）布线时须采用满足相关行业标准的光伏专用电缆。图 6-15 为光伏系统结构与安全应考虑的主要因素。

（3）外部环境条件

外部环境条件对光伏系统发电效率具有很大的影响，在设计中，须对其外部影响因素进行分析，尽量营造适宜的利用条件（图 6-16）。应从资源辐射条件、周边遮挡、建筑形体、立面、朝向、倾角等方面综合考虑，在不影响建筑功能、美观的前提下，为光伏组件阵列

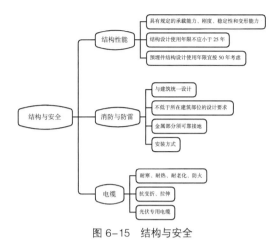

图 6-15 结构与安全

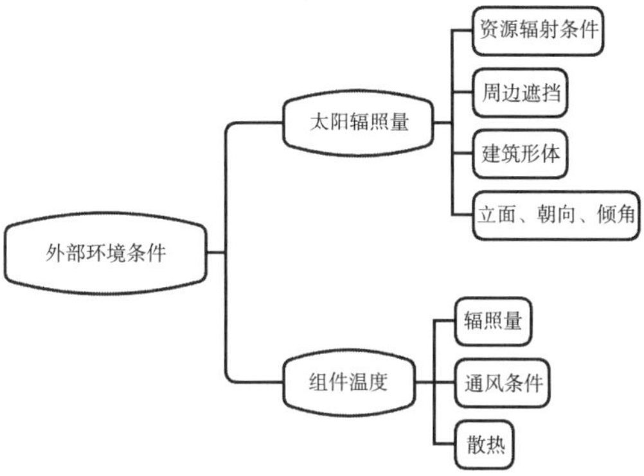

图 6-16 外部影响因素

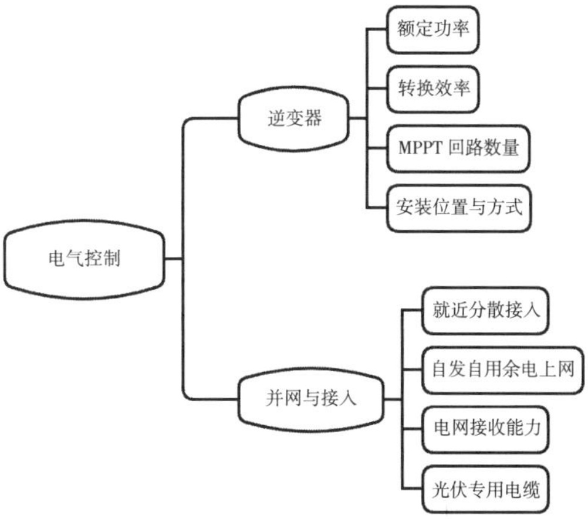

图 6-17 电气控制

争取尽可能多的辐照量。在系统设计中，应充分考虑其通风条件，并进行必要的散热，使光伏组件尽可能保持高效率。

（4）电气控制

光伏系统电气控制中，对逆变器和并网接入部分应给予充分关注。逆变器的选型应根据额定功率、转换效率、MPPT 回路数量、安装位置和方式等方面的需求合理选择。在建筑一体化应用中，宜优先选用组串式逆变器，尽量增加 MPPT 输入回路数量，使光伏系统具备较好的最大功率跟踪优势，有效应对遮挡等不利因素。选取逆变器时需要考虑额定功率、转换效率、最大可接入 MPPT 回路数量等问题。光伏系统电器控制应考虑的主要因素如图 6-17 所示。

4. 发展方向

（1）BIPV

BIPV（Building Integrated Photovoltaic），即光伏建筑一体化，在建筑设计的同时就考虑到光伏组件作为建筑的某些替代材料应用在整个建筑的建造中，形成光伏发电系统与建筑的一体化设计，集成在建筑上的光伏产品，既是发电装置也是建筑外部结构的一部分，可以有效降低成本，又兼顾美观。我国每年竣工建筑面积数十亿 m²，加上现有的超 400 亿 m² 建筑面积，BIPV 应用潜力巨大。在新建建筑中大力推广 BIPV 技术，积极探索既有建筑 BIPV 改造，对于建筑减碳具有重要意义。

（2）PVT

目前，光伏组件的光电转化效率多小于 25%，照射到光伏组件上的太阳能辐射，有相当一部分转化成了热能，提升了组件温度，又制约了光伏组件发电效率。针对这一问题，将光伏组件发电时自身收集和产生的热量收集利用，一方面可以降低光伏组件温度，提高发电效率；另一方面还可以大幅提升太阳能利用的综合效率。这类系统被称为光伏／光热一体化系统（PVT），在提供电能的同时，还能产出热水或热风，实现热电双联供，特别适用于有生活热水或空气加热需求的场所。与热泵结合后，对输出的热量品位进行提升，还可以进一步提升系统的适用范围。典型 PVT 系统的原理和应用示意图如图 6-18、图 6-19 所示。

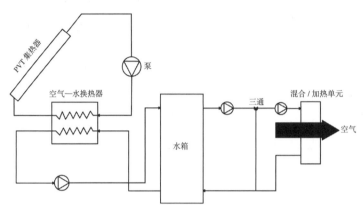

图 6-18　PVT 系统原理图（以空气预热系统为例）

（3）光储直柔

光储直柔（PEDF），是在建筑中综合应用太阳能光伏（Photovoltaic）、储能（Energy Storage）、直流配电（Direct Current）和柔性交互（Flexibility）四项技术的简称。

"光"即太阳能光伏技术，利用建筑表皮发电，起到清洁供能作用。"储"即储能技术，利用电池（电动汽车为主）消纳光伏峰时电量。"直"即直流技术，利用直流供电简单、易于控制的特点，便于光伏、储能等分布式电源灵活、高效的接入和调控，实现可再生能源的大规模建筑应用；同时，利用低压直流安全性好的特点，打造本质安全的用电环境。"柔"即柔性用电技术，指能够主动改变建筑从市政电网取得电功率的能力，目的在于解决市电供应、分布式光伏、储能以及建筑用能四者的协同关系。发展柔性技术，使建筑用电由刚性负载转变为柔性负载，对解决当下电力负荷峰值突出问题以及未来与高比例可再生能源发电形态相匹配的问题具有重要意义。建筑"光储直柔"系统示意如图 6-20 所示。

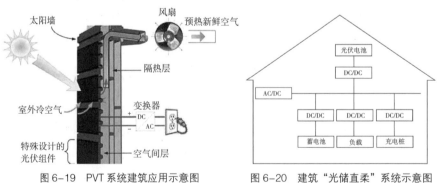

图 6-19　PVT 系统建筑应用示意图　　　图 6-20　建筑"光储直柔"系统示意图

6.2　空气源热泵

6.2.1　原理及分类

1. 空气源热泵原理

空气热能是指储存在大气中的热能，空气热能来源于太阳能，属于可再生能源。空气源热泵运用逆卡诺循环原理，用少量能源驱动热泵机组，通过热泵系统中的工作介质进行变相循环，把环境中的天然低温热量吸收升温后加以利用。空气源热泵消耗 1 度电可以产生 $3\sim4kW\cdot h$ 电的热能，相比于电热装置，具有巨大的节能优势，已广泛应用于供热、空调和生活热水供应等领域。我们常见的分体式空调，就是典型的空气源热泵。

近年来，住建部和多个省份陆续将空气源热泵纳入可再生能源建筑利用的范畴，近期发布的全文强制性规范《建筑节能与可再生能源利用通用规范》GB 55015—2021 也将空气源热泵系统作为可再生能源利用方式。随着建筑电气化的进一步发展，电能驱动的空气源热泵在建筑中将得到更广泛的应用。

2. 空气源热泵主要分类

空气源热泵按结构形式可分为整体式和分体式。整体式机组的氟路系统和室内末端（或水箱）部件全部集中在一个机箱内，常见如窗式空调。分体式机组的氟路系统和室内末端（或水箱）分开设置，常见分体式空调和水箱单独设置的热泵热水器。

空气源热泵按加热方式可分为氟循环式、水循环式和一次加热式；按应用方式可分为热泵热水器、采暖热泵、高温热泵、三联供热泵等形式；根据压缩机技术可分变频热泵、磁悬浮热泵机组等；根据功能可分烘干热泵等。

3. 注意事项

（1）环境温度影响

虽然空气源热泵的能效比 COP 可以达到 3.5 以上，但其实际运行性能会随供热参数、室外环境或者气候变化而呈现出不同的实际运行效果，可能会出现供热量不足的情况。应根据实际需求，制订合理的系统配置和控制策略，尽量使空气源热泵处于适合的运行工况。

（2）结霜问题

空气源热泵冬季制热工况下，当其室外部分换热器盘管的表面温度达到 0℃ 或更低时，盘管就会结霜，甚至冻结，导致停机。因此，在选择供热热源时，首先要根据当地气候对其适用性进行可行性分析；同时，针对室外机组换热器可能的结霜情况，采取除霜措施进行除霜。

（3）适用范围

空气源热泵的使用效果与气候条件和应用场景关系密切，一般来说，用于建筑供热的空气源热泵特别适用于全部夏热冬暖地区，大部分夏热冬冷地区和温和地区；较适用于夏热冬冷地区北部、寒冷及严寒部分地区；在严寒地区及寒冷地区，应做好充分论证。用于生活热水供应的空气源热泵系统在我国大多数地区都比较适用。

空气源热泵还可与光伏发电、太阳能空气集热等其他可再生能源系统结合，也可用于数据机房散热的余废热回收等场所，成为能源综合利用系统中非常重要的转换装置，灵活运用"热泵+"模式，可起到非常好的综合能效。

（4）机组布置

为了保证空气源热泵的运行效率，机组之间及机组与周围物体应保持一定距离，保证机组有良好的通风换热条件，便于安装与维护。主要管路距机组应保证1m以上距离，以便于日常维护。安装场地应平整，机组四周预先要设置好排水沟，且应考虑冬季机组除雪问题。

另外，尽管空气源热泵机组运行噪声水平随着技术进步不断降低，但机组运行仍会有部分声音，为避免机组运行时的噪声干扰正常的教学生活环境，大型机组请尽量避免紧靠教学建筑和学生公寓安装。

6.2.2 高校应用方式与场景

空气源热泵应用灵活方便，集中或分散使用均有较好的适用性。在高校中，空气源热泵通常用于供热、空调、生活热水等用途。

1. 空调应用

空气源热泵在高校建筑中应用于空调已有多年历史，特别是既有无集中空调建筑，大量安装使用分体空调夏季制冷；在冬季使用制热功能为房间提供采暖。北方供暖效果不好的房间，往往也将分体空调作为补充采暖的手段。在集中空调中，空气源热泵因其使用调节方便，也得到了大量应用。

空气源热泵可根据房间功能需要，灵活配置使用。对于高校常见的实验楼等多功能建筑，多数房间无须设置空调，或有专门的环境要求，分体式空调即可较好地满足此类需求。北方集中供热地区，空气源热泵也可在夜间低温运行和寒假停暖时调控室温，为师生提供适宜的学习工作环境。另外，分体式空调，由于按需使用，输配效率高，相对中央空调，在实际使用中往往具有能效方面的优势，是高校建筑空调系统的合理方案。山东建筑大学空气源热泵应用如图6-21~图6-23所示。

2. 生活热水

生活热水是高校能耗的重要组成部分，通常在集中浴室、宿舍和食堂中使用。在热源选择方案中，空气源热泵系统以其体积占地小、运行维护方便、调节性好等优势，加之合同能源管理等商业模式的结合，成为高校生活热水供应的优选方案之一，特别适用于系统热源改造和既有宿舍楼增设浴室等应用场景，已在许多高校，特别是南方高校中得到普遍采用。具备条件时，空气源热泵可与太阳能热水系统结合，取得更好的综合经济效益。

大规模的空气源热泵热水系统还可用于泳池加热，泳池水一般要求恒温在28℃±2℃，对热泵热水器系统而言，处于高能效比的工况，具有非常大的优势。许多厂家开发了专用泳池机，体积小、成本低、价格低，是泳池加热的优选方案。

图6-21 山东建筑大学科技楼实验室的空气源热泵

图6-22 山东建筑大学办公楼的空气源热泵

图6-23 山东建筑大学学生公寓的空气源热泵

6.3 浅层地热能的利用

6.3.1 地源热泵系统原理

1. 浅层地热利用概述

地热能是蓄存于地球内部的可再生能源，相对于太阳能和风能，更加稳定可靠。地热能主要可以分为浅层、中深层和岩浆型三类。其中，浅层地热能可通过地源热泵技术来实现建筑应用，基本不受地域地热资源限制，具有就地取材、全地域分布式的特点，科学合理利用能够很好地满足建筑供冷供热需求，具有广阔的应用空间和前景。

2. 地源热泵原理

地源热泵系统是以岩土体、地下水或地表水为低温热源，由水源热泵机组、地热能交换系统、建筑物内系统组成的供热空调系统。根据地热能交换系统形式的不同，地源热泵系统分为地埋管地源热泵系统、地下水地源热泵系统和地表水地源热泵系统。地源热泵原理如图6-24所示。

由于地下水地源热泵系统需要大量抽取地下水，对地下水资源影响较大，因此应用受到较多限制；地表水地源热泵系统多依托较大的水体实施，应用应符合国家和当地政策、法规及当地地表水开发利用保护规划的规定。目前应用最多的为地埋管地源热泵系统。

3. 地埋管地源热泵系统

地埋管地源热泵系统在地下埋设换热管作为换热器，然后再在管道内注满水或者防冻液作为换热介质，通过管道内的介质循环吸收地下岩土体的热量或冷量。地埋管道分水平式和垂直式，前者需要足够的铺设面积；后者需要打井。地埋管换热系统设计前，应进行技术经济论证，根据工程勘察情况评估地埋管换热系统的可行性和经济性。铺设地埋管形式、长度、打井深度、井间距须根据冷热负荷和岩土热物性设计确定，通常井

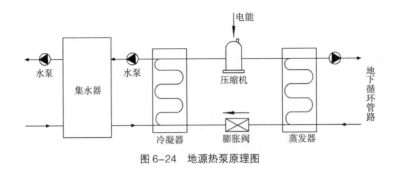

图 6-24　地源热泵原理图

深 50~200m，井间距 3~10m。

我国采用竖直埋管较多，可以节约用地面积，换热性能好，可安装在建筑物基础、道路、绿地、广场、操场等下面，而不影响上部的使用功能，甚至可在建筑物桩基中设置埋管，见缝插针地充分利用可利用的土地面积。高校校园通常容积率较低，有大片空地，便于地源热泵敷设地埋管，具备更加优越的利用条件。

6.3.2　地源热泵系统特点

1. 地源热泵系统优点

地源热泵利用的热源温度冬暖夏凉，且相对稳定，机组效率大大提高，相对常规空调系统可以节能 30%~40% 的运行费用。地源热泵系统可实现制热制冷和生活热水供应，一机多用。另外，系统使用寿命长，地下换热器寿命可达 50 年以上，热泵机组寿命也在 25 年以上，长期经济效益好。

2. 地源热泵应用应关注的问题

地源热泵系统初期投资略高，主要增量成本为地源换热器的打井成本，但后期节能运行的突出优点可在较短时间内回收增量成本。另外，地源热泵的设计、安装要求较高，设计前需要进行地下岩土热物性勘测，需对场地环境进行因地制宜的分析进行合理设计，对施工也有较高要求。

建筑冷热负荷往往不完全一致，导致地埋管换热器夏季累计向土壤的放热量与冬季取热量不一致，长期运行会造成土壤温度场不断偏离，并导致冷却水温度变化和系统效率逐年下降。应用地源热泵系统时，应充分做好负荷预测和论证，一旦确定实施，应做好地埋管监测，并采取调峰复合系统、热回收机组、季节性蓄热蓄冷等措施保障系统长期高效运行。

6.3.3　地源热泵与太阳能复合利用系统

1. 技术概述

可再生能源建筑利用中，地源热泵存在初投资高、占地大、建筑冷热负荷不平衡导致土壤温度场失衡等问题；而太阳能则存在能流密度低且不够稳定等问题。针对上述问题，将地热能与太阳能联合应用，形成"天地合一"的复合能源利用系统，可增强整个系统的整体综合性能和经济效益。该系统可以克服热泵产生的冷热堆积，造成土壤的温度场失衡，热泵运行工况不稳定，机组的 COP 降低等问题，又可以克服太阳辐射受自然条件的限制和阴雨天气等因素的影响，是一种"双赢"组合。

图 6-25 为典型的太阳能—土壤源热泵系统原理图，本系统中太阳能部分换热循环采用温差控制，夏季运行土壤源热泵制冷，太阳能系统主要提供生活用水；过渡季将多余的太阳能储存于土壤；冬季利用太阳能作为辅助热源与土壤源热泵共同来制热。图 6-26 为应用于山东建筑大学实验楼的太阳能—土壤源热泵空调系统。

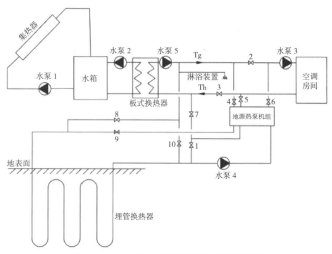

图 6-25 太阳能—土壤源热泵系统原理图

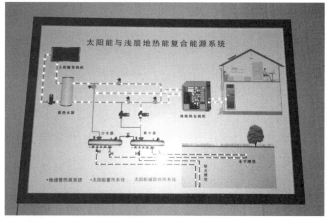

图 6-26 应用于山东建筑大学实验楼的太阳能—土壤源热泵空调系统

2. 系统工况

过渡季节，当太阳辐射量充足时，可以利用太阳能对土壤进行蓄热，将多余的热量回灌到地下以提高土壤温度。热量回灌分为定时蓄热和随时蓄热两种模式。地温在满足要求时可直接供给末端，减少热泵的运行时间，节约能耗。

冬季太阳辐照强度较低，且建筑物的热负荷较大，因此采用土壤源与太阳能热泵复合系统。太阳能集热温度足够时直接供暖；温度不满足直接供暖时，根据供水温度和系统设计，可采取与热泵串、并联运行的策略，使机组保持在相对高效段运行。

3. 注意事项

土壤源与太阳能热泵联合的复合系统，是一种理念先进、技术可行的建筑低碳供能系统。在实施过程中，应注意加强太阳能季节蓄热部分的理论分析和优化计算；对于系统可靠性、最佳耦合方式、控制策略和技术经济性应进行充分的研究论证。

6.4 建设案例

在山东建筑大学新校区建设中，大量采用了太阳能热水、新风加热、光伏发电、空气源热泵、地源热泵等可再生能源技术，取得了良好的经济社会和环境效益，仅太阳能利用，每年即可减少碳排放量 3000t 以上，为学校建设低碳校园提供了优质的"负碳"资源，为提前实现校园"双碳"目标提供了支撑。

6.4.1 太阳能热水技术

在山东建筑大学的学生公寓和学生浴室的建设和改造工程中，应用了太阳能热水系统，为在校师生提供生活热水，提升了公寓生活品质，达到了节能降耗的目的。

1. 济南地区太阳能热利用潜力分析

济南地区属于我国太阳能辐照度三类地区，年辐射总量为 $4117.3MJ/m^2 \cdot a$（图 6-27）；冬季长 4 个月，气温低，太阳辐射强度低，云量少，晴天居多，年照时数大多在 2400h/a 以上；济南的地理纬度为北纬 37° 左右；山东地区地下水温度在 15~20℃之间（计算中取低值 15℃）。根据调研，高校学生公寓生活热水用水量通常不

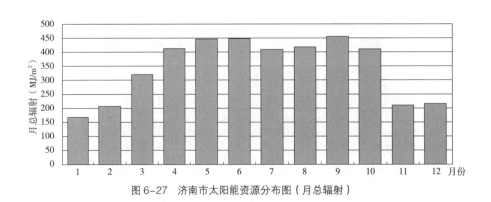

图 6-27 济南市太阳能资源分布图（月总辐射）

会超过 45L/（人·d），每平方米的集热器可在夏季、春秋季和冬季分别将水温提升到 52℃、48℃、34℃，具有较高的利用价值。

2. 学生公寓太阳能热水应用

山东建筑大学学生公寓的集中式太阳能热水系统（图 6-28）为学生公寓 72 间宿舍提供生活热水，每间宿舍每天供 45℃ 以上热水 120L，每天定时供水，系统参数见表 6-2：

图 6-28 学生公寓集中式太阳能热水系统

集热面积的确定	表 6-2	
用水房间数量	72 个	
每间平均用水量	120L	
每天用水总量	120L × 72 个 = 8460L	
集热器单元数量	30 组	
集热单元	每组 40 支 ϕ47mm，长度 1500mm 集热管	
集热管总数量	30 组 × 40 支 = 1200 支	
集热面积	150m^2	

在该太阳能集中供热水系统中，太阳能集热循环为定温循环，水箱中的水通过集热器循环加热。水箱总容积 9000L，补水系统为定时补水，低于 1/4 自动补水，系统原理如图 6-29 所示，宿舍内淋浴设施如图 6-30 所示。

为弥补在阴雨天气和冬季太阳辐射量不足情况下导致水温过低的问题，在蓄水箱

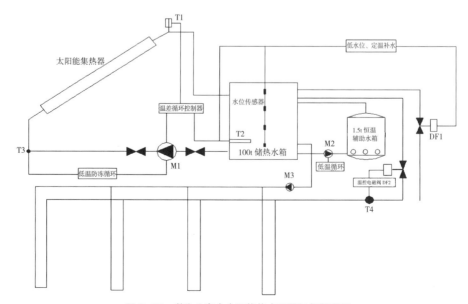

图 6-29 学生公寓中太阳能热水工程运行原理图

底部安装了辅助加热装置，该辅助加热装置采用 60kW 的电热棒，平铺在储热水箱底部，在无日照的情况下可以使水温在 4 个小时上升 25℃ 以上。虽然辅助加热装置需要耗费一定的电能，但是，太阳能可提供全年 70% 的热量。而且，由于冬季洗澡次数较少，在最冷月学校已经放假，所以实际所消耗的电能并不多。

由于安装年代较早，未设置水处理设备，当水温大于 60℃ 时，结垢量会明显增大，因此系统水温尽量控制在 60℃ 以内，定期对集热器进行清洗。

3. 学生浴室太阳能热水改造应用

山东建筑大学对校园一期工程建成的学生浴室进行了太阳能热水改造应用设计。该太阳能热水改造

图 6-30　宿舍内卫生间兼作浴室

工程采用集中集热、集中供水、集中辅助加热的方式为学生浴室提供热水供应。整个系统由真空管太阳能集热循环系统、防冻循环系统、自动补水系统、储热系统、控制系统和保温系统等多个子系统组合而成，集热循环采用强制循环加热的方式使太阳能的利用达到最大化。项目同时对原有的锅炉进行了改造，利用锅炉作为辅助热源，降低了一次性设备投入。

太阳能热水系统采用"定温—温差"循环集热模式，系统第一次上水的时候，自来水直接进入太阳能集热器加热，到集热器中自来水达到预定温度时，补水泵启动，将热水循环至水箱，这种集热方式保证进入水箱的自来水都能够达到预定水温，防止因集热不足导致水箱内水温过低。经多次集热循环过程后水箱水满，电磁阀关闭，同时开启温差循环模式。当集热器内水温高于储水箱内水温时，循环泵启动，对水箱进行补水；当集热器内水温低于水箱内温度时，且温差小于"温度下限"，则停止循环。在阴雨天气或冬季太阳辐射量不足导致水箱内水温过低时，则需在集中供水前启动原有锅炉对水箱内自来水进行加热，加热至设定温度后再进行集中热水供应（图 6-31）。

太阳能热水系统集热器集中布置于浴室屋顶（图 6-32），根据学生浴室的日常使用

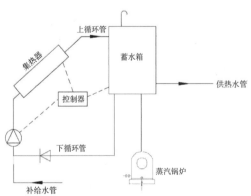

图 6-31　学生浴室太阳能热水系统运行原理图

图 6-32　学生浴室集中式太阳能热水系统

需求，集热量可保证平均每天 1500 人以上的洗浴用热，浴室全天开放，如果每人每天按 50L 的 45℃ 热水供应，则该太阳能热水系统每天需要产热水 75000L，考虑到管路及热量损失，每天需热水供应量 80000L。集热单元采用 1.5m ϕ 47mm 集热管，按照每天每支真空管产 40~80℃ 的热水 7.5kg 计算，其集热面积应按照表 6-3 确定。

集热面积的确定　　　　　　　　　　　　表 6-3

用水人数	1500 人
每人平均用水量	50L
每天用水总量	1500 人 × 50L = 75000L
集热器单元数量	217 组
集热单元	每组 50 支 ϕ 47mm，长 1500mm 集热管
集热管总数量	217 组 × 50 支 = 10850 支
集热面积	1356m²

学生浴室太阳能热水改造工程的实施，不仅最大限度利用了校园建筑的屋面，增加了建筑空间的利用率，而且有效降低了燃料消耗，减少了校园日常运行费用开支。同时，由于锅炉使用频率的降低，大大减少了污染物的排放量，周边空气质量得到有效改善。

4. 学生公寓太阳能 + 空气源热泵热水系统

山东建筑大学松园四号、樱园二号、樱园三号学生公寓的生活热水供应采用太阳能主要加热 + 空气源热泵辅助加热的生活热水系统。

该系统采用太阳能主加热 + 空气源热泵辅助加热的热水机组，机组安装在松园四号、樱园二号、樱园三号的楼顶；系统包括太阳能集热器、空气源热泵、保温水箱、水泵、管道、支架、控制系统等。每栋楼设置太阳能集热器 30 组双排横置式全玻璃真空管集热器，每组集热器使用 50 支 1.8m ϕ 58mm 真空集热管。系统设空气源热泵 3 台，热泵机组制热量 40kW，出水温度 55℃，额定出水量 860L/h。

该系统设计采用双水箱模式：保温水箱 2 个，一个为 15m³ 太阳能集热水箱；另一个 20m³ 恒温供水水箱（空气源热泵加热水箱），同时也是空气源热泵辅助加热水箱，两水箱安装高度一致。系统设水泵 4 台（太阳能循环水泵、水箱间混合循环水泵、空气源热泵循环水泵、恒温供水循环水泵）。

系统运行原理如图 6-33 所示：

当恒温供热水箱水位过低时，补水阀打开进行补水。当太阳能集热水箱水位小于或等于恒温水箱设定补水水位 -10% 时，自动补水电磁阀打开；当太阳能集热水箱水位大于或等于恒温水箱设定补水水位时，自动补水电磁阀关闭。

当太阳能集热水箱水位大于或等于 20% 且集热器进出口温差大于或等于 8℃ 时，温差循环启动；当太阳能集热水箱水位小于 10% 或集热器进出口温差小于或等于 3℃ 时，温差循环关闭。

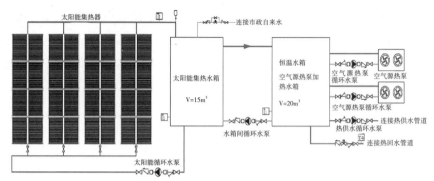

图 6-33 系统原理图

当恒温供热水箱内的水温低于集热水箱 6℃时，两水箱间的循环泵启动，将恒温供水水箱内低温水引入集热水箱，同时集热水箱的热水进入恒温供水水箱。经过循环，当恒温供水水箱内的水温与集热水箱水温温差小于或等于 3℃时，水箱循环关闭。

当太阳能集热水箱水位大于或等于防干烧设定水位 +10% 且恒温水箱温度小于辅助热源设定温度 -5℃时，热泵开启；当太阳能集热水箱水位小于或等于防干烧设定水位 -10% 或恒温水箱温度大于辅助热源设定温度 -5℃时，辅助热源关闭。

当管道循环温度小于管道循环设定温度 -3℃时，管道回水电磁阀开启；当管道循环温度大于管道循环设定温度时，管道回水电磁阀关闭。

当防冻温度测点小于 5℃时，开启防冻；防冻温度测点达到 10℃时，关闭防冻。

系统安装实景和公寓楼内浴室如图 6-34、图 6-35 所示。

6.4.2 太阳能热风技术

山东建筑大学在新校区学生公寓中，率先采用了太阳能热风技术——"太阳墙"，为建筑提供空气供热和新风。

图 6-34 屋顶实景图

图 6-35 学生公寓楼层公共浴室实景

太阳墙采暖新风系统是一种采用渗透型太阳能空气集热器的新型太阳能热利用技术，能够为建筑提供经济适用的采暖通风解决方案。系统由集热和气流输送两部分组成，房间内设散流器和换气设施。其中，集热系统包括垂直集热墙板、遮雨板和支撑框架，气流输送系统包括风机和管道。在冬季，集热墙板吸收太阳的热辐射能，室外新鲜空气流经集热墙板表面的孔缝经太阳墙加热后进入空气间层，通过风机将热空气输送至室内各个房间，置换室内污浊的空气，起到采暖和通风换气的作用；在夏季，关闭热风输配系统，太阳墙与建筑之间空气间层内的空气因受热上升，通过设置在顶部的排气孔排出，在负压的作用下，温度较低的室外空气补充入空气间层，起到隔热降温的作用，太阳墙系统原理如图6-36所示。

太阳墙板（图6-37）是整个太阳墙采暖新风系统中的核心组件，由金属板冲压成型，并且在板上穿有许多小孔，在表面镀选择性吸收涂层，吸收率达0.9以上，经过特殊设计和处理后，能最大限度地将太阳能转换为热能。该系统安装施工方便、造价低廉、维护简便、运行能耗低，还可提供室外新风，改善室内空气质量；太阳墙板本身还可作为一种外装饰材料，易于与建筑立面结合。

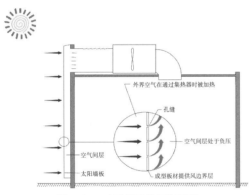

图6-36　太阳墙系统运行原理

图6-37　太阳墙集热板

在学生公寓设计中，利用太阳能采暖新风系统为北向房间提供采暖和新风（图6-38），缓解了南北两侧房间热量不平衡的问题。在建筑南向墙面利用窗间墙和女儿墙的位置安装了157m²的深棕色太阳墙板，集热板选型在满足较高太阳辐射吸收率的情况下兼顾了立面效果（黑色集热板的太阳吸收率为0.94，深棕色为0.91），保证了建筑立面色彩的统一协调（图6-39）。窗间墙位置的纵向太阳墙高度为16.8m，宽度为2.05m，从二层位置开始安装，保证太阳墙板获得足够的太阳辐射。墙板与墙体之间形成200mm厚的空气间层（图6-40）。女儿墙位置集热部分的墙板呈36°倾角，高2.4m，长21m，与女儿墙围合成三棱柱状空间，在该空间屋面位置东西两端各开一个500mm×600mm的散热口，强化夏季散热（图6-41）；中间留有1000mm×200mm的出风口，通过风机与送风管道连接，风管穿越各层走廊通向所有北向房间，向室内提供采暖和新风，如图6-42、图6-43所示。

图 6-38 太阳墙冬季供暖示意图

图 6-39 太阳墙板与建筑结合

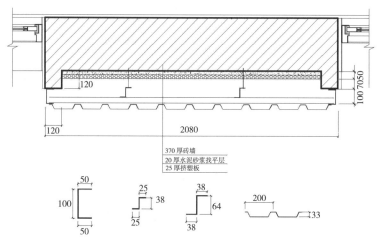

370 厚砖墙
20 厚水泥砂浆找平层
25 厚挤塑板

图 6-40 窗间墙处太阳墙板安装示意图（单位：mm）

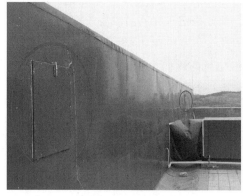

图 6-41 集热部分屋面位置两端的散热口

图 6-42 太阳墙出风口通过风机与风管相连

太阳墙系统采用温控自动运行，冬季太阳墙内空气温度达到设定温度，风机启动向室内送风；当室内温度达到设定室内温度后或者太阳墙内空气温度低于设定送风温度时风机关闭停止送风；夏季，当太阳墙中的空气温度低于传感器设定温度时，风机启动向室内送风；室温低于设定室温或室外温度高于设定送风温度时风机停止工作。

图 6-43　走廊内的送风管

太阳墙系统的排风，由北向房间与走廊之间设置的通风窗排入走廊，借助于公寓西侧太阳能烟囱，排出室外。太阳能烟囱在过渡季，可起到明显的强化通风换气的作用，对宿舍热环境起到改善作用。太阳能烟囱与走廊之间设置下悬窗，通过悬窗开度调节换气量。太阳能烟囱与走廊窗户对应位置开窗，保障走廊的天然采光（图 6-44）。

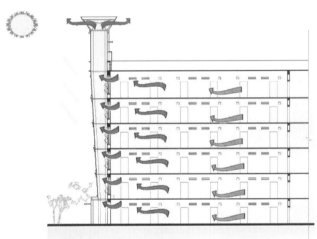

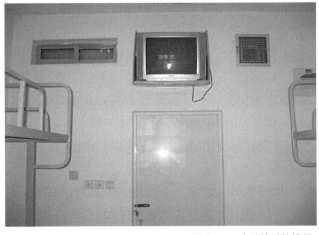

图 6-44　太阳墙系统排风

该项目测试结果显示：冬季太阳墙有效改善了外围护结构的外环境，降低了墙体传热损失；日出后，太阳墙很快达到送风温度，最高温度达到 40℃并保持较长的送风时间，为房间提供可观的热量。

采暖季太阳墙系统可以提供约 139.81GJ 的热量，节省煤炭 10.5t，减排二氧化碳约 24t，将建筑立面变为校园节能和"负碳"资源。

太阳墙采暖通风系统的应用成功解决了以往南北房间热负荷差异较大、冬季和过渡季节北向房间热舒适性差的难题，同时也为北向房间提供新风，有效降低了室内二氧化碳浓度，达到了低能耗下获得高舒适度室内热环境的目的。

6.4.3 光伏发电技术

山东建筑大学在新校区建设中借助国家支持可再生能源建筑利用的政策，大力引入光伏，在全国较早建设了 MW 级屋顶光伏电站；应用了高效精确追踪式太阳能光伏发电系统和光伏路灯。光伏技术的应用，取得了显著的综合效益，降低了能耗，为学校节约了大笔经费，向社会输出了绿色电力；同时，还对全校师生起到了很好的示范教育作用。

1. 1MW 屋顶光伏电站

山东建筑大学校园建筑屋顶多为平屋面，承载力较强，适合建设屋顶太阳能光伏电站。学校积极响应国家《关于加快推进太阳能光电建筑应用的实施意见》（财建〔2009〕128 号）、《太阳能光电建筑应用财政补助资金管理暂行办法》（财建〔2009〕129 号）等文件号召，经精心筹备，于 2010 年获批建设 1MWp 太阳能光伏发电建设项目，争取中央划拨专项经费 1100 余万元，是当时国内高校中第一个兆瓦级太阳能光伏建筑应用项目。该项目实现了光伏技术与建筑设计的完美结合，是学校在建筑节能领域的又一创新性实践应用。

本项目采用太阳能光伏电站与原建筑物屋面相结合的方式。学校充分利用图书信息楼、办公楼、建艺馆、科技楼、餐厅、配电室、学生公寓等十栋校内建筑楼顶分区安装，采取与屋顶表面结合的形式，建成 1MWp 太阳能光伏发电并网系统。该系统主要满足该楼及园区办公、照明等日常用电，采取用户侧并网方式，不足时由电网取电，与电网形成互补。（图 6-45）

该项目使用的太阳电池片的效率 ≥ 17%，组件效率 14.88%，组件具有较高的功率 / 面积比，功率与面积比 =144W/m²。功率与质量比 =11.6W/kg，填充因子 FF ≥ 0.7，使用寿命不低于 25 年。整个系统太阳电池组件方阵由 5310 块 190Wp 单晶电池组件组成，组件尺寸 1580mm×808mm，组件铺设后投影面积约 5900m²，占建筑物屋顶面积约 20000m²，总装机容量 1.0089MWp，系统设计效率为 81%，保证率为 60%。项目组件分布情况如表 6-4 所示：

学校公寓楼体中间部分不是标准的东西走向，因此，需要进行排布比较，选出最佳排布方案。为了充分利用空间资源，项目在设计之初将系统按局部阵列随建筑走势布置和全部阵列按最佳朝向布置，对系统的经济效益做出对比分析，选择中间部分按最佳朝向布置。

太阳能光伏电站基础为混凝土预制基础，其上带有预埋钢板。预制基础吊装到位后在预埋钢板上焊接支架立柱，然后螺栓连接支架斜梁及檩条，再在檩条上安装太阳能电池组件。光伏支架单排布局装配图及实景如图6-46所示。

该项目工程地点较为分散，采用单独并网的方式，光伏阵列通过太阳能防雷直流汇流箱、交直流配电柜分别接至并网逆变器，逆变器将电流转化为交流后，通过交直流配电柜接入低压配电室380V并网点，数据通过无线传输方式进行上传。系统一共有26台逆变器（图6-47）、18台电表和1套气象站，分散于13幢建筑机房内。系统设远程在线监控，每个机房安装一台GPRS数据采集器，逆变器、电表、气象站与采集器之间采用485口连接，每台采集器通过GPRS信号传输数据至监控中心主机，监控主机将获取的数据存储并转发至住建部数据中心。光伏监控系统原理及运行数据如图6-48、表6-5所示。

项目于2012年正式投入使用，并入校园内部电网发电，单体楼发电即发即用。该项目光伏温度因子94.94%，灰尘损耗94%，逆变器的平均效率95%，站内用电、线损等损失96%，机组的可利用率99%，电池板利用率98%，系统效率达到78.96%。

阳光充足时，系统日发电约1600kW·h，累计发电量约460万kW·h。经测算，每年可节省煤炭约1000t，减排灰渣约500t，减排二氧化碳约2000t，减排二氧化硫约30t，减排可吸入颗粒物约10t，具有较好的节能减排效益，成为学校主要

图6-45　分区安装的光伏发电阵列

光伏组件阵列在各楼分布情况　　　　　　表 6-4

序号	楼栋	组件数量	合计容量（kWp）
1	梅园一号公寓	300	57
2	松园一号公寓	360	68.4
3	松园二号公寓	300	57
4	松园三号公寓	360	68.4
5	竹园一号公寓	270	51.3
6	竹园二号公寓	330	62.7
7	梅园二号公寓	330	62.7
8	梅园三号公寓	330	62.7
9	图书馆	645	122.55
10	办公楼	195	37.05
11	一号食堂	1010	191.9
12	建艺楼	240	45.6
13	科技楼	640	121.6
合计		5310	1008.9

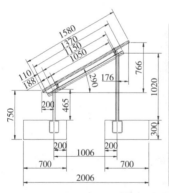

图 6-46　支架单排布局装配图及实景

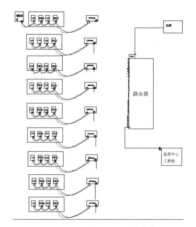

图 6-47　设置于楼宇内的光伏系统逆变器　图 6-48　远程监控系统运行基本原理图

监控系统采集的实际运行数据　　　　　　　　　表 6-5

2012 年 7 月 27 日	天气晴，最大辐照度 725W/m²			
	工作电压（V）	工作电流（A）	功率（kW）	1 天中最大系统效率公式为：发电功率 / 装机容量 /（1 天最大辐照度 /1000）
6：00：00	353	55.81	34.12	
7：00：00	374	176.52	114.34	
8：00：00	387	368.62	247.08	
9：00：00	381	568.54	375.17	
10：00：00	380	745.87	490.90	
11：16：00	358	1103.40	684.17	0.9354（此时为一天辐照度最大的时刻）
12：00：00	366	934.80	592.58	
13：00：00	360	834.73	520.47	
14：00：00	370	645.79	413.85	
15：00：00	376	510.03	332.15	
16：00：00	375	414.07	268.94	
17：00：00	368	170.86	108.90	
18：00：00	342	73.31	43.42	
19：00：00	347	0.00	0.00	

的负碳资源。累计至 2021 年底，该系统已累计发电 550 万 kW·h，效益显著。近三年年光伏发电站的每月发电量见表 6-6。

2019~2021 年发电统计　　　　　　　　　表 6-6

2019 年度		2020 年度		2021 年度	
月份	月发电量	月份	月发电量	月份	月发电量
1	23936.9kW·h	1	19230.0kW·h	1	19618.3kW·h
2	25417.6kW·h	2	20513.9kW·h	2	28162.1kW·h
3	51291.3kW·h	3	37198.2kW·h	3	24662.8kW·h
4	48988.8kW·h	4	29411.3kW·h	4	31871.6kW·h
5	72174.3kW·h	5	98207.5kW·h	5	37108.4kW·h
6	66602.5kW·h	6	44778.5kW·h	6	41049.9kW·h
7	59454.7kW·h	7	33941.8kW·h	7	33234.3kW·h
8	51522.9kW·h	8	19058.2kW·h	8	43464.9kW·h
9	54045.0kW·h	9	58067.8kW·h	9	34323.2kW·h
10	43313.3kW·h	10	28974.3kW·h	10	24756.6kW·h
11	29567.4kW·h	11	20900.3kW·h	11	18978.5kW·h
12	26256.3kW·h	12	21604.1kW·h	12	25503.8kW·h
合计	552571kW·h		431885.9kW·h		364282.3kW·h

2. 精确追踪式太阳能光伏发电系统

HS-15 型高效精确追踪式太阳能光伏发电系统是学校早期应用的示范性小型独立光伏发电系统，安装在梅园一号学生公寓楼西南侧的太阳能综合利用实验房内（图 6-49），为实验房和毗邻道路路灯及周边景观照明供电。该系统与固定式太阳能光伏发电系统相比，效率提高近一倍。在同样的用电需求时，光伏电池板的用量可减少一半，使光伏发电系统成本降低三分之一。该套系统不仅为光伏建筑利用提供了研究条件，为周边场地照明提供了电力，同时以其特色鲜明的形象，在校园中起到了很好的绿色低碳宣传示范效果。

图 6-49　HS-15 追踪式太阳能光伏发电系统

3. 校园太阳能路灯照明系统

山东建筑大学于 2008 年对校园部分道路进行了太阳能路灯照明系统改造（图 6-50）。太阳能路灯改造道路长度约 2km，供安装太阳能路灯 61 组，太阳能电池组件峰值输出功率为 90Wp，面积约为 $0.6m^2$。白天太阳能电池板接收太阳辐射能并转化为电能输出，经过充放电控制器储存在蓄电池中，夜晚当照度逐渐降低至 10lx 左右，太阳能光电板开路电压为 4.5V 左右时，蓄电池对灯头放电，进行夜间校园道路照明。

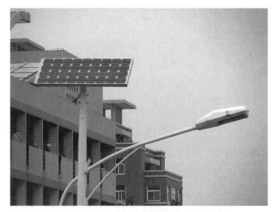

图 6-50　山东建筑大学校园中的光伏路灯

太阳能路灯灯头选用 25WLED 冷光源灯，假如平均每天照明时间为 5h，每组路灯耗电量为 $125W \cdot h$，以全年 365 天计算，太阳能路灯照明系统共可节约电能 $13915.6kW \cdot h$，减少二氧化碳排放 12t。

6.4.4 空气源热泵技术

1. 学生公寓空气源热泵空调及生活热水系统

山东建筑大学学生公寓全部采用空气源热泵空调，对前期未装设集中太阳能热水系统的公寓，也加装了空气源热泵热水系统。

（1）技术指标

学生公寓采用定频，冷暖两用空调，型号为KFR–35GW（大1.5P），能效等级达到国标二级以上标准（节能），额定制冷量：3570W，额定制热量：3960W，额定制冷功率：1011W，额定制热功率（不含电辅加热功率）：1120W，电辅加热功率：1050W，循环风量：660m³/h，室内噪声：25~37dB，室外噪声：49dB以下（含49dB）。

生活热水系统空气源热泵主机制水水温55℃，35~70℃可控。热水终端出口水温40℃±2℃。学生每次开始使用时热水温度低于40℃的时间实测不超过10s；保证在环境温度–20℃时，设备制热量可以满足用水量。确保生活热水供应量（设计不少于每人每次50L），每天至少满足15个小时供应热水。

（2）运维管理

该项目采用合同能源管理模式实施。能源服务公司投资安装全部全新空调、热泵热水系统和洗浴设施，并实施配套线路、管路改造；合同期内，在学校建立服务站，负责全部设备维护，每年至少两次免费全面检查维修、保养与清洗、消毒。到空调运营合同期限的第八年，学校组织相关专家与能源服务公司共同对空调的性能等进行综合评估，对评估后达不到使用效果的需无条件更换新机，换新空调指标不低于首批投入技术指标。合同期内，学生自愿以租赁方式使用空调，以热水费形式付费购买生活热水。

合同到期终止后，项目所有设备、设施及附属服务设施全部无偿移交给学校，移交时确保所有设备、设施及附属服务设施能正常使用。

生活热水采取定时供应，保证绝大多数情况下的需求，减少浪费。供热水为全天不少于15小时，其中用水高峰为三个时间段，早上：6：30~8：00，中午：11：30~13：30，下午至晚上：17：00~23：00。为确保用水安全，采取错时注水方式，避免学生在用水高峰期与学生正常洗漱用水发生抢水现象。

空调和洗浴的使用管理，均借助网络平台实施。可实现学生预约、排队、线上支付、后台查询、消息推送、意见反馈等功能；同时便于学校后勤在线管理、数据统计。该平台面向学生公寓生活服务，除空调、洗浴外，还可覆盖洗衣机、直饮水、吹风机等，实现学生公寓智能生活一条龙服务。智能化运维平台拓扑图及终端界面如图6-51、图6-52所示。与洗浴系统同管理平台的配套洗衣机如图6-53所示。

2. 校史馆空气源热泵中央空调系统

山东建筑大学校史馆，造型错落有致（图6-54），中央空调采用空气源热泵系统，6台室外机分组分散布置于周边绿地中（图6-55），保持了建筑整体形象的美观，减少了噪声干扰。

"数智化"应用服务平台拓扑图

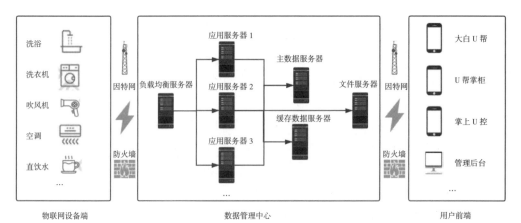

图 6-51 空调、洗浴运维管理平台

图 6-52 平台终端

图 6-53 与洗浴系统同管理平台的配套洗衣机等服务

图 6-54　采用空气源热泵中央空调的山东建筑大学校史馆

图 6-55　分组布置于周边绿地的空气源热泵室外机

系统采用六台空气源热泵机组，相关参数如表 6-7 所示。

系统由学校后勤物业负责运维管理，室内温度按照国家、地方和学校相关节能规定，设置夏季 26℃下限和冬季 20℃上限，避免浪费。

空气源热泵机组相关参数　　　　　　　　　　　表 6-7

编号	型号	规格	技术参数
1	AM220FXVRGH	24.95kW	额定工作电流：54.8A 额定电压：400V 频率：50Hz
2	AM180FXVRGH	23.23kW	额定工作电流：51.1A 额定电压：400V 频率：50Hz
3	AM180FXVRGH	23.23kW	额定工作电流：51.1A 额定电压：400V 频率：50Hz

续表

编号	型号	规格	技术参数
4	AM180FXVRGH	23.23kW	额定工作电流：51.1A 额定电压：400V 频率：50Hz
5	AM100FXVRGH	10.99kW	额定工作电流：25A 额定电压：400V 频率：50Hz
6	AM050FXVRGH	5.8kW	额定工作电流：12.8A 额定电压：400V 频率：50Hz

6.4.5 地源热泵技术

山东建筑大学钢结构装配式超低能耗建筑中央空调采用了地源热泵温湿度独立控制，地源热泵系统承担室内显热负荷，新风机组自带冷源，承担室内湿负荷。

该项目总建筑面积：11936.2m²，层数为6层，外墙传热系数能够达到0.13W/（m²·℃），外窗传热系数达到0.8W/（m²·℃），屋面及外挑楼板传热系数达到0.1W/（m²·℃），具有良好的保温性能。最大热负荷16.8W/m²，最大逐时冷负荷

图6-56 地源热泵机组

37.94W/m²，年累计热负荷指标为5.54kW·h/m²，年累计冷负荷指标为26.74kW·h/m²。

该项目采用地埋管式地源热泵系统，教学实验楼和学术报告厅共用一套地埋管，设两台螺杆式热泵机组（图6-56），其中一台机组作为主楼空调系统的冷热源，另一台为学术报告厅的冷源。主楼中央空调系统采用温湿度独立控制的空调方案，系统组态界面如图6-57所示；报告厅采用全空气空调系统，部分附属房间采用风机盘管加新风的空调系统。

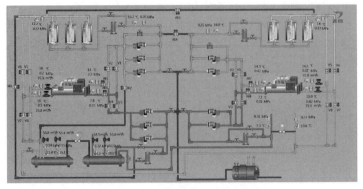

图6-57 地源热泵循环系统组态界面

第 7 章

被动式低能耗建筑

7.1 发展现状与技术措施

被动式超低能耗建筑简称被动式建筑、被动房，属于近零能耗建筑，是适应气候特征和自然条件，通过高保温隔热性和高气密性的围护结构，利用高效的热回收技术，尽可能地降低建筑供暖供冷需求，充分利用可再生能源，用更少的能耗满足绿色建筑基本要求，并提供舒适的室内环境的建筑。被动式建筑的概念是 20 世纪 80 年代德国在低能耗建筑的基础上逐步建立起的。德国被动房研究所（Passive House Institute）拥有其商标知识产权。2000 年以后，随着被动房的标准化，被动房开始在世界范围内推广。2008 年，中国正式开展被动式建筑项目，开始探索中国被动式建筑的技术和发展路线。

德国"被动房"的定义是必须满足相应的能效指标：（1）年采暖终端热耗 $\leqslant$ 15kW·h/（m² · a）；（2）最大供热负荷 $\leqslant$ 10W/m²；（3）用于采暖、生活热水和家庭用电的年一次能源消耗 $\leqslant$ 120kW·h/（m² · a）；（4）空气渗透率为 $N_{50} \leqslant 0.6/h$；（5）超温频率 $\leqslant$ 10%，如表 7-1 所示。

德国被动房技术指标体系　　　　　　　　　　　表 7-1

类别	指标	要求
能耗指标	一次能源消耗	$\leqslant 120$kW·h/（m² · a）
	采暖一次能源消耗采暖需求	$\leqslant 40$kW·h/（m² · a）
	采暖负荷	$\leqslant 15$kW·h/（m² · a）
	制冷需求	$\leqslant 10$W/m²
	N_{50}	$\leqslant 0.6$h
室内环境指标	室内温度	20~26℃
	室内二氧化碳浓度	$\leqslant 1000$ppm

被动式低能耗建筑的标准因各个国家政策、气候环境等条件的限制导致各国的标准不同。对于我国来说，由于存在着五大气候区导致其标准略有不同，被动式低能耗

居住建筑能耗与气密性设计指标如表 7-2 所示。

被动式低能耗居住建筑能耗指标及气密性指标

表 7-2

气候分区		严寒地区	寒冷地区	夏热冬冷	夏热冬暖	温和地区
能耗标准	年供暖需求（kW·h/m²·a）	≤ 18	≤ 15	≤ 5		
	年供冷需求（kW·h/m²·a）	≤ 3.5 + 2.0 × WDH₂₀ + 2.2 × DDH₈				
	年供暖、供冷和照明一次能源消耗量	≤ 60kW·h（m²·a）或 ≤ 7.4kgce/（m²·a）				
气密性指标	换气次数 N_{50}	≤ 0.6				

表 7-2 中，m^2 均指包括起居室与厨卫等面积在内的套内总使用面积，WDH_{20} 与 DDH_{28} 则分别表示一年内室外湿球与干球温度分别达到至少 20℃与 28℃时，对应湿球与干球各自同 20℃与 28℃之间的差值的累计值。N_{50} 则代表室内外压差为 50Pa 时，每小时换气次数。

实现被动房的主要设计理念和技术应用的基本原则包括：

（1）建筑物形体紧凑，体系数小，单栋建筑的体型系数宜为 0.8，多层住宅楼（不高于 4 层）宜为 0.4，高层建筑尽量不超过 0.2。

（2）围护结构保温性能卓越，非透明部分传热系数小于或等于 0.15W/（m²·K），透明部分传热系数小于或等于 1.0W/（m²·K）。

（3）采取气密性措施，空气渗透率达到 N_{50} ≤ 0.6/h。

（4）通过有针对性的朝阳布置建筑物和窗户朝向（考虑遮阳），被动式利用太阳能光照替代人工照明，并在冬季利用太阳能得热。

（5）采用机械通风保持室内的湿度、空气卫生。在保温和建筑气密性十分优越的情况下，当建筑采暖负荷峰值不超过 $10W/m^2$，带有热回收的机械通风系统就可以满足室内采暖需求剩余的采暖需求，热回收设备的效率达到 80% 以上。

（6）利用可再生能源提供辅助采暖和制冷，如太阳能、浅层地热等。

7.1.1 发展现状

1. 国外被动式低能耗建筑发展

随着全球气候变暖问题越来越严重，欧盟国家加强了温室气体减排的力度。为了实现欧盟的减排目标，欧盟各成员国以德国模式为指导，开始研究和推进被动式低能耗建筑。欧盟国家参考德国的标准并依据国情，给出被动式低能耗建筑的能耗要求，对于低能耗建筑都赋予相应的名称和技术标准，如德国、瑞典的被动房、奥地利推广的 Klima：aktiv 被动房、德国三升房、德国复兴信贷银行节能房屋、英国的可持续发展建筑、瑞士的 Minergie-P 建筑和丹麦 2020 年近零能耗建筑等。处于欧洲不同气候带的国家会根据本国的气候条件对被动式低能耗建筑指标体系进行适应性调整。挪威现行的国家建筑节能标准 TEK，规定建筑能源需求要比 1997 年的标准降低 25%，并由挪威标准委员会专门起草一个名为 NS3700 的关于被动式低能耗建筑的标准，标准规定了一次能源每年每单位面积二氧化碳排放量或者确定可再生能源在一次能源消耗总量中的比例。丹麦目前现行的 2010 版建筑条例的强制性最低要求是低能耗建筑 2 级，低能耗建筑 2 级要求住宅能源需求小于或等于 52.5kW·h/（m²·a），非住宅能源需求小于或等于 71.3kW·h/（m²·a）。丹麦低能耗建筑 1 级标准要求住宅能源需求要求小于或等于 30kW·h/（m²·a），非住宅能源需求低于小于或等于 41kW·h/（m²·a），这个要求低于 2006 年标准建筑能耗要求的 50%，并预计到 2022 年将建筑能耗降低到 2006 年水平的 25%，居住建筑全年冷热需求降低至 20kW·h/m²。

被动式低能耗建筑设计理念已经被广为接受，各国相继制定了低能耗建筑发展政策和规划。在 2002 年欧盟制定了《建筑能效指令》，2010 年对其进行修改时提出"自 2020 年起，所有新建建筑必须达到超低能耗设计标准"。2009 年美国政府发布的《在环境、能源、经济效益的联邦领先措施》中提出："自 2020 年起，所有新建建筑必须以近零耗能建筑为设计导向。"而德国政府则要求 2050 年，所有存量建筑都达到近零耗能。日本规划了 2030 年包括新建建筑、既有建筑和低能耗节能建筑技术及设备的低能耗节能建筑的政策路线图，其中要求学校优先发展。

1991 年在德国达姆施塔特建成的第一座被动房，多年来的监测数据显示，此建筑的采暖能耗小于或等于 18kW·h/（m²·a），室内空气质量良好，舒适度的现场测量和用户调查满意度高。2014 年德国建设了一座正能源建筑——明斯特州保险公司五号楼（LVM5），通过太阳能装置与热电联产生电能，除了维持建筑运转所耗能源以外，年建筑能耗净盈余 22kW·h/（m²·a）。

2. 我国被动式低能耗建筑发展

2007 年，住建部科技发展促进中心与德国能源署合作开展试点示范，按照被动房标准建立超低能耗建筑绿色示范工程，在河北、山东、新疆、浙江等省、市、自治区开展示范。不同于发达国家高舒适度下的高能耗，无论是人均建筑能耗还是单位面积建筑能耗，我国都远低于发达国家。同时，我国在气候条件、建筑技术、产业水平、用能特点、使用习惯等诸多方面与发达国家存在差异。因此，需要结合我国气候特点，发展适合国情的近零能耗建筑标准体系。

2015~2019 年，从国家到地方都加快了标准化建设，逐步开展被动式低能耗建筑的设计、评价、检测、应用等相关标准、技术导则和图集的编制。2015 年 11 月，住建部对外发布了《被动式超低能耗绿色建筑技术导则（居住建筑）》，将德国被动式建筑标准与我国绿色建筑相结合，首次提出以建筑能耗值为导向，综合考虑建筑能耗指标、气密性指标及室内环境参数，对建筑从规划、设计、建造、评价，到运营进行全过程控制。2017 年 7 月 1 日，由住房和城乡建设部科技与产业化发展中心和中国建筑标准设计研究院有限公司联合主编了《被动式低能耗建筑——严寒和寒冷地区居住建筑》（16J908-8）标准图集，对工程项目的精细化设计提供了有力支撑。在前期试点的基础上，2019 年，住房和城乡建设部发布了国标《近零能耗建筑技术标准（GB/

T 51350—2019）》，在借鉴国际经验并结合我国国情的基础上，第一次厘清了我国近零能耗建筑的概念内涵，提出了不同气候区近零能耗居住／公共建筑的控制性指标。它以2016年现行的节能设计标准为基准，分别提出"超低能耗建筑""近零能耗建筑"和"零能耗建筑"的定义和控制指标，这三类建筑统称为"近零能耗建筑"，它们属于同一技术体系，相互关联且能效水平层层递进。该标准既与我国建筑节能强制性标准合理衔接，又与我国中长期建筑能效提升目标有效关联，同时与主要国际组织和发达国家的名词基本保持一致。

我国被动式低能耗建筑已经发展了十几年，2010年在我国建成了第一个被动房"德国汉堡之家"，秦皇岛"在水一方"C15号住宅楼、哈尔滨"辰能·溪树庭院"B4号住宅楼、山东潍坊的"未来之家"是最早获得由德国能源署、住房和城乡建设部科技中心颁发的"被动式房屋质量标识"的项目。被动房已经从小范围试点项目拓展至规模化社区，在河北、山东陆续出现了10万 m^2 以上的中型居住社区。结合我国装配式建筑的行业发展需求，2014年建设了我国首栋钢结构装配式被动式低能耗建筑——山东建筑大学教学实验综合楼，并相继建成了中建科技成都研发中心楼、北京市焦化厂公共租赁住房等装配式被动房项目。

"十三五"期间，严寒寒冷地区城镇新建居住建筑节能达到75%，累计建设完成超低、近零能耗建筑面积近0.1亿 m^2，覆盖北京、河北、山东、浙江、新疆、福建、青海、湖南、江苏、辽宁、内蒙古、黑龙江、四川、河南、天津等多个省、自治区、直辖市，建筑类型包括住宅、办公楼、幼儿园、教学楼、纪念馆、学生宿舍、工业厂房等。2008~2019年，在中德两国政府的支持下，我国住房和城乡建设部科技与产业化发展中心和德国能源署已在全国4个气候区，13个省、直辖市和自治区合作开展认证了34个中德高能效建筑——被动式超低能耗建筑示范项目，总面积逾47万 m^2。截至2020年2月底，获得PHI认证的中国"被动房"项目共计28个，总面积约为6.85万 m^2。"十四五"时期是开启全面建设社会主义现代化国家新征程的第一个五年，是落实2030年前碳达峰、2060年前碳中和目标的关键时期，到2025年，计划建设超低能耗、近零能耗建筑0.5亿 m^2 以上，助力双碳目标的实现。

7.1.2 技术措施

1. 保温围护结构

在被动式超低能耗建筑中，保温围护结构即要求建筑采用传热系数控制在0.15W/（ m^2·K）以内，运用保温材料的不透明外围护结构。在实际计算围护结构传热系数时，需对建筑全年暖气与冷气的负荷与能耗值进行充分考量，同时将室内得热与冬季日射得热及建筑运用自然通风方式减少的所有制冷能耗等一并扣除，从而对被动式超低能耗建筑能源进行有效控制。在确定科学合理且具有较高经济性的外围护结构传热系数的基础上，对保温材料厚度进行统一明确。在实际施工过程中，根据实际情况将运用在建筑外墙保温层上的多层保温材料以锚粘结合的方式进行错缝铺贴，合理选择与之相适宜的断热桥锚栓，避免因出现热桥效应而使得保温层内部出现结露结霜的情况，影响整体保温性能。

2. 无热桥结构

无热桥结构同样也是被动式超低能耗建筑技术之一，在建筑设计过程中，不应采用外挑结构，此种结构中建筑设计和结构层相互连接，对于其线性热桥，在控制建筑能耗与被动式建筑设计理念指导下，应选择采用点状热桥，并对外立面凹凸进行严格控制。一般情况下被动式超低能耗建筑要求线性热桥系数与点状热桥系数分别不允许超过 $0.01W/（m·K）$ 与 $0.01W/（m^2·K）$。在无热桥结构的被动式超低能耗建筑保温施工过程中，针对建筑阴阳角，在采用保温性能良好的保温材料，对建筑内所有窗框进行全覆盖的同时，采用错缝搭接的方式避免产生通缝影响其保温性。另外，保温材料也同样需要包裹住女儿墙，保温厚度和墙体厚度相同。在使用隔热材料将室外落水管道与空调机支架等彻底与基层墙体相互分隔的同时，还需使用密封石膏或专用的密封胶带等，对支架从保温层中穿过所产生的全部缝隙进行严密封堵，尽可能避免室内外空气实现无组织交换，导致建筑采暖制冷负荷大幅提升。

3. 被动式门窗

在被动式超低能耗建筑中需采用相同设计理念下的门窗，即被动式门窗。此类门窗的传热系数不超过 $1.0W/（m^2·K）$，且被动式门窗玻璃的传热系数在 $0.8W/（m^2·K）$ 以内，其太阳得热系数与选择性透过系数，分别可至少达到 0.35 与 1.25。这也表明将此类门窗运用在超低能耗建筑中，不仅可有效保障室内照明与日常通风，同时也有助于控制建筑能耗，提高建筑的保温隔热效果。在设计被动式超低能耗建筑立面时，对于朝向为南的窗户，可适当增大其面积，使得冬季室内能有更多的太阳辐射得热量，以此有效减少室内供暖负荷与能耗量。对于朝向为东西的窗户，则需适当减少其面积。和传统常规门窗不同的是，被动式门窗的安装方式多运用外悬式，即在建筑外围护结构上悬挂安装被动式门窗，并用保温层对窗框进行全包覆，既与无热桥结构要求相符，也能有效提高建筑气密性。此外，在实际安装被动式门窗时，施工热能也需使用膨胀密封胶带将门窗框体和洞口间产生的所有缝隙进行密封处理，并将防水隔汽膜与防水透气膜分别牢固粘贴在门窗框体的内侧与外侧，以进一步提高门窗的防水性能与保温隔热性能。

4. 新风系统

仅依靠新风自然渗透，在被动式超低能耗建筑中难以充分满足人员实际需求，因此需将通风系统设置其中。为能对新风能耗进行有效控制，在此类建筑工程中，要求新风系统热回收效率至少应达到75%，输送能耗则不应超过 $0.45Wh/m^3$。在新风系统设计时，应尽可能保障各房间送风相互独立。对于集中在室内某处进行回风的气流组织形式设计中，在溢流通道设计时需对房门下方缝隙一般在 10~20mm 及室内空间进行充分利用，尽量不使用 90° 弯头，在有效简化管路设计下使得系统阻力能得到最大降低。另外，还需在新风系统中加装级别在 F7 级以上的过滤器，使室内空气环境能得到进一步改善。在气温相对较低的冬季，新风出风温度需控制在 17℃ 以上。在气温相对较高的夏季，还需适时在新风系统中增加除湿装置。不仅如此，在被动式超低能耗建筑设计中，同样需采用因地制宜的原则，结合当地现有各项优势资源，尽可能在建筑供热、制冷中充分使用包括太阳能及土壤源与空气源等在内的各种可循环、清洁型辅助能源，从而在有效降低建筑能耗的同时，也能真正实现建筑生态节能可持续发展的建设目标。

7.2　建筑优化设计

山东建筑大学教学实验综合楼（图7-1）是2014年山东省首批确立的11个被动房试点示范项目中唯一的装配式被动房项目。该项目是国内第一个钢结构装配式被动式超低能耗绿色公共建筑，也是中德合作高能效建筑—被动式低能耗示范项目。

图7-1　教学实验综合楼实景图

项目作为住建部国际科技合作项目和山东省被动式超低能耗绿色建筑示范工程，除在严格执行《德国被动房认证标准》的基础上，还通过装配式超低能耗建筑研究与创新实验平台开发，对国内既有装配式技术与建筑节能技术进行了改造与再升级。2017年3月30日，通过德国能源署、我国住房和城乡建设部科技与产业化发展中心专家组现场检验顺利验收。该项目为研究寒冷地区装配式超低能耗建筑适宜技术提供了科学依据和数据支持。

该项目位于山东建筑大学新校区，容积率1.23，绿地率30%。建筑主体共6层，总建筑高度23.96m，地上建筑6层，1层、2层主要为实验室，3~6层主要为研究室。总建筑面积9696.3m²，底层建筑面积1547.43m²，标准层建筑面积1673.44m²，合理设计使用年限为50年，抗震设防烈度为六度设防。主要功能为实验室及研究室，定位以钢结构装配式被动式超低能耗绿色建筑为建设目标。项目应用了钢结构、ALC 墙板、桁架叠合板、预制楼梯等，装配率高达 90%。

　　为实现超低能耗目标，建筑采用了高隔热保温的围护结构体系、气密性保证技术、高效新风系统、室内舒适性控制技术及温湿度独立控制技术，其技术指标远远优于公共建筑节能标准的要求（表 7-3）。

项目主要技术指标对比　　　　　　　　　　　　　　表 7-3

序号	名称	本工程标准	公共建筑节能标准（GB 50189—2015）
1	外墙传热系数	0.14W/（$m^2 \cdot K$）	≤ 0.50W/（$m^2 \cdot K$）
2	屋顶传热系数	0.14W/（$m^2 \cdot K$）	≤ 0.45W/（$m^2 \cdot K$）
3	外窗（含透明外门及玻璃幕墙）传热系数	1.0W/（$m^2 \cdot K$）	≤ 2.7W/（$m^2 \cdot K$）
4	体形系数	A/V=0.18	A/V ≤ 0.4
5	建筑气密性	N ± 50 ≤ 0.6 次 /h	无要求
6	通风设备热回收率	≥ 75%	设置时，按 ≥ 60%
7	通风设备耗电量	< 0.45（W·h）/m^3	无要求

　　该项目建筑平面为矩形，建筑体形系数 0.18，远小于现行《山东省公共建筑节能设计标准》体系系数小于或等于 0.4 的要求。根据建设项目实际需求，建筑以综合实验室和独立研究办公室为主要功能，建筑 1~2 层以实验室为主，3~6 层以独立研究为主，（图 7-2、图 7-3）。1~2 层平面布局是内廊式，楼电梯位于平面中间位置，南侧主要布置大空间实验室、研究室，北侧布置主入口、中型实验室和设备房。3~6 层平面布局是内廊式 + 嵌入式中庭，中庭平面尺寸 4.5m×25m，楼电梯位于平面中间、中庭两端的位置，南北两侧布置研究室，东西两端布置大型研究室。

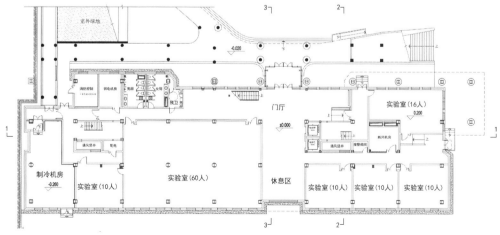

图 7-2　一层、二层平面图

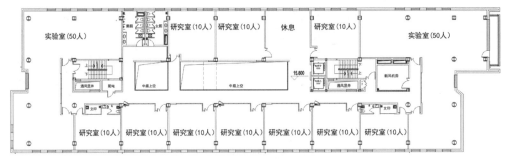

图 7-3 标准层平面图

建筑剖面设计如图 7-4 所示，建筑 1~2 层为大空间实验区，层高 4.3m（一层）和 4.1m（二层）；3~6 层为中型研究办公室，层高 3.7m；中庭贯通 3~6 层，高度 16.6m（最高点结构高度）。

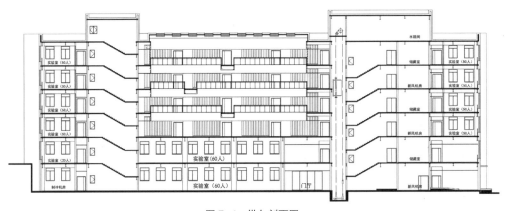

图 7-4 纵向剖面图

7.2.1 天然采光优化设计

天然采光优化一方面是为了最大限度地改善室内光环境，满足人们的生理和心理需求，这是超低能耗建筑的内在要求；另一方面也能够减少人工照明需求，降低照明能耗。根据《建筑采光设计标准》GB 50033—2013（以下简称"采光标准"），建筑所在地济南为 IV 类光气候区，室外天然光计算照度 13500lx，教室、实验室侧窗采光系数标准值（0.75m 参考平面上的平均值）为 3.3%，室内天然光照度标准值（0.75m 参考平面上的平均值）为 450lx，采光窗地面积比估算值为 22%。根据《公共建筑节能设计标准》GB 50189—2015 规定，寒冷地区甲类建筑在外窗传热系数低于 1.4W/（m²·K）的前提下，窗墙面积比可不受限制。较大的开窗面积可获得室内较好的采光效果，但易造成较大的热量损失。因此，项目选取建筑平面柱网的一个标准单元 7.8m×7.8m，按照窗地比估算值 22%，开窗面积为 13.5m²，从外窗的组合形式设定了可能的四种开窗方式，分类标记为 A、B、C、D（图 7-5）。综合考虑建筑使用功能、立面天然采光，对四种

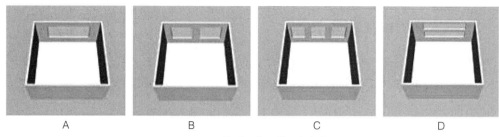

图7-5 拟采用的四种开窗方式

开窗方式进行室内自然光环境仿真计算,在满足平均照度和不舒适眩光指数符合标准要求的前提下,参考《绿色建筑评价标准》的评价方法,将主要功能房间满足采光标准的面积比例作为采光系数的达标率。数值模拟结果(表7-4)表明,四种外窗均无眩光影响,D方案平均照度及平均采光系数与A、B、C水平相当,而采光系数达标率却比A、B、C高8%左右,能有效减少建筑照明能耗,因而初步选择D外窗作为最佳方案。同时从建筑能耗的角度,建筑的北侧外窗无太阳直接辐射,其为建筑中的纯失热构件,即在满足室内天然采光要求的前提下可作为建筑立面设计的参照依据,由此形成该教学实验楼的北向立面外观。此外,建筑的三层及以上采用内廊式布局,南北两侧房间进深分别为7.8m、8.1m,设置中庭来满足走廊交通空间的自然采光,其中三层中庭采光系数在10%以上(图7-6),远远大于采光标准1.1%的采光系数要求。

四种开窗方式的室内天然采光模拟结果 表7-4

开窗面积(m²)	开窗方式	数量	开窗尺寸(m)	平均采光系数(%)	采光系数达标面积比(%)	平均照度(lx)	不舒适眩光指数(DGI)
13.5	A	1	5×2.7	6.3	60.1	851.16	无眩光
	B	2	2.5×2.7	6.17	58.7	832.75	无眩光
	C	3	1.65×2.7	6.18	59.4	834.69	无眩光
	D	2	5×1.35	6.13	67.9	827.26	无眩光

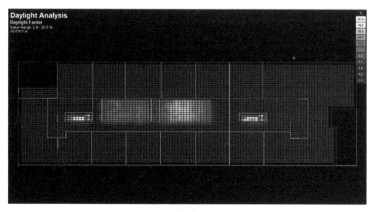

图7-6 三层中庭自然采光模拟

7.2.2　室内自然通风优化设计

优化室内自然通风设计不仅可以改善室内过渡季空气质量，而且通风降温能够减少过渡季机械通风能耗及空调能耗。中庭顶部天窗的设计不仅满足了中庭天然采光的需求，同时在设计合理的前提下可利用热压拔风效应带走室内污浊的空气，进一步加强热压通风效果。

通过 PHOENICS 软件进行室内风环境模拟，从风速云图和矢量图（图 7-7）可以看到在室外风压、中庭及竖井热压的共同作用下，室外新鲜空气由建筑南北两侧进入，通过中庭天窗及竖井排出（图 7-8）。屋顶天窗出风口风速在 1.2m/s 左右，室内大部分房间空气流速在 0.15m/s 左右，位于 0~0.25m/s 的通风舒适区间内。同时，根据室内主要房间的空气龄结果（图 7-9）可知，房间所有区域的空气龄均小于 1800s，折算成换气次数即房间所有区域每小时换气次数均大于 2 次，满足《绿色建筑评价标准》的要求。相较于某个 15 房间或区域的整体换气次数，空气龄能够从微观的角度评判室内任何一个区域的空气质量以及气流组织的弊端，其可为建筑方案优化提供更为直观的可视化参照依据。

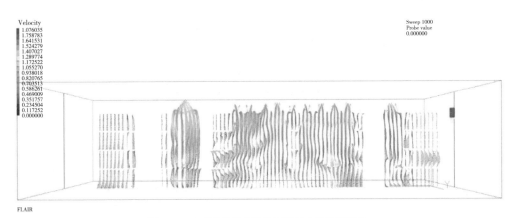

图 7-7　中庭及排风竖井热压通风仿真计算结果

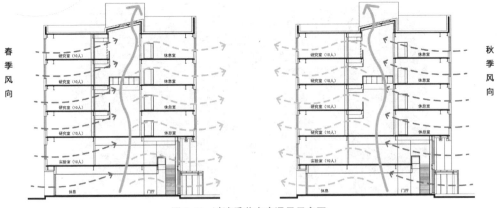

图 7-8　过渡季节中庭通风示意图

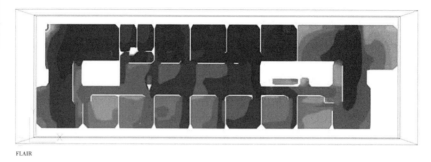

图7-9 中庭及竖井通风下的室内空气龄计算结果

7.2.3 围护结构保温性能优化设计

建筑围护结构作为整个建筑与室外接触面，其保温效果的好坏直接与建筑围护结构传热系数的高低挂钩。根据PHPP计算书可以看出，在满足围护结构传热系数限值的情况下，项目外墙采用导热系数较小 [λ=0.16W/（m·K）] 的蒸压加气混凝土外墙板作为主体，并采用200mm石墨聚苯板 [λ=0.032W/（m·K）] 作为外墙外保温材料，墙体整体传热系数k=0.14W/（m²·K）（图7-10）。建筑屋顶采用导热系数较小 [λ=0.07W/（m·K）] 的找坡材料水泥憎水型珍珠岩，并采用220mm厚挤塑聚苯板 [λ=0.03W/（m·K）] 作为屋面保温材料，屋顶整体传热系数k=0.14W/（m²·K）。建筑首层地面采用220mm挤塑聚苯板 [λ=0.03W/（m·K）] 作为保温材料（图7-11）。透明外门窗采用被动式节能窗，塑料窗框（外加铝合金扣板），配置双银Low-E三层中空玻璃，中空玻璃采用暖边间隔条密封，间层填充惰性气体氩气，传热系数为1.0W/（m²·K），太阳得热系数为0.32。天窗部分采用威卢克斯中悬木质天窗，传热系数为0.90W/（m²·K），太阳得热系数为0.42。

图7-10 外墙外保温构造节点　　图7-11 屋顶保温构造节点

7.2.4 装配式设计

综合楼建筑的装配率高达 90%，其主体结构、墙体、楼板、楼梯均采用装配式建筑部品，具体装配式设计情况如下：

1. 钢框架结构

综合楼采用钢框架结构，钢柱采用 H500mm×500mm×14mm×25mm 型钢，钢梁采用 H550mm×200mm×10mm×16mm 型钢，高强螺栓辅助焊接连接，总用钢量约 960t。每层钢结构柱 64 根，主次梁 100 多件，常规跨度为 7.3m（最大 7.6m）。

2. 桁架叠合楼板

综合楼采用预制装配式整体式楼板，叠合楼板的下层是 60mm 厚桁架钢筋预制板，上层是 70mm 厚现浇混凝土（图 7-12）。桁架钢筋预制板合计用量为 843 块。

3. ALC 条板墙体

综合楼采用 ALC 蒸汽加压混凝土条板约 1 万 m²，其中外墙 ALC 条板 200mm 厚，容重 625kg/m³，抗压强度 7.5MPa；内墙 ALC 条板 100mm/200mm 厚，容重 525kg/m³，抗压强度 5.0MPa（图 7-13）。

图 7-12　桁架钢筋叠合板　　　　　图 7-13　ALC 内嵌墙板

4. 预制楼梯

综合楼采用 22 清水混凝土预制楼梯，预制楼梯自带含防滑条、滴水线。

为实现超低能耗目标，建筑采用了高隔热保温的围护结构体系、气密性保证技术、高效新风系统、室内舒适性控制技术及温湿度独立控制技术，其技术指标远远优于公共建筑节能标准的要求。（表 7-5）

项目主要技术指标对比　　　　　　　　　　　　　表 7-5

序号	名称	本工程标准	公共建筑节能标准（GB 50189—2015）
1	外墙传热系数	0.14W/（m²·K）	≤ 0.50W/（m²·K）
2	屋顶传热系数	0.14W/（m²·K）	≤ 0.45W/（m²·K）

续表

序号	名称	本工程标准	公共建筑节能标准（GB 50189—2015）
3	外窗（含透明外门及玻璃幕墙）传热系数	1.0W/（m² · K）	≤ 2.7W/（m² · K）
4	体形系数	A/V=0.18	A/V ≤ 0.4
5	建筑气密性	N ± 50 ≤ 0.6 次 /h	无要求
6	通风设备热回收率	≥ 75%	设置时，按≥ 60%
7	通风设备耗电量	< 0.45（W · h）/m³	无要求

7.3 气密性设计

7.3.1 气密层位置

气密性设计的做法可以分为两步，第一步是对其位置进行标注，画出范围。应按照铅笔线原则，分别对每层建筑平面图、剖面图的气密层位置进行标注。用一支笔沿着建筑围护结构画线，确保每个建筑层的气密层线能够完整且连续，然后，对各个节点做详细的气密层设计与做法说明。第二步是在构造图中详细的表达出气密层所采用的材料以及施工做法与要求。

1. 气密层与保温层位置关系

国外建筑气密层设置在围护结构外侧，国内建筑气密层位于外围护结构内测，外侧做法的好处是既便于施工，又能作为隔气层，还能方便对损坏地方的修补。而国内大多数地区的建筑，均采用外保温做法，因此，在低能耗建筑中，气密层设在保温层内侧，不穿过保温层，建筑形体应尽量简洁，以减少建筑形体的变化。气密层与保温层位置关系如图 7-14~ 图 7-16 所示。

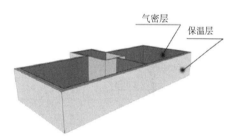

图 7-14 气密层与保温层位置关系

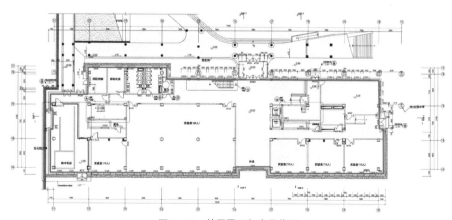

图 7-15 首层平面气密层位置

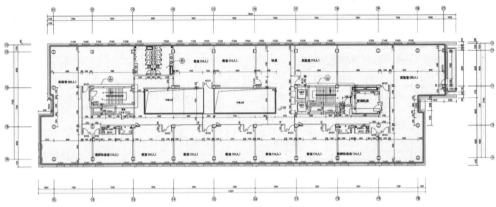

图 7-16　4~6 层平面气密层位置

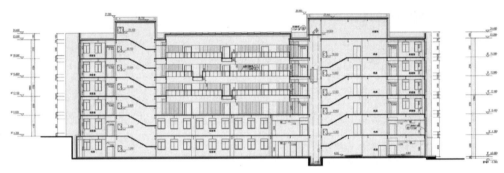

图 7-17　建筑剖面气密层位置

2. 平面气密层位置

3. 剖面气密层位置（图 7-17）

4. 气密层材料构造

（1）墙体

按被动式建筑气密性设计原则，外墙气密层材料为海吉布与 15mm 水泥砂浆抹灰结合层（图 7-18）。

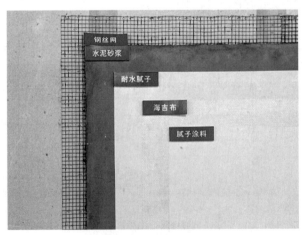

图 7-18　气密性材料做法

（2）屋顶

屋顶楼板上方铺设具有隔气性能的材料，如防水卷材（隔气性），隔离层的塑料膜等，室内一侧采取连续性抹灰作为气密层。为满足低能耗建筑要求，采用错缝搭接式铺设 220mm 厚的挤塑聚苯板，缝隙间用发泡聚氨酯填充，然后，粘贴隔气性能的防水卷材作为室外侧的气密层；室内侧采用连续性抹灰，粘贴海吉布和密封胶抹面作为气密层，如图 7-19 所示。

（3）地坪层

首层楼板的气密层由抹灰和两道 0.4mm 厚塑料膜，以及相应的辅助材料构成，如现浇的结构层，以及错缝搭接的聚苯板等（图 7-20）。

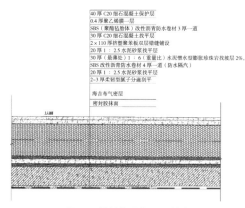

图 7-19 屋顶层楼板构造做法（单位：mm）

图 7-20 地坪层构造做法（单位：mm）

7.3.2 关键节点的气密性设计

影响装配式低能耗建筑气密性的相关部位按照有形的孔洞与自然渗透的线形缝隙进行归纳分类，有形孔洞包括：窗洞口，门洞口，穿楼板管道，穿墙板管道，水管穿首层楼板，开关插座、设备箱、脚手架搭接洞口，出屋面管道洞口；线形缝隙包括：预制墙板与基础、楼板连接处，预制墙板和结构连接处，外挑阳台与建筑主体连接处，室内预制墙板和楼板连接处，天窗墙板拼贴缝。

1. 有形孔洞

（1）窗洞口

最初为了减小窗户连接处热桥的影响，采用外窗外挂在墙板上的处理方式，后经测算，外墙板承重能力不足，无法实现窗户外挂。因此，后期将窗户的构造方式优化调整为贴紧板外侧内嵌式安装。

将防水透气膜粘贴于室外窗框处，防水隔气膜粘贴于室内窗框处，将缓慢回弹高压缩率海绵胶条贴于窗框和洞口间。窗框与洞口连接固定时，需采用隔热断桥处理的橡胶垫片，将外保温层全包裹窗框。室内外两侧均需要进行连续性抹灰处理。然后，用粘结胶粘贴海吉布，再抹两道腻子（图 7-21）。

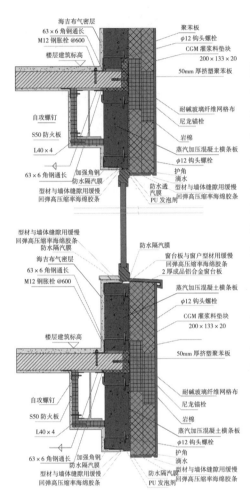

海吉布气密层
63×6 角钢通长
M12 钢胀栓 @600
楼层建筑标高

聚苯板
φ12 钩头螺栓
CGM 灌浆料垫块
200×133×20
50mm 厚挤塑聚苯板

自攻螺钉
S50 防火板
L40×4
63×6 角钢通长
加强角钢
防水隔汽膜
型材与墙体缝隙用缓慢
回弹高压缩率海绵胶条

耐碱玻璃纤维网格布
尼龙锚栓
岩棉
蒸汽加压混凝土横条板
φ12 钩头螺栓
护角
滴水
防水透汽膜
型材与墙体缝隙用缓慢
回弹高压缩率海绵胶条
PU 发泡剂

型材与墙体缝隙用缓慢
回弹高压缩率海绵胶条
海吉布气密层
63×6 角钢通长
M12 钢胀栓 @600
楼层建筑标高

防水隔汽膜
窗台板与窗户型材用缓慢
回弹高压缩率海绵胶条
2 厚成品铝合金窗台板
蒸汽加压混凝土横条板
φ12 钩头螺栓
CGM 灌浆料垫块
200×133×20
50mm 厚挤塑聚苯板

自攻螺钉
S50 防火板
L40×4
63×6 角钢通长
加强角钢
防水隔汽膜
型材与墙体缝隙用缓慢
回弹高压缩率海绵胶条

耐碱玻璃纤维网格布
尼龙锚栓
岩棉
蒸汽加压混凝土横条板
φ12 钩头螺栓
护角
滴水
防水透汽膜
型材与墙体缝隙用缓慢
回弹高压缩率海绵胶条
PU 发泡剂

东、西侧低窗台窗户节点详图

图 7-21 窗洞口构造做法

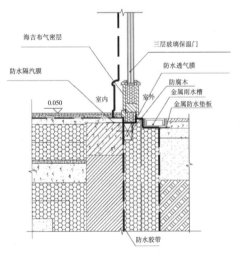

海吉布气密层
三层玻璃保温门
防水隔汽膜
防水透气膜
室内
防腐木
室外
金属雨水槽
金属防水垫板
0.050

防水胶带

图 7-22 门洞口构造做法（单位：mm）

（2）门洞口

透明外门结构调整保留外挂方式，外保温包覆框材，防水透气隔气膜保证气密性。由于门洞口面积较大，比窗洞口更容易出现渗漏风现象，大面积洞口缝隙的封堵对气密性影响较为关键。洞口封堵方法为：在洞口位置用防腐木做垫层，门框与洞口间缝隙用发泡聚氨酯填充，室外侧粘贴防水透气膜，室内侧粘贴防水隔气膜。室内侧连续抹灰，在洞口下方延伸至楼板 300mm，再用粘结胶粘贴海吉布（图 7-22）。

（3）天窗洞口构造

天窗洞口的气密性与竖向门窗气密性做法相似，但对门窗构造做法要求相对较高，应设置排水构件及防水材料，在洞口上下两侧（外和内）分别粘贴防水透气膜与防水隔气膜，再粘贴密封胶，最后用混合砂浆抹平洞口（图 7-23）。

（4）穿楼板管道

安装套管时，用岩棉填充管间缝隙，将套管穿橡胶包裹于套管与出洞口处，在室外一侧，用密封胶粘贴防水透气膜，室内一侧，用密封胶粘贴防水隔气膜，并分别用混合砂浆将两侧洞口抹平，注意抹灰的连续性，再用粘结胶粘贴海吉布（图 7-24）。

（5）穿墙管道

因消防、生活用水管道，电器、设备管线的安装，需在楼板与墙体上开设洞口。该类型的部位应综合考虑保温、防潮、气密性等因素。预留洞口与管道间缝隙用防火岩棉填充，并用密封胶将其包裹在内，以切断热桥。然后，在洞口上下两端分别粘贴密封胶带，再用混合砂浆抹平洞口上下两端，并在室内、室外两侧均用连续性抹灰处理（图 7-25）。

（6）出屋面管道洞口

穿屋面洞口管道与楼板交接处，用保温

层材料填充岩棉封堵，楼板上方用密封胶带粘贴，铺设保温层后，粘贴密封胶。楼板下方洞口处，即室内侧应延续气密层连续性，在套管与PVC管间填充保温隔热材料，然后，在楼板与PVC管交接处粘贴密封胶带，在粘贴海吉布气密层时，将其沿PVC管向下延伸300mm，再用混合砂浆抹平（图7-26）。

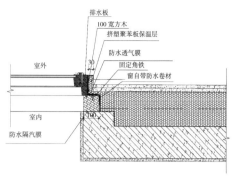

图7-23　天窗洞口构造做法（单位：mm）

2. 线形缝隙

（1）ALC板与基础、楼板连接处

ALC板与基础、楼板连接处（图7-27、图7-28），用大理石垫起2cm缝隙以便于密封。密封时，室外侧用混合砂浆填充，塞入缓慢回弹高压缩率海绵胶条，用ALC专用粘结剂抹平缝隙口，涂抹防水耐候密封胶；室内侧用密封胶填实缝隙口，粘贴海吉布气密层，并使其延伸底层楼板300mm处，再用密封胶涂抹面层。在缝隙外侧的上下端口处，填充ALC专用密封胶，粘贴50mm厚的聚苯板。在聚苯板上下两端分别塞入缓慢回弹高压缩率海绵胶条，用密封胶将上下缝隙口抹平，再涂抹耐候防水密封胶和用混合砂浆抹平；室内侧气密性做法同基础连接处。

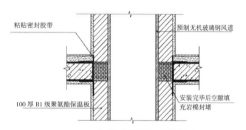

图7-24　穿楼板管道气密性做法

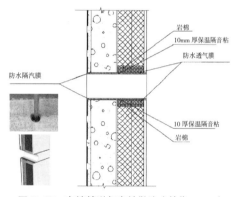

图7-25　穿墙管道气密性做法（单位：mm）

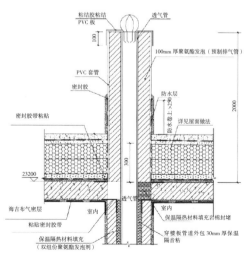

图7-26　出屋面管道洞口气密性做法（单位：mm）

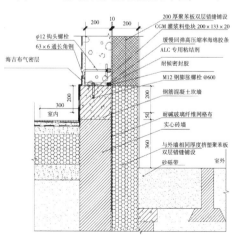

图7-27　预制墙板与基础连接处构造做法
（单位：mm）

（2）ALC 板与结构连接处

预制板与钢结构间缝隙用 ALC 专用粘结剂，然后，塞入缓慢回弹高压缩率海绵胶条，在缝隙口外侧，涂抹耐候防水密封胶，抹灰处理；室内侧，用防火石膏板包裹工字钢，用混合砂浆打底，粘贴海吉布气密层，再用粘结胶涂抹海吉布面层（图 7-29）。

（3）外挑阳台

阳台板与结构连接处。室外侧先用 ALC 专用密封胶填充空隙，然后放入断热高压缩缓慢回弹胶条，再用密封胶抹缝，然后，涂抹耐候防水密封胶（图 7-30）。

（4）室内预制墙板与楼板连接处

缝隙处用 ALC 专用粘结剂填充，两个房间的隔墙与楼板连接缝隙处，分别抹平缝隙口，再粘贴海吉布气密层，然后再用密封胶满粘处理（图 7-31）。

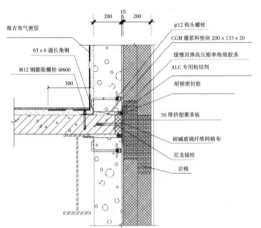

图 7-28　室外预制墙板与楼板连接处构造做法
（单位：mm）

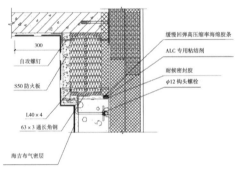

图 7-29　预制墙板与结构连接处构造做法
（单位：mm）

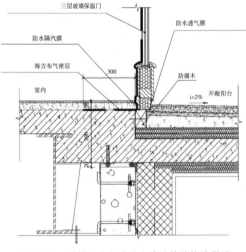

图 7-30　外挑阳台与建筑主体连接处构造做法
（单位：mm）

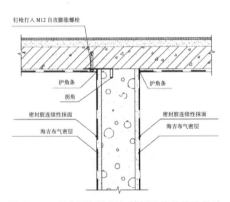

图 7-31　室内预制墙板与楼板连接处构造做法
（单位：mm）

7.4 无热桥设计

在进行建筑的无热桥设计时需要遵循以下四点原则:(1)避让规则:尽可能不要破坏或穿透外围护结构;(2)击穿规则:当管线等必须穿透外围护结构时,应在穿透处增大孔洞,保证足够的间隙进行密实无空洞的保温;(3)连接规则:保温层在建筑部件连接处应连续无间隙;(4)几何规则:避免几何结构的变化,减少散热面积。

该项目的无热桥设计主要有结构设计、外墙系统设计、屋面女儿墙系统设计、外挑阳台系统设计、地坪层系统设计、外窗系统设计和穿墙管系统设计。在遵循规则进行设计的同时,保证保温层的连续、完整。

1.结构无热桥设计

为避免装配式钢结构梁柱穿透外墙形成热桥,如图7-32所示,在设计时将柱网向内移动,这样,采用外保温体系保证保温层能在结构以外保持完整连续,避免钢结构对保温的干扰,最后建筑外挂ALC板。

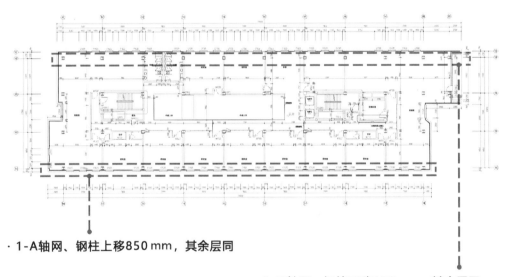

· 1-A轴网、钢柱上移850mm,其余层同

· 1-D轴网、钢柱下移100mm,其余层同

图7-32 柱网向内移动

2.外墙无热桥设计

如图7-33所示,外墙两块ALC板材之间会有缝隙,这些缝隙是产生热桥效应的重点部位。在设计中,用石墨聚苯板保温材料进行板缝填充,能够最大限度地减小热桥效应。

对于不可避免梁柱打断外墙部分采取梁钢柱腹部填充岩棉保温材料的方式(图7-34)进行优化。

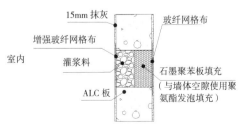

图7-33 ALC墙板拉结点保温处理

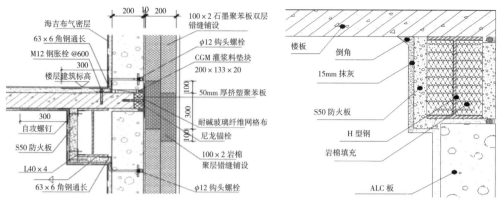

图 7-34　梁钢柱保温（单位：mm）

3.女儿墙无热桥设计

图 7-35 所示，对于屋顶女儿墙部分，双侧错位铺设、粘贴 100mm 厚的聚苯板保温材料，保温层由建筑外墙延伸包裹到女儿墙内侧并延伸至屋顶平面。

4.外挑阳台、地坪层无热桥设计

如图 7-36 所示，对于外挑阳台，采用全外包 60mm 厚的 STP 保温板双层错缝铺设的方式，降低热桥效应。

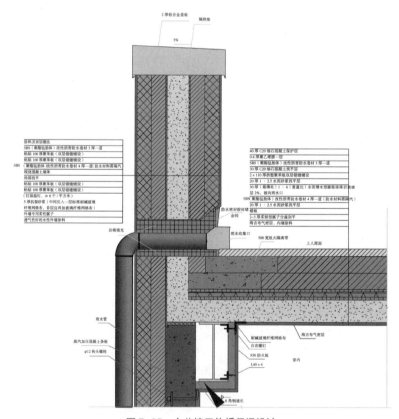

图 7-35　女儿墙无热桥保温设计

如图 7-37 所示，对于地面，室内保温层下部布置了一块倒"L"形、110mm 厚的挤塑聚苯板，采用双层错缝铺设。向室内方向延伸 820mm，向下延伸 820mm。

女儿墙、外挑阳台和地坪层均采用了双层错缝铺设方式，原因如下：首先，保温材料的厚度通常不超过 20cm，保温要求更高时，单层无法满足条件；其次，由于两层保温错缝敷设，第二层保温板板体可覆盖住一层保温板之间的缝隙，显著提高了保温隔热效果，降低热桥效应。

5. 门窗无热桥设计

门窗作为建筑保温隔热体系的薄弱环节，也是热桥效应较为明显的部分。处理好门窗洞口与主体结构的连接与保温是降低热桥效应的关键。

对于建筑整体保温形式为外保温，那么对于窗户的安装：窗框应在结构层外侧悬空，窗框下部设置木制砌块，通过螺栓与结构层连接。窗框大部分应用保温材料覆盖，结构层外侧需敷设 150mm 保温层，保温层包裹窗框下部（图 7-37）。

6. 穿管系统设计

对于需要管道穿过墙体部分的无热桥保温设计，首先管道外包 50mm 厚保温层，其次在室内管道与内墙面形成的缝隙处，填充岩棉封堵（图 7-38）。

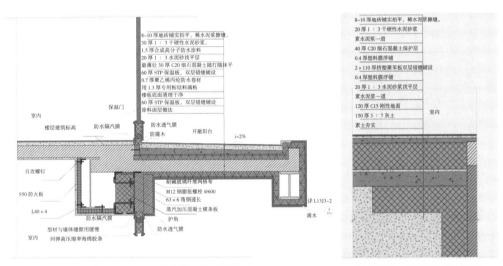

图 7-36 外挑阳台无热桥保温设计　　　　图 7-37 地坪层无热桥保温

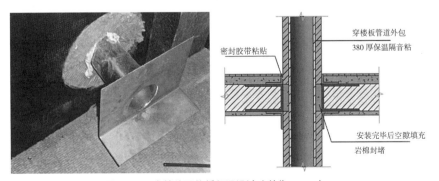

图 7-38 穿管处无热桥保温设计（单位：mm）

7.5 暖通空调系统设计

围护结构良好的热工性能有效降低了建筑的采暖和制冷负荷，被动式建筑辅助供暖供冷应优先利用可再生能源，减少一次能源的使用。山东建筑大学装配式被动房采用地源热泵系统作为建筑冷热源，辅助以高效热回收新风系统为建筑室内提供良好的热舒适环境。建筑生活热水由太阳能热水系统提供。

7.5.1 地源热泵系统设计

本项目建筑使用功能较为复杂，内部有实验室、研究室、交流厅等相对独立的空间，这些房间使用时间随机性较强，内部人员有很大的流动性，负荷的不确定性这一特点决定了其空调系统具有特殊性。若采用常规的风机盘管加新风系统，虽然能够减少管道截面积，实现各房间单独调节，但对人员数量较多、湿负荷较大的房间，受常规风机盘管除湿能力的限制，其效果不甚理想。另外，风盘湿工况运行条件下空调系统卫生条件差，容易成为病菌及污染物的传播渠道。

健康的室内环境需要良好的室内空气品质来保障。在本项目中采用双冷源温湿分控空调系统，室内空调通过实现干式冷却（无冷凝水），具有小温差送风、恒温恒湿等特点，可以有效解决空调的二次污染问题。

双冷源温湿分控空调系统是在一个空调系统中采用两种不同品位（不同蒸发温度）的冷源，用低品位冷源（高温冷冻水）取代传统空调系统中大部分由高品位冷源（低温冷冻水）承担的热湿负荷，从而通过提高空调制冷系统综合制冷效率（综合 COP），达到节省空调系统运行能耗之目的。在该系统中，高温冷源为主冷源，负责承担全部室内显热负荷和全部新风负荷，占空调系统总负荷的比例一般为 55%~85%；低温冷源为辅助冷源，只承担室内湿负荷，占空调系统总负荷的比例一般只有 15%~20%。处理显热的系统包括高温冷源和余热消除末端装置。由于除湿的任务由处理潜热的系统承担，因而显热系统的冷水供水温度由常规冷凝除湿空调系统中的 7℃ 提高到 16℃。余热消除末端装置可以采用干式风机盘管，由于供水的温度高于室内空气的露点温度，因而不存在结露的危险。处理湿度的系统由新风处理机组和送风末端装置组成。

双冷源空调系统技术的应用，对于被动式超低能耗建筑具有特别意义，首先是节能效果显著，可以使夏季空调系统能耗降低 30% 以上，符合被动式超低能耗建筑低能耗建设的要求；其次是可以在空调末端系统中实现夏季"干工况"运行，使空调系统不再受到冷凝水和"湿表面"的困扰，可有效避免空调系统对环境的二次污染；最后是干式末端带来的小温差送风及干爽新风保障，更符合建筑使用者的需求，室内环境舒适度大为改善。

本项目采用一台高温螺杆式地源热泵机组作为冷热源，机组额定工况制冷量 406kW，冷冻水供回水温度 16℃ /21℃；过渡季或负荷较小情况下利用土壤余冷直接通入末端设备进行制冷，机组额定工况制热量 369kW，空调热水供回水温度

40℃ /35℃（图 7-39）。

室外地埋管换热器布置在本工程主楼的北侧和南侧。共设 126 个钻孔，钻孔间的设计间距为 5m，钻孔的直径为 150mm。钻孔内设置双 U 形地埋管换热器，换热器设计长度为 100m，公称外径为 De32。设计钻孔总长度约 12600m。每 6 个孔为一环路，设室外分集水器。U 形管支管直接与联箱连接，室外主管道采用聚氨酯发泡管直埋敷设，敷设深度为 1.5m。

室内采用卧式暗装干式风机盘管，夏季可以直接利用土壤天然冷源得到 15~19℃的高温水，而不必开启热泵；冬季从地下埋管中直接提取热量。二层层高较高，采用上送上回方式，送风口为散流器送风，回风口采用单层百叶回风口，新风直接送入室内。3~6 层由于层高较低，风机盘管采用侧送上回方式。

7.5.2 高效热回收新风系统设计

本项目的主要区域包括实验室、研究室及门厅走廊室内新风量设计值均为 $30m^3$/（h·人），在建筑一、三、五层分设一台风量为 $6000m^3$/h 的内冷式双冷源新风机组（内置冷源，全热回收利用、排风冷凝），机组自带板式热回收装置，热回收效率不小于 75%。夏季利用 15~19℃的高温水进行预处理，再由机组自带的压缩机进行深度除湿，负责室内湿度控制；冬季新风由全热回收装置预热，经汽化式加湿器加湿后，可直接向室内送风。机组排风在经全热回收后直接排向室外。新风系统支管设电动调节阀，可根据室内二氧化碳浓度调节控制新风量和新风机组的启动。

7.5.3 太阳能热水系统设计

山东建筑大学装配式被动房在屋顶设置有 10 组真空管集热器和电辅强制循环供水系统组成的串联式太阳能热水系统（图 7-40），集热器阵列位于屋顶东南侧。为专家公寓和公共卫生间洗手盆提供生活热水。热水最高日供水量为 4.8t/d，最大时供水量为 $0.72m^3$/h。

图 7-39 地源热泵机房   图 7-40 太阳热水器位置

7.6　运行效果

7.6.1　气密性测试

2017 年 3 月 30 日，由山东省建筑科学研究院专业工程师负责，进行项目建筑气密测试（图 7-41）整个测试过程由我国住建部科技发展促进中心和德国能源署领导专家全程监督。测试结果：换气次数 N_{+50}=0.42 次 /h，N_{-50}=0.39 次 /h，满足不大于 0.6 的要求。

图 7-41　鼓风门气密性测试实验

7.6.2　围护结构保温性能

为量化被动式低能耗建筑围护结构的保温性能，使用 K 型热电偶温度巡检仪，选择山东建筑大学内教学楼建艺馆，与本项目同步测试不同朝向房间墙体、窗户的表面温度和室内外温度，通过测试建筑、测试房间的温度对比，直观量化被动式低能建筑围护结构的保温效果。

图 7-42 和图 7-43 是 2021 年 11 月 28 日 ~11 月 29 日被动房与建艺馆南向房间的室内外温度与玻璃、窗框、外墙内表面温度，测试期间采暖设备未启动。在室外最大日温差 15.6℃、最低温度 1.8℃的情况下，被动房室内温度保持在 22.2~24℃的范围内，高于建艺馆室内温度 4℃。建艺馆外墙、窗框、玻璃的内表面温度均低于被动房，尤其是窗框、玻璃的内表面温度最低温度明显低于被动房，分别低 10.8℃和 10.5℃；在太阳辐射的作用下，建艺馆外墙、窗框、玻璃的内表面最高温度虽然仍低于被动房，但差值幅度远小于其内表面最高温度差值幅度。被动房与建艺馆南向房间 2021 年 11 月 28 日 ~11 月 29 日实测温度范围见表 7-6。

被动房的外窗是塑钢窗框，双银 Low-E 三层中空玻璃，间层填充惰性气体氩气，整窗传热系数为 1.0W/（m^2·K），外墙采用蒸压加气混凝土外墙板填充墙，外贴 200mm 石墨聚苯板，整墙传热系数 0.14W/（m^2·K）；建艺馆的外窗是铝合金窗框，单层普

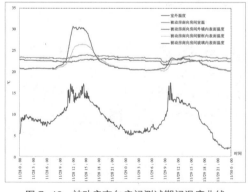

图 7-42　被动房南向房间测试期间温度曲线

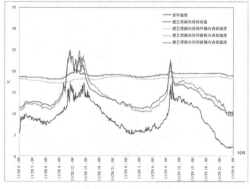

图 7-43　建艺馆南向房间测试期间温度曲线

通玻璃，整窗传热系数为 6.2W/（m² · K），外墙采用 200mm 厚混凝土轻质砌块填充墙，墙体整体传热系数 1.0W/（m² · K）。被动房教学楼围护结构的高效保温性能，有效地提高了建筑室内温度和围护结构内表面积，与围护结构传热系数降低 6~7 倍的教学楼建筑相比，在冬季采暖设备不启动情况下，室内温度能够提高 4℃。

被动房与建艺馆南向房间实测温度数据（单位：℃） 表 7–6

	室外温度	室内温度	外墙内表面温度	窗框内表面温度	玻璃内表面温度
被动房	1.8~17.4	22.2~24	21.6~23.2	20.2~26.5	20.2~30.7
建艺馆		18~20.3	17.2~18.8	9.4~25.1	9.7~24.6

在空调系统未启动的情况下，测试了 2022 年 1 月 14 日~1 月 16 日的被动房南北朝向房间的室内外温度与玻璃、窗框、外墙内表面温度（图 7–43）。高效的围护结构在南北向房间均发挥了良好的保温性能，室内温度均明显高于室外温度，室内平均温度分别是 22.3℃和 21.1℃。相同高效的围护结构在不同朝向上的保温表现不同，由于太阳能辐射的原因，测试期间南向房间的室内最高温度 23.9℃，高于北向房间最高温度 2.6℃；南向房间室内温度与玻璃、窗框、外墙内表面温度的日波动幅度均大于北向房间。在同一栋建筑中，可以根据朝向更加合理地细化建筑围护结构传热系数和构造做法，在实现建筑节能的同时兼顾建筑成本的经济性。

为更好地表征透明和非透明围护结构的保温效果，在 2022 年 2 月 1 日~2 月 3 日，被动房南向房间无人使用的情况下，测试了室内外温度与玻璃、窗框、外墙内外表面温度（图 7–44）。在室外温度 –6.3~23.9℃的情况下，室内温度稳定在 20.3~21.5℃范围内，外墙内表面温度稳定在 19.6~21.7℃范围内，室内温度和外墙内表面温度测试期间波动较小。从图 7–45 可以看出，玻璃、窗框的内外表面温度受室外温度和太阳辐射影响显著，玻璃、窗框内表面温度与室内温度的最大差值分别是 11.4℃和 5.2℃。需要说明的是，被动房墙体外表面材质是真石漆，表面粗糙，使用 2mm 泡沫海绵胶固定 K 型热电偶，测试的外墙外表面温度不受太阳辐射影响，在 9：00~18：00 的测试时间内外墙外表面温度低于室外温度。

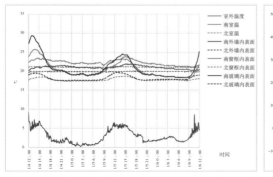

图 7–44 被动房南向和北向房间测试期间温度曲线

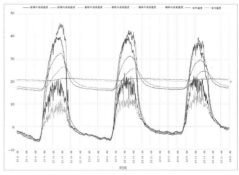

图 7–45 被动房南向房间测试期间室内外温度曲线

7.6.3 运行能耗

本项目的能耗监测平台统计了 2019~2021 年逐年耗电量分别是 513175.3kW·h、410537.7kW·h 和 378862.4kW·h，其照明、空调和其他（办公设备、电梯等）分项耗电量见图 7-46。本项目建筑照明、空调和其他能耗分项百分比见图 7-47，其中照明用电占总耗电量的 35.4%，空调用电占总耗电量的 35.8%，照明和空调能耗占总能耗的 71.2%，是本项目主要的建筑运行能耗。

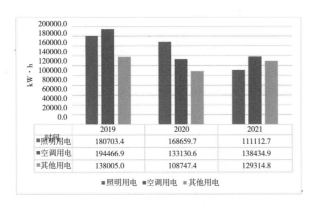

图 7-46　建筑 2019~2021 年逐年耗电量

图 7-47　建筑照明、空调和其他能耗分项百分比

由于能耗监测平台的测试范围包括被动式低能耗建筑和与其相连的 300 人报告厅，按照本项目与 300 人报告厅的总面积 11961.7m² 计算每建筑面积的耗电量，2021 年本项目建筑运行能耗 31.7kW·h/m²，照明和空调能耗 20.9kW·h/m²。

第 8 章

水资源的利用

水是事关国计民生的基础性自然资源和战略性资源，是生态环境的控制性要素。党的"十九大"报告明确提出实施国家节水行动，将节水上升为国家战略。高校是建设节水型社会的有效载体，节水型高校建设是落实绿色、创新发展理念，践行"节水优先、系统治理、空间均衡、两手发力"十六字治水兴水方针的具体举措。高校集教学、科研和生活为一体，具有数量多、规模大、用水集中、节水潜力大的特点，同时又具有示范带动作用较强的特点，高校已经成为全社会的用水大户，高校节水日益成为全社会高校水资源利用情况节水的重点之一。建设节水型高校对于节约保护水资源、培养社会公众树立新型、先进的节水理念和行为意义重大，高校应当根据当前水资源形势发展的迫切需要，研究和改进高校的节水措施，积极探索节水实施路径，进一步加强节水型高校建设，发挥高校节水标杆作用，带动全社会持久、自觉开展节水行动。

8.1 高校用水现状及存在的主要问题

8.1.1 用水现状

我国高校的数量和规模巨大且增长迅速，据统计，我国现共有高校近 3000 所，在校生规模达到 3700 万人，目前高等教育办学的规模和年毕业人数已经居世界第一，高校已成为各城市用水大户。由于高校数量多、人员密集以及公共场所用水特点等因素，高校普遍存在自来水用量大、浪费水现象较为严重、水资源利用效率低等问题。根据有关调查统计表明，高校生均用水量是居民生活用水量的 2 倍多，有些高校生均生活用水量达 300L/（人·d）~400L/（人·d），大大超过国家和地方规定的定额标准，作为高校办学成本占比的水费开支也随之增大。高校学生用水管理是学校挖掘节水潜力的重点，高校作为高素质人群聚集地，众多师生的节水意识、用水习惯及节水行为不仅直接影响着节约用水效果，还辐射周边人群乃至整个社会。

高校虽然是城市用水大户，但与其他社会公共用水户相比有其自身的特点和一般规律。学生是高校用水的主体，其用水包括学生的生活用水和公共设施用水，大学生用水具有集中性和规律性。高校的用水结构较为简单，学生宿舍洗浴、教学区和食堂是高校的主要用水场所，主要涉及教学、科研用水，学生生活水以及校园绿化、景观用水等。教学科研用水主要是科研实验（实训）用水、教学楼的冲厕用水、热水器水等；学生生活用水主要是宿舍的盥洗用水、冲厕用水、公共浴室用水等；校园景观用水主要是校园内的喷泉、人工湖等景观的用水；校园绿化用水主要是校园内的花、草、树木的灌溉用水。其中，生活区学生宿舍用水量占高校用水量的比例最大，用水量一般为36%~44%，是高校节水工作的重中之重；其次是食堂的用水量一般为10%~12%；再次是教学楼、办公楼、图书馆的用水量，一般约占9%~12%。

8.1.2 存在的主要问题

近年来，高校比较重视节水工作，很多高校针对用水量大、用水浪费等问题，从多个方面制定和实施了一系列切实可行的节水措施，校园节水取得了很大成就，但也存在一些问题。据调查及统计分析，主要体现在：

1. 节水意识不强，监管措施不健全

节水宣传教育力度不够，节水积极性不高，师生节水意识不强，还没有很好地掌握正确的节水知识。缺乏节水管理规章制度，没有形成有效的制约和激励机制。用水管理不善，设备设施使用粗放，师生用水没有定量化，监管、奖罚力度不够。

2. 节水器具落后，设备严重老化

先进的节水技术和节水设备、器具使用率较低，用水计量设备缺乏，较多的高校还没有主动更换节水器具的意识。高校的园林景观绿化面积大，绿化用水量也比较多，不少高校仍在使用传统的绿化地面灌溉，还没有采用喷灌、微灌等技术。基础设施陈旧、供水管网漏失率较高，且存在节水改造和维修资金投入问题。尤其是一些建校历史较长的高校，用水管路、设施设备老化严重，老旧供水管网改造缓慢，"跑、冒、滴、漏"现象较为普遍。

3. 中水、雨水利用提升空间很大

校园中水、雨水等非常规水资源利用在很多高校中都没有引起应有的重视。学生洗浴、洗漱等大量的生活污水是优质的中水利用水源，基本上没有被回收利用。校园绿地面积大，雨水通过渗透的方式存储到地下，但缺少对雨水收集、存储的直接利用，降雨量大的情况下，地表径流雨水都直接排入了城市排水管网。

8.2 高校节水

山东建筑大学自2002年建设新校区以来一直是市政供水，主要用水单元为：学生宿舍、学生餐厅、学生浴室、教学楼、实验楼、学生其他生活用水等。供水管网全部埋地，主管网长度约7600m。校内用水分自来水供水和中水供水。学生公寓、学生餐厅、教学楼等师生生活用水为自来水；厕所冲洗、绿化浇灌、道路喷洒等都由中水供应。

8.2.1 机制建设

健全制度完善节水管理机制。学校成立节水工作领导小组，建立了以分管校长为组长，校长办公室牵头，各部门负责人和相关技术人员各负其责的节水工作管理机制。先后制定了《山东建筑大学用水节水管理岗位职责》《山东建筑大学用水节水组织管理制度》《山东建筑大学用水节水运行管理制度》《山东建筑大学合同节水管理办法》《后勤处能源中心水电人员工作职责》《山东建筑大学学生公寓节水节电管理办法》等规章制度。

为了加强学生宿舍节水节电管理，营造良好的学习和生活环境，学生寝室用水用电实行定量供应，每个学生每月免费供应五吨水、八度电，超量自购，节余留用，超量电费由该宿舍成员共同承担或协商承担。凡学校免费供应的水量、电量有结余的同学，公寓将按照实际节约量的50%给予经济奖励。

学校着重常态化宣传和营造节约用水浓厚氛围。积极倡导节俭、文明、适度、合理的消费理念和生活方式，制作节水宣传提示牌张贴到各楼宇每一层公共场所的用水设施及器具旁。后勤管理处、宣传部、学生处、团委等部门密切配合，通力协作，结合场景实际，以清洁、方便、实用和人性化为原则，在全校开展"节水宣传周""节约保护水资源"等宣传教育活动，并通过"节水红旗宿舍""节水活动标兵"评选等活动，结合物质奖励措施，激励节水优秀团体，促进全员节水。各二级学院举办节水专题讲座、知识竞赛、演讲比赛、有奖征集节水方案建议、标语与漫画。聘请学生代表做节水宣传员，积极引导师生正确的节水方式，形成"节约用水、从我做起"的观念，倡导良好的节水习惯。鼓励学生社团成立节水志愿者队伍，加强用水巡查、监督并制止浪费水的现象。在世界水日、中国水周期间，举办"节水在我心中""爱水、节水、惜水，从我做起"万人承诺签名活动，广大师生员工真正懂得节水的重要意义，并把节水变成自觉行动。充分发挥高校教书育人的主渠道作用，积极推进节水宣传教育进校园、进课堂，将节水教育融入德育教育内容。以多种形式向全校师生介绍我国水资源利用形势及节约潜力，使广大师生了解节约水资源的重要性和紧迫性。

学校节水工作取得的成效，受到了社会广泛关注，得到了各级主管部门的表扬和全校师生的赞誉，在节约水资源和办学经费的同时，中水站、节水服务公司等运维企业也为学校相关专业教学提供了可靠的科研实习基地。

8.2.2 运行状况

近年来，学校在深入贯彻"节水优先"方针，认真落实国家节水行动，创建节水型高校等方面工作成效显著，《生活日报》、《齐鲁晚报》、《山东商报》、山东电视台、《济南日报》、《济南时报》等多家媒体对此进行了专题报道，在高校领域发挥了良好的示范作用。

根据图8-1可知，学校最低月自来水用水量集中在2月、3月和4月，最高自来水用水量在九月，十月份济南天气依旧较为炎热，热水器和洗衣机的使用量较高，宿舍、教学区和食堂的用水增多。

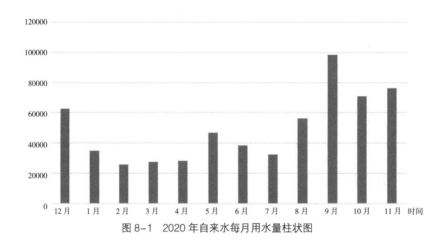

图 8-1 2020 年自来水每月用水量柱状图

高效利用中水循环系统节约自来水用量，定期进行供水管网漏损的探测和修复工作，取得了良好的成效，校区年人均用水量一直保持在 $30m^3/$（人·a）左右的好成绩。

2020 年学校标准人数为 27840 人，其中在校生 27196 人，留学生 83 人，教职工 2185 人。计算所得 2020 年学校年人均用水量为 $21.51m^3$。低于同行业标准人均水耗，处于先进水平行列。

由图 8-2 可知，山东建筑大学 2013~2020 年自来水用水量保持在 60 万 m^3~90 万 m^3 之间。受疫情和学生扩招的影响，2019 年用水量最多。到 2020 年教学模式施行线上教学，部分学生不在学校，用水量相对减少。

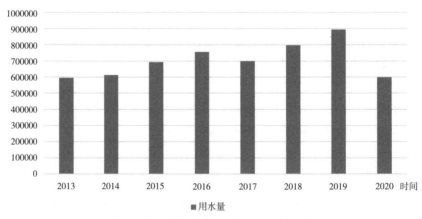

图 8-2 2013~2020 年自来水用水量柱状图

由图 8-3 可知，以博文楼和建艺馆做对比，博文楼相对于建艺馆，面积更大，使用人数更多，运行时间更长，因此每月用水量更多。以梅园一号楼和松园二号楼做对比，两者同为男生公寓，人数和面积持平，运行时间相同，因此每月用水量有高有低，大致相同。以图书馆和行政办公楼做对比，功能不同，人口流动性中图书馆较行政办公楼较大，运行时间中图书馆较行政办公楼更长，整体呈现行政办公楼用水量多于图书馆的情况。

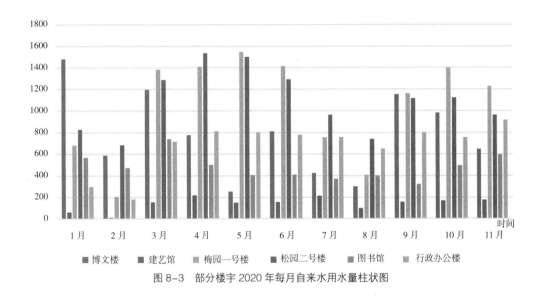

图8-3 部分楼宇2020年每月自来水用水量柱状图

8.2.3 节水策略及改造

1.节水策略

随着国家节水要求、科技进步和信息化管理的拓展，高校节水工作面临新的挑战和机遇。针对当前高校用水的现状及面临的问题，积极探索高校节水实施路径，深入挖掘节水潜力，改善用水现状，使水资源得到高效合理的利用，推进节水型高校建设。

（1）加强节约用水宣传教育，建立健全节水机制

高校既是教书育人的场所，也是传播节水知识、塑造节水理念的园地。2019年8月，水利部、教育部、国家机关事务管理局联合发布《关于深入推进高校节约用水工作的通知》，要求各高校加强节水宣传教育，推进节水教育进校园、进课堂，将节水教育融入德育教育内容。高校可通过课堂教育、节水讲座，开展"世界水日"、"中国水周"宣传活动、节水知识竞赛等主题活动，通过微信、LED屏、网络、广播、报刊、节水宣传板、标识牌等宣传方式，传播和宣传节水知识，让节水意识深入人心，规范师生的用水行为，形成节水的良好风尚。促使人人养成自我约束、自觉节水的良好习惯，共建节水型高校。

深入开展节水型高校建设的核心内容是制度建设，建立促进节水和用水管水的激励机制。高校应积极探索节水管理新思路、新方法，制定和完善相关的配套制度，实行计划用水、用水计量、定额管理和价格管理，加强外部约束和激励，激发全校师生的节水积极性和内生动力。根据《中华人民共和国水法》《国家节水行动方案》等国家、行业有关法律法规、政策要求和技术标准，结合各高校实际制定一系列较为完整的节水管理

规章制度，加强组织协调，完善资金保障，规范用水管理，实现节水管理有法可依、有章可循。

合同节水管理是近年来提出的一种新的节水实施路径，实质是专业化的节水服务企业与用水户签订合作协议，为用水户引入社会资本，集成先进适用节水技术，实施节水改造，为用水户建立长效节水管理机制，合作的节水服务企业以分享节水收益方式收回投资、获取利益，最终实现多方互利共赢。高校是节水型社会建设中推行合同节水的有效切入口，通过合同节水管理方式，推广市场化模式、推动产学研融合，既帮助学校实现了节水目标，提高了用水效率和用水管理水平，又达到"教育学生、引导家庭、文明社会"的目的。

（2）大力推广使用节水技术、节水设备和器具，加强供水管网的节水改造和维护

提高高校节约用水水平，高效合理的利用水资源，全面提升水资源利用效率，要以更高的标准促进节水型高校建设转型升级。需要大力推广节水先进工艺、技术，使用多种类型的先进节水设备和器具，配备智能节水管理系统，实时监测校园用水过程，集中浴室鼓励推广使用智能节水型淋浴装置，食堂采用节水型洗菜、洗碗设备，人工洗涤食物和餐具应采用节水模式，卫浴配备一级水效卫生洁具，淘汰不符合节水标准的用水设备和器具。

积极推广应用水压调控技术、绿地高效节水灌溉技术。绿化灌溉采用喷灌、微喷灌和滴灌等高校节水技术，景观用水优先采用非常规水，同时应做好景观用水的循环利用。要依托高校知识优势，推进节水技术改造、创新，及时进行节水器具的改造和维护，加强节水系统工程的总体谋划，实施整体供水系统的优化。加强管网漏损控制，排查校园供水管网现状，编制完整的校园用水管网系统图，定期进行水平衡测试分析，积极推广应用管网漏损监测技术，定期对供水、用水管道和设备进行检修、维护和保养，保证管道设备运行完好，漏损率小于2%，杜绝跑、冒、滴、漏。

（3）加强中水回用与雨水回收利用

在高校进行中水回用的优势明显，学校以学生为主，学生生活日用水量大，排放生活污水为主，排放量大、排放点集中，且易于在校内铺设中水回用管网将生活污水集中收集，这些收集的污水经过适当的水处理技术和设施处理达标后再次回用到日常生活中，主要用于非人体直接接触的用途用水，如冲洗厕所、清洗道路、绿化灌溉、景观用水、洗车、消防用水等。游泳池等用水量大的场所也要设置水处理再利用装置，直饮水尾水、空调冷凝水也应收集、处理和利用。

高校在规划和建设中，要立足学校原有的水系特征，积极探索建设雨水集蓄、利用的方法和路径，这既保护了环境，又使水资源得到循环利用，提高了非常规水资源利用率。雨水回收利用是指利用地形、地貌特征，建设雨水收集系统进行雨水收集、处理并达到一定水质标准后利用。在校园铺设路面透水砖，入渗补充地下水；在屋面、硬路面、运动场等安设雨水收集管道、雨水回收桶、雨水收集池（或蓄水池）等措施，收集雨水并可利用于校园绿化、清洁用水等日杂用水。

2. 节水改造

山东建筑大学新校区建成至今，自来水管网和设施已运行近20年，随着使用年限的增加，自来水管道、阀门、水表、阀门井等设施老化，自来水跑、冒、滴、漏现象日趋严重。山东建筑大学积极响应山东省水利厅、教育厅、机关事务管理局联合印发的《关于推进全省高校节约用水工作的实施意见》，根据《高校合同节水项目实施导则》《节水型高校评价标准》和《全民节水行动计划》的要求，开展合同节水管理项目的推动工作。学校于2020年开始实施《山东建筑大学合同节水管理项目》，将学校现有及合同期内新建建筑的自来水供水的管网、设备、设施采用合同节水方式委托节水服务公司进行运营管理。该项目通过更换节水器具，完善节水硬件设施；更新修复管道，跟踪解决"跑冒滴漏"；安装探漏设备，建设漏损监测平台；更换电子水表，完善分区管理系统等措施，建设了"慧探漏"供水管网渗漏监测系统，依托物联网技术对管网进行用水的即时采集、上传、检测，并进行用水数据统计分析。根据运营初期的统计，年综合节水率近25%，年均节约用水约20.85万 m^3。对照《山东省节水标杆单位评价标准》，由节水服务公司和学校共同确认合同节水管理方案，结合学校自身实际，因地制宜地开展节水改造，健全节水制度，严格用水管理，加强节水宣传教育，打造一站式智慧节水服务管理平台，全面提升用水效率，努力把山东建筑大学建设成为具有典型示范意义的节水标杆单位。

（1）更换超声波远传水表

完善自来水计量与分区域管理系统。将学校原有的自来水管网的机械水表全部更换为具有远传功能的超声波水表，计量覆盖了校园内所有自来水供水管网与建筑单体。消防管网安装新的流量计。将校内自来水管网划片管理，分片、分楼宇计量。依托物联网技术对管网进行用水的即时采集、上传、检测，并进行用水数据统计分析。（图8-4）

（2）安装探漏设备

建设供水管网漏损监测平台。系统建设全面覆盖。校园主要自来水供水管网、消防管网的"慧探漏"供水管网渗漏监测系统，实时对管网发生"跑、冒、滴、漏"现象进行监测与定位。并依靠大数据挖掘、异常数据剔除等技术，形成有效准确的管网告警信息。该系统借助最先进的物联网技术，改变了管网传统人工听漏技术的弊端，做到地下

图8-4 超声波远传水表实拍图

管网的可视化管理，管网动态实时监测，让用水管理者能够迅速及时发现管网渗漏问题，快速定位漏点并修复，从而大幅缩短管网修复周期，降低水资源浪费。（图8-5）

图8-5 供水管网探漏设备实拍图

（3）更新修复管道

跟踪解决"跑冒滴漏"问题。针对已知漏损管道进行了修复工作，对于不合理的管道进行了更新整改工作。项目运营管理期，持续针对地下供水管道的"跑、冒、滴、漏"情况进行跟踪处理。

通过运用物联网节水管理思维，采用智能化的管理手段，发挥人和产品的最大优势，实现高效管理。完善自来水供用水计量与水平衡监测系统。根据学校实际情况建设给水管网监测系统，不断完善DMA分区计量、水平衡测试等用水管理工具，结合地下供水管网渗漏监测管理平台，实现校园用水管理的网络化、数字化、信息化、智能化、实时化。通过数据多维度分析、数据深度挖掘，实现漏损管控管理、水量平衡管理，快速、高效地解决管网漏损情况，缩短漏损感知时间，减少经济损失，增强学校智慧管水用水的能力。（图8-6）

图8-6 漏损管道修复实拍图

　　根据学校用水实际情况及管网层级，水表计量分为四个等级，1 处总水表组；3 处办公片区区域表；4 处生活区片区表，共设置了 8 个计量水平衡组，安装智能水表约为 87 只，阀门 176 只（图 8-7）。管网 279 处管网漏损探漏设备点，其中生活用水管网设计建设 73 只探漏设备，消防管网设计建设 206 只探漏设备。2020 年 10 月改造完成后综合节水率达到 25%，年节水量约 20 万 m³，年节约水费约 87 万元。

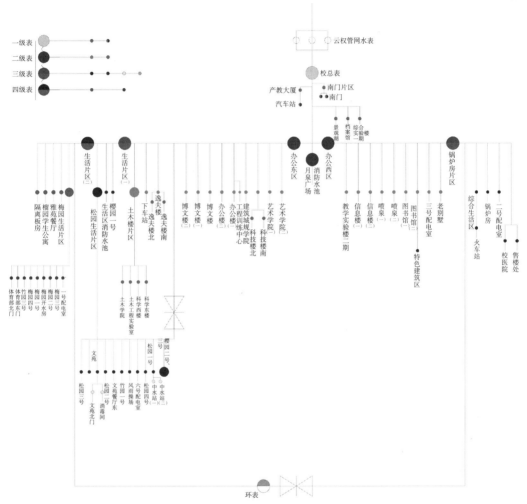

图 8-7　智能远传水表计量图

（4）建立节水监控平台

　　运用现代技术手段加强用水监管。利用计算机、传感技术、数据库技术、依托物联网技术对管网进行用水的即时采集、时时上传、汇总、监测、数据统计分析。以计算机管理系统做平台，形成集管网整体运行情况的监控，通过 DMA 采集数据实现用水报表、用水数据分析、监控漏水损失，实现总表与区域与楼宇单体表对比计算出产销差，核算分析用水损失率实现供销水平衡数据。通过夜间小流量监控、区域检漏、管网漏损辅助分析为一体的智慧供水系统。

（5）直饮水系统饮水平台

每个公寓楼内安装了饮水平台，一般饮水平台采用带水胆的加热方式，闲置时会散热，温度降低重复加热；学校采用的饮水平台采用石英管加热技术，无热水水胆设计，避免重复加热，待机时 24 小时功耗仅为 0.0288kW，即液晶屏幕的电耗；带有热胆的设备，每天待机功耗平均约为 2.6 度电。每台机器每年约节约 675 度电，既节约了能源又保证了饮水健康。（图 8-8）

图 8-8　学生公寓制水机

在制水主机房内安装 304 不锈钢储存水箱，将直饮水制水主机产生的尾水，统一汇集到水箱中，通过变频恒压供水水泵，可输送到顶层储水箱内，通过专用管道，将尾水输送至每层用于拖布池用水、淋浴热水机组的洗浴及洗衣机供水等。经实际测算，松园 4 号、樱园 2 号和樱园 3 号为 6000 人提供直饮水系统的尾水利用每年可节省 2000m³ 左右的水资源。

（6）节水器具

山东建筑大学用水器具配套设施建设充分展示了"节约型校园"的导向，包括学生公寓洗漱间节水水龙头、教学办公区节水型洗手水龙头、学生公寓使用饮水机尾水洗衣的洗衣机房以及学生洗浴淋浴等。（图 8-9）

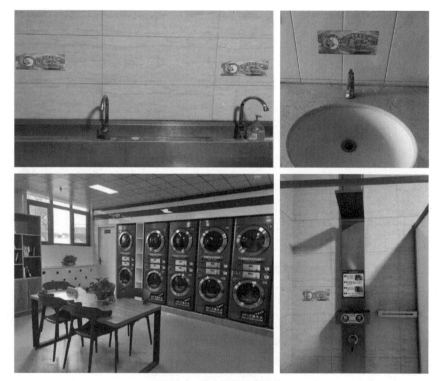

图 8-9　用水器具配套设施

学生洗浴用水采用"太阳能+空气源热泵"的供水方式，学生随到随洗，插卡出水，拔卡结账。洗浴的习惯直接影响水资源的节约情况，为了培养学生良好的洗浴习惯，淋浴系统采用刷卡消费方式，按流量计费，同学在洗浴时打开混水阀出水计费，暂停时停止计费，此种方式培养了学生节约水资源的习惯，避免了长流水，仅此一项每年可节约自来水1万多 m³。

建筑空调冷凝水的随意排放也是水资源的浪费，应该进行空调冷凝水回收利用，所以学校在为学生公寓安装 4500 多台空调是专门设计安装了空调冷凝水的收集由于楼宇周边绿化浇灌，做到了真正意义上的节约用水，节能减排。（图 8-10）

图 8-10　空调冷凝水收集落水管

校内绿地与道路喷洒全部使用的中水，在 55 万余 m² 的绿化带中安装地埋式伞状喷头、旋转式喷头百余个，根据空气温度、土壤湿度、树木花草区域的特征浇灌喷淋，提高了节水率和绿化成活率，美化了学校环境。学生餐厅各个用水单元洗菜机、洗碗机、洗筷机及水龙头全部使用的节水型器具。（图 8-11）

图 8-11　校园绿化喷淋、学生餐厅节水型洗菜机、节水型洗筷机、节水型洗碗（盘）设备

8.3 中水利用

8.3.1 高校中水利用特点及中水水源选择

1. 高校中水利用特点

大学校园是一种相对比较单一的独立区域，校园内有独立的管网系统，其排水的性质比较单一，排水系统可以分为可纳入城市市政排水系统和不可纳入城市市政排水系统；校园在建设中一般建设的绿地面积都很大，大部分还建设有水景系统；中水系统建成后将为社会节省大量的宝贵水资源。

大学校园建设中水回用和其他建设单位相比具有以下特点：

（1）建筑规模大，区域广，功能相对单一，因而生活用水量也相对较大。目前，我国大学园区建设规模都比较大，水量都在几千吨／天，生活区和教学区占有整个校园建筑的大部分。

（2）用水分区明显，水质相对稳定。校园一般分为办公区、教学区、学生公寓生活区。生活区以学生居住为主，水质较为单一，可生化性好。教学区的用水主要是洗刷、冲厕用水，较好处理，便于收集利用。

（3）水质水量变化幅度大。在白天，教学区的水量较大；早晨和晚上，生活区的用水较为集中。

（4）中水的应用范围较广。绿化灌溉、景观水体、冲厕是校园中水回用的主要途径之一。

（5）需要一定的投资。虽然中水回用需要一定的前期投资，但是从长远来看，中水回用可以节约大量的水资源，是水资源合理利用的有效途径。

2. 高校中水来源及其选择

在选择高校中水水源时，要根据校园的实际情况，因地制宜，进行合理的选择。

（1）优质杂排水

优质杂排水主要是指学生公寓的洗浴废水、盥洗废水、洗衣废水、餐厅洗菜废水等。优质杂排水的特点是水质较好，处理工艺比较简单，中水回用系统投资较低，处理成本便宜。但优质杂排水用水在时间上比较集中，水量波动较大，对水量平衡的要求较高。

根据回用的目的以及中水的需求量，在选择校园中水水源时，其优质的杂排水是首先考虑的中水水源。在管网及其分质排水方面，由于优质杂排水相对集中在校园的食堂、浴室、公寓等学生生活区。因此，在校园规划和建设中，学生生活区应比较集中地建在一个区域，可以便于在校园排水管网建设中分质排水，将优质杂排水与粪便污水及厨房废水分别收集处理及排放。优质杂排水收集后送入中水处理站，经过适当处理后通过专门的中水管道系统回用，其余污水用另外的排水管道收集后排放至城市市政管网。

由于校园中水主要用于冲厕和绿化，冲厕和绿化占校园人均用水量的 50% 左右，学生公寓冲厕用水量又占到整个学校冲厕水量的 70% 左右，通过水量平衡可以看出，若校园内优质杂排水，能够满足校园内中水回用的需要，则生活污水（粪便污水）不需要作为中水水源而直接排入城市市政管网。

（2）校园区全部污水

校园区全部污水是指除校园优质杂排水外，还包括校园粪便污水及厨房废水。目前许多大学园区都位于城市的郊区，有的校区市政管网配套尚不够完善，附近没有配套的市政排水管网，污水最终无法排至污水处理厂。在这种情况下，污水就必须经过处理后才能排至校外，本身就需要在校内建设污水处理站，在此基础上进一步处理可以达到回用的标准。这类原水的优点是水质可生化性好，水量稳定可靠，污水为全部污水，省去污水、杂排水分别收集所增加的管网投资。但全部污水的杂质成分较多，相应的浓度较高，含有各种致病菌的概率较高，数量巨大。因此，处理工艺复杂，处理设施投资高，管理要求较高，运行费用多。

（3）若校园附近有城市的污水处理厂，由于污水处理厂一般都经过 2~3 级处理，处理出水水量、水质稳定，也是很好的中水水源，可供地区的使用。

8.3.2 案例实践

中水工程是指以处理中水回用为主，生活污水处理为辅的包括工艺、土建、电气设计，设备安装，工程管理、调试的工程。

高校规模的扩大使得高校成为所在城市的用水大户，同时也是排污大户，也因此有很大的节水潜力和作为中水原水的潜力。在生态校园和可持续发展的大环境下，一些高校已经开展或正拟建中水工程，各中水工程参数见表 8-1。

高校中水工程应用中水原水以洗浴排水和盥洗排水为主，一般取自学生宿舍排水和浴室排水。由于原水水质生化性较好，处理工艺一般以生物处理为主，再辅以沉淀、过滤等工艺，工艺流程一般较简单，但工艺组合也因各种因素的影响而呈现多样化。因此，各工艺占地面积、能量消耗、运行成本等大小不一。以山东建筑大学中水利用作为案例进行介绍。

1. 基本概况

山东建筑大学建设阶段及建成初期，学校周边市政建设还不是很完善，城市的污水管网还没有延伸至校园附近，所以园区的污水无法接入城市污水管网，甚至园区附近没有雨水排水系统及泄洪河道，所以山东建筑大学根据国家有关法规，及在充分论证的基础上决定将学校所有污水全部收集起来，集中进行处理后达到相应回用标准，主要回用于冲厕、保洁、绿化、景观湖补水等，达到零排放污水。中水处理站占地面积 1400m²，每天处理量在 2800m³/d。处理后的中水主要回用于校区学生公寓、教学楼、二级学院、办公楼、图书馆的冲厕、拖布池冲洗、校园绿化喷灌及道路路面和运动场冲洗、并对校园内人工湖用中水供给进行试验（湖内养鱼及水生植物），中水站其余部分排放至校园内南侧占地的山体上，浇灌着满山的花草树木，美化校园环境（图 8-12）。

污水主要来自学生和教职工盥洗、洗浴废水、办公楼洗涤污水、食堂污水、冲厕污水等，食堂出水设隔油池，学校办公楼、公寓、教学楼等各单体建筑均设有化粪池。中

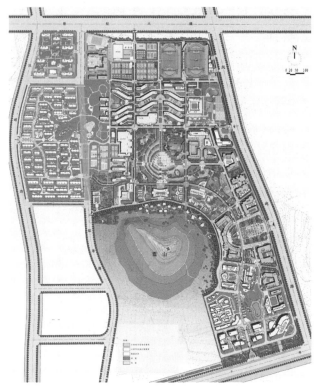

图 8-12　山东建筑大学中水回用室外管网总平面图

水出水要求满足《城市污水再生利用城市杂用水水质》GB/T 18920—2002 城市杂用水水质标准中冲厕、绿化、道路清扫三项的最高要求，景观湖补水部分的中水应符合《城市污水再生利用 景观环境用水水质》GB/T 18921—2002 中观赏性景观环境用水（水景类）相应标准。

中水站坐落在山东建筑大学校内，学校在 2003 年建设的同时同步建设了中水站并于 2005 年建成正式投入使用（图 8-13），近几年随着学校不断地扩展壮大，中水站也

图 8-13　中水回用工程中心

随之先后进行了几次升级改造和扩建，进水为校区生活污水和杂排水，处理后的水质达到《城市中水再生利用、城市杂排水水质》GB/T 18920—2002标准要求，利用率达到100%，大大减少了自来水的用量。多年来，在各级领导的大力支持下，学校的节水工作取得了显著成绩，中水站现日处理生产中水3800t/d，每年可减少向周围环境排放污水72万 m³，直接节约自来水费用达上百万元，同时也减少了学校污水排放对周围环境的影响，保护了学校及周围区域的生态环境。校园污水处理和中水回用系统，有效地节约了自来水资源，产生了显著的经济效益和社会效益，为推进学校的生态型、节约型校园发挥了重要作用。不仅为学校节水工作注入新的活力，也给学校节约了大量的经费，同时为学校相关专业教学提供了可靠的教学科研实习基地，得到了各级主管部门的表扬和全校师生的赞誉。

2. 工艺流程

山东建筑大学中水站建设时综合考虑原水水质、水量、建设投资、运行管理、出水水质等方面，设计采用了运行稳定、处理效果好、管理简单方便的，以生物接触氧化为主的处理流程，采用厌氧酸化＋接触氧化＋深度处理工艺。在氧化处理前增设水解酸化池工艺，此工艺提高了生物接触氧化池氧化处理效果和增加可靠性，降低了污水中的 SS（固体悬浮物浓度），改善了污水的可生物降解性能。污水经生物接触氧化池处理后进入沉淀池，为了保证沉淀效果，在沉淀池前加药混凝，沉淀后固体与液体分离达到除磷的效果，同时也提高了全流程的处理效果。为保证出水有机污染物达标，沉淀池出水后进入曝气生物滤池（BAF 池），进一步去除 COD、氨氮等有机污染物。然后，BAF池出水进入砂滤池进行过滤，最后再经过消毒等深度处理，保证水质达到城市杂用水水质要求。污水处理系统中产生的污泥由静水压力法排入污泥池，浓缩后污泥由污泥泵送至带式浓缩压滤机，浓缩池上清液和泥饼压滤液返回调节池重新处理，中水工程工艺流程见图 8-14。

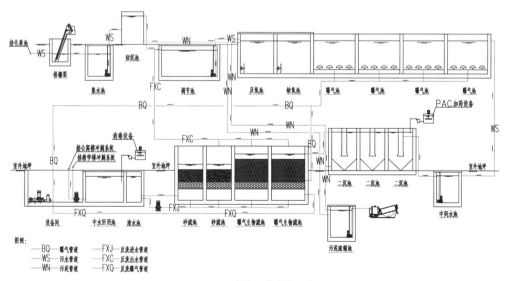

图 8-14　中水工艺流程示意图

中水站运行生产详解如下：

中水站污水处理采用《AAO+曝气生物滤池》，污水处理流程为：生活污水→格栅→集水池（调节池）→高效初沉池→缺氧池→厌氧池→多级好氧池→二次提升中间池→污水中转→配药混合絮凝池→二次沉淀池→曝气生物滤池→砂滤池→中水消毒池→生活、办公区中水池→回用。详解如下：

校园生活污水自流入厂区后进入集水井内设置细格栅，减少集水井内沉淀物淤积，流经细格栅后污水由泵提升至高效沉淀池，去除大颗粒悬浮物。高效沉淀池主要部分组成：反应区、斜管分离区以及污泥浓缩区。反应区分为两个部分：一个是快速混凝搅拌反应池，另一个是慢速混凝推流式反应池；斜管分离区采用逆流式，将矾花进行沉淀分离。清水通过集水槽排出，污泥通过旋转式刮泥车收集到污泥浓缩区，矾花在斜管沉淀区下部沉淀后，通过旋转式刮泥车收集到污泥浓缩区集成污泥并浓缩。浓缩区分为两层：一层位于排泥斗上部，一层位于其下部。上层为再循环污泥的浓缩。污泥在这层的停留时间为几小时，具有较好的絮凝效果采用污泥泵送至反应区。初沉池污泥由静压进入贮泥池。高效沉淀池出水大部分自流进入缺氧池，进水与来自沉淀池的回流污泥进入缺氧池，主要进行缺氧反硝化除氮。随后进入厌氧池与二沉池内回流的污泥进行搅拌混合反应，在该池内主要进行厌氧释磷。自厌氧池的出水进入好氧池，在该池内进行好氧吸磷及COD的去除。好氧池内出水由泵提升至二沉池，在此池内进行固液分离，并将沉淀污泥部分静压回流至厌氧池，部分静压排至贮泥池。二沉池出水进入后续曝气生物滤池，进一步去除SS、TP及部分COD，出水进入砂滤池主要进一步去除SS。砂滤池出水自流至中间接触消毒池，与来自加药间的消毒剂混合杀菌消毒。后自流到中水池内储存，达标回用。

生化工艺采用倒置 A^2/O 工艺：缺氧—厌氧—好氧，其中好氧采用悬浮填料聚丙烯多面空心球，回流污泥进入缺氧池，不进行混合液回流。主要处理工艺为复合式流动床生物膜工艺，它兼有活性污泥法和生物膜法的优点。

3. 运行状况

学校中水站 2005 年建成使用，在新校区规划初期就确定了中水处理站同时设计、同时建设、同时投入使用的工作思路。十多年来，中水站先后经过数次升级改造和扩建，中水利用产生了较好的社会效益和经济效益，中水利用率由原来的 70% 提高到 100%，主要用于全校 30 多座楼宇的冲厕用水、绿化用水、道路降尘喷洒及冲刷等，实现校园污水的零排放。2019 年全校中水回用 1040413m³。目前，中水站每天处理中水约 3800m³，处理后的水质达到《城市中水再生利用、城市杂用水水质》GB/T 18920—2002 标准的要求。

通过近十几年的运行，年生产中水约 100 万 m³。通过污水处理生产的中水，不但节约水资源，更益于社会经济发展。既保护了环境，又产生了明显的社会和经济效益。每年约去除：

COD：　　　200.0t/a　　BOD：　　　110.0t/a

SS：　　　　104.0t/a　　NH³-N：　　13.0t/a

TP：　　　　3.0t/a

　　学校在实现了污水回收再生产的同时，不但为社会发展保护了环境，更为地球节约了水资源，也为学校大大节约了办学经费。生产中水按全年100万t算，现在学校自来水水费4.35元/m³，折合金额：435万元；现中水站生产运营所有费用132万元/年，中水站每年可为学校节省303万元。

　　如图8-15所示，2013~2020年中水站生产量大致都在80万m³~120万m³之间。每年保持高标准和校园污水的零排放目标。最多生产量的年份是2016年，由于疫情的原因，最低生产量的年份是2020年。

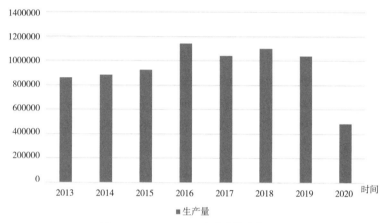

图8-15　2013~2020年中水站生产量

2013~2020年中水站每月生产量　　　　　　　　　表8-1

年度 月份	2013 中水生产量（m³）	2014 中水生产量（m³）	2015 中水生产量（m³）	2016 中水生产量（m³）	2017 中水生产量（m³）	2018 中水生产量（m³）	2019 中水生产量（m³）	2020 中水生产量（m³）
1	50200	51236	53850	56070	40376	111650	76472	47902
2	6200	6850	7500	6540	9670	6061	6566	2123
3	50350	52233	54390	102670	113456	109510	103038	4346
4	66530	68256	70570	115470	110505	119637	93026	3291
5	75360	78730	80510	122700	108617	90052	95678	15997
6	88690	89225	92110	121770	101407	105582	104532	52987
7	78525	80560	86130	134190	94552	78719	75638	26383
8	67986	69730	72240	133200	70253	55557	65639	22786
9	99835	105530	110450	98223	94279	103132	106694	78810
10	98236	102260	111000	85759	99761	109831	109884	83697
11	89580	90330	94560	84051	100199	106175	105268	73276
12	89930	90685	92560	82361	99690	105979	98997	72981
合计	861422	885625	925870	1143004	1042765	1101885	1040413	484579

8.4 海绵校园

8.4.1 海绵校园概念及目标

1. 海绵校园含义概述

海绵城市和海绵校园都是通过雨洪管理的相关技术措施来解决城市或者校园的排水节水问题，提高人们保护水资源的意识，减少市政管网的排水压力。所以，海绵校园和海绵城市的建设背景、建设目标和建设条件是一致的。因此，海绵校园可以通俗地理解为：应用海绵城市的相关理论和技术措施，将校园打造成像海绵一样具有一定弹性的校园，既可以有效地应对暴雨灾害对师生安全、学校设施的影响，又可以降低水源污染，提高景观环境，给师生一个更安全、舒适的教学生活环境。海绵校园的建立，利用高校自建景观水体和绿地空间来管控雨水资源，在滞留雨水、促进雨水进行下渗的同时还可以减小校园供水压力和雨水管网的排水压力。

2. 海绵校园建设的必要性

现有校园建设管理中，雨水资源得到了重视，对雨水资源的管理策略主要分为"留"的措施，部分地区辅以"防"治和"排"治。其具体表现为对地表径流雨水以及地下给排水管线的布置。但存在一些安全问题：一方面，将大量未处理的雨水及污染物排入地下水中，易对原本纯净的水资源造成污染；另一方面，许多校园排水管线设施陈旧，在连续强降雨时泄洪能力不足影响校园正常秩序。事实上，建设海绵校园不仅可以减轻校园排水压力，还可对数量可观的雨水资源进行利用。以山东建筑大学为例，当地为亚热带季风气候，雨水资源较丰富。夏季高温且降水量集中，秋冬季偏干旱，降水相对较少。夏季有着巨大的开发潜力。丰富的天然雨水经生态收集和工厂处理后可达到相应的工业用水标准，用于实验研究、校园绿化和居民用水等方面。因此，尽快落实在海绵城市理念指导下的海绵校园建设刻不容缓。

3. 海绵校园建设的目标

传统的校园景观设计往往偏重空间景观的设计，在雨水管理上却未考虑到整体性和科学性，最终造成校园内涝问题比较严重。所以，在打造海绵校园时必须要达到以下目标：

（1）建立雨水管理系统，实现雨水的循环利用。通过先进的雨水管理系统设备和管道设计，优化雨水管网，结合景观水体设计湿地、雨水过滤井、储水罐等雨水净化设施，提高校园的储水和净水能力，含有污染物的雨水将不会直接排入纯净水源中，有效减少水体污染，有益于校园各类动植物健康。

（2）根据校园布局和气候特点，选择合适的绿色植物来增强校园景观的观赏性，提升校园植物群落丰富度，增加植物群落涵养水土的能力。不同的植物有着不同的生存环境，因此，在海绵校园景观设计中选择一些适合本校环境的植物以便提升植物的生存率。同时也要满足师生的文化和视觉需求。

（3）控制雨水流量，提高经济效益。在高校中，由于人口密度大，绿化率高，灌溉用水较多，所以对水资源的需求量也比较大，水费的支出成了高校消费的重要组成部分。通过海绵校园的改造来控制雨水的流量，节约雨水用于浇灌绿色植被、冲刷道路等，降低高校的水费支出。

8.4.2　案例实践

结合学校的建设内容，从雨水收集和雨水渗透两方面进行海绵校园建设，主要包括校园建筑、道路及停车场、校园绿地、运动区、蓄水设施五大海绵校园工程系统。下面以山东建筑大学为例说明五大工程系统的雨水收集和渗透。

（1）校园建筑

校园屋顶绿化结合雨水系统进行综合设计，设置雨水集蓄及回用系统，用于绿色屋顶浇灌。教学实验综合楼屋顶，作为风景园林的实验基地，与学校实践课程和研究生培养相结合，与屋面排水系统相结合，设计了屋顶雨水的蓄排控制系统，保证屋顶防水的同时兼顾植物生长的需求（图8-16）。

面向校园周边道路的建筑可优先采用垂直

图8-16　屋顶花园实拍图

绿化，建筑雨落管优先采用断接方式排水，高位种植槽承接部分屋顶雨水，建筑周边设计植草沟等将承接或散排的雨水引入校园海绵设施。学校发挥专业优势，近几年对所有新建楼宇建设进行了雨水专项建设安装，收集后优先通过专用储蓄管道对楼宇周边进行绿化灌溉，每年可节约自来水3万 m^3。

（2）道路及停车场

学校的道路、停车场、人行道应采用透水材料及构造，雨水一旦落到地面，就能迅速被地面吸收，经过层层渗透，将杂质除去后，通过盲管引流进蓄水池。因此，非机动车道和机动车道宜采用透水沥青路面或透水混凝土路面。目前，透水混凝土和透水沥青路面的建设和维护成本高，校园道路雨水收集可在两侧设置植草沟、植被缓冲带或沉淀池等对雨水径流进行预处理，有组织地汇流与转输雨水至海绵设施（图8-17）。校园停车场大都采用透水铺装，增加雨水的渗透量。

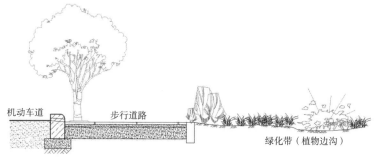

机动车道　　步行道路

绿化带（植物边沟）

图8-17　道路雨水渗透系统

（3）校园绿地

在新校区的建设，由于校区空闲地及绿化地较多，在地面平整时就人为地设置了大量的渗透池，将大量的雨水径流时间延缓，流速降低，大部分雨水渗入地下，只有在下大雨时形成少量的径流。校园南部的山体，径流雨水就以渗透为主，收集的雨水量很有限，设置鱼鳞坑，以加大渗透面积（图8-18）。

（4）运动区

在运动场草坪底部铺设排水盲管，沿运动场周围设置线性排水沟（图8-19），收集、转输雨水径流至海绵设施，并汇入蓄水池。运动区周围设置地下雨水储蓄设施。蓄水池应有一定水质净化功能，净化后的雨水可用于运动场草坪及零散绿地的灌溉。

图8-18　山地鱼鳞坑

图8-19　校内排水沟实拍图

（5）蓄水设施

雨水储存设施可选用雨水罐、蓄水池等设施，并采用与水景结合的方式布置。新校区内并无天然水体，综合考虑地形特点、土方平衡和景观需要，开挖了10000m²的景观湖（图8-20），并结合校园雨水收集、排水系统，作为校园海绵工程的蓄水体，降低了景观水体的补水量。

图8-20　映雪湖水面

　　学校高度重视节水用水工作，积极贯彻落实国家和地方节水用水政策和法规，成立了节能节水工作领导小组，设立专门岗位负责节水工作，负责规划、协调和统筹学校节水工作，制定相关制度和措施，规范和鼓励节水工作的开展，不断通过各种手段强化全体师生员工的节水意识。充分发挥学科专业优势，积极开展节水设施建设和节水改造，学校通过安装节水器具、学生洗浴、中水回用、节能监管平台的建设与使用等有效途径，积极开展节水设施建设和节水改造。在省市区各级主管部门的指导与支持下，节水工作取得了一定成效，先后获得"全国百家节能先进典型单位""全国高校节能工作先进单位""全国高校节能管理先进单位""全国高校节水工作先进单位""山东省高校节能减排先进单位""山东省高校能源管理服务先进单位"等荣誉称号。学校是第一批"国家级节约型公共机构示范单位"，全国首批"高校节约型校园建筑节能监管平台示范建设"试点高校，节水工作成效显著。

第 9 章

校内交通减碳

9.1 高校交通特点及存在的问题

近年我国高校规模不断扩大，师生人数不断增加，校园内与校园外的来往与交流也日益频繁,校园交通压力增加。高校校园作为学校进行教学活动和师生日常生活的场所，同时也承担了一部分道路交通疏散的职能。一方面，校内道路作为学校的一部分，是高校师生学习、生活的主要场所；另一方面，我国高校现多为半开放式校园，校内道路也具有一定的公共道路功能，校内除了教职工、校内商家等车辆外，还有存在着大量社会车辆，如外卖配送员、快递配送员、校园内工作人员、网约车等，近两年来，由于疫情影响学校实施交通管制，校园车流量有所减少。但校园日益严重的交通问题仍带来了严重的交通拥挤、碳排放和校园大气环境的污染，而且产生了由车辆停放导致的校园公共空间被挤压的症状，造成校园环境质量下降。因此，必须认识到高校校园交通的特殊性，才能进行有效的规制，降低校园交通碳排放量。

9.1.1 交通特点

高校校园中人群的主体是学生、教师以及职工，其行为模式使高校交通具有典型的特点和规律：

（1）高校交通的潮汐性。高校校园作为高校师生进行教学活动的场所，具有很明显的潮汐性，交通需求在时间分布和空间分布上的不平衡性，在上下课时间点、进餐时间段、举办大型活动等特殊时间会有大量的师生涌上校内道路，与其他时间段形成显著差异，且易造成各种交通模式交叉混乱的情况。此外，不同场所在不同的时间点人流量也会有明显的差异，如进餐时间段食堂门口会造成交通拥堵，而上课时间点教学楼附近的道路易发生交通堵塞情况。

（2）步行交通系统的扩大性。校园交通不同于城市交通的一个主要特点就是校园道路的形式形态主要是为了师生的步行所使用的。步行的方式是应对大量人流最好的疏导方式。

（3）校园交通的多样性与复杂性。校园交通系统是由多个子系统组成，从交通方式来看可分为步行系统、非机动车系统和机动车系统；从交通性质来看可分为内部交通系统、对外交通系统和公共交通系统；从交通空间来看可分为道路系统、广场系统、停车系统和出入口系统。这些子系统相互交叉组成了校园交通系统，使其呈现出多样性与复杂性。

（4）静态交通的文化性。高校静态交通主要是指机动车和非机动车的停车场所、步行道路的休憩广场。高校静态交通，尤其是休憩广场大多与校园景观、校园文化综合设计，成为校园文化的载体。

9.1.2　交通存在的问题

近年来，大部分高校开始重视校园交通问题，在校园道路规划、管理运行方面都注重低碳交通的设计与管理，但仍然存在一些问题。据调查及统计分析，主要体现在：

（1）人流量大，混合交通冲突严重

步行是高校中最重要的交通方式，也是最常用的交通方式，但大部分高校，在设置步行系统时，缺乏对使用者的感受的考虑，未将一些休息、交流和学习的空间纳入步行系统的设计，降低了步行系统的使用频率，造成了校园道路的混合通行。同时，高校道路普遍较窄，平均6~7m的道路断面要承载行人、非机动车和机动车三种交通方式混合通行，各种交通类型叠加后形成的交通流必然会引发彼此之间的干扰与冲突。实际中，大部分高校对于道路中机动车与非机动车的路权分配不合理，过多的道路空间被赋予了前者，同时道路横断面上又缺少物理隔离等机动车和非机动车分离的设计，因此自行车抢占机动车行驶空间的现象时有发生。此外，由于校园道路系统没有如城市道路一般明确统一的分级体系，当前许多高校内部道路的功能定位及空间形式差异不明显，机动车进入校园后可在任意道路上不受限制地行驶，不仅破坏了校园恬静的学习、生活氛围，同时与慢行交通相互影响，产生了大量人车混行的现象，存在安全隐患。

（2）停车供需不匹配，停车秩序混乱

随着我国城市机动化水平的提高，校园内机动车的数量不断增加，而受用地范围及其他客观条件的影响，校园停车设施的规划建设往往相对滞后，因此停车需求与供给之间不匹配，并衍生出一系列问题。一方面，是机动车的路侧停车现象。路侧停车本是一种充分利用道路资源、满足短时停车需求的停车方式，但在校园之中，由于停车泊位的缺乏以及空间分配的不合理，一些在目的地附近无法找到停车位的车辆便会选择就近停靠在路边，且时间往往较长。校园内部的道路宽度较窄，这种现象不仅会对校园中的环境及景观产生负面影响，同时还会对交通流产生干扰，导致道路通行能力的下降。另一方面，自行车作为一种机动灵活、成本较小的代步工具，其拥有量及出行量在校园中占了很大比例。有的高校自行车数量已接近或达到人均一辆以上，如此大量的自行车不仅给校园道路系统增添了压力，同时也产生了一系列停车问题。在教学区中，大量的自行车被停放在各类建筑附近的人行道上，打断了步行系统的连续性；而在生活区中，停车设施则以车棚及露天车架为主，缺乏相应的管理人员及措施，环境较为凌乱及拥挤，"停车难、丢车频"等现象时有发生。

（3）缺少整体规划管理制度

为了创造良好的校园环境，学校出台了一些规定和措施，引进共享单车、共享电动车和电动摆渡车等，缓解校园学生私有电动车的迅猛增长。同时对校园交通和车辆停放提出了具体要求，包括学生生活区道路两侧禁止停放车辆、某些停车场停满时临时停车位的设置、设置校门禁系统和停车收费标准等，从管理层面缓解停车紧张，规范校园交通。但是由于大多数高校在校园建设时，未进行低碳交通规划和管理制度的统筹规划和顶层设计，后续措施的实施力度和影响层面收到限值，需要结合既有校园再建设和新校区建设，从整体规划管理角度加强低碳交通的建设。

9.2 高校交通碳排放影响因素及实现策略

9.2.1 交通碳排放影响因素

校园交通对于校园整体减排有着重要作用，也是减排弹性较大的因素之一，构建合理的交通线路和选择合理的交通方式都影响着交通碳排放，校园内交通碳排放影响因素主要有交通能源形式和交通选择方式。

（1）交通能源形式

传统的车辆多数以汽油和柴油作为能源，但是随着社会的发展，汽油和柴油所带来的环境问题日益突出，随着汽车保有量的增加，车辆带来的碳排放也日趋明显，而新能源的使用可以缓解甚至解决这一问题。不同的新能源形式带来的碳排放也不同，从温室气体的排放角度来看，使用压缩天然气、二甲醚为能源的公交车排放略少于传统石油基车辆，煤基甲醇略多于传统石油基车辆，而电动车、燃料电池车在运行阶段无碳排放。所以，车辆能源形式的选择对于由此所产生的碳排放关系密切。

（2）交通选择方式

步行、自行车骑行是最低碳环保的交通方式。对于居住在学校及其附近的师生可在非必要情况下选择步行、自行车出入学校，减少电动车、机动车的使用频率，可有效减少交通所带来的碳排放量。在机动车、电动车交通方式选择上，从人均角度来讲，选择公共交通的人均碳排放量要比私家车小得多，从减少碳排放角度而言，公共交通、电动摆渡车是校内耗能交通的最佳选择。

9.2.2 交通低碳实施策略

对于学生来说，主要的通行方式是步行，自行车、电动自行车等非机动车方式占一小部分比例。不同校区之间的通行方式主要是校车、公共汽车等方式。而教职工的交通方式还是以小汽车等机动车为主。在这种情况下，为构建绿色、低碳校园，学校要加强绿色交通系统的建设，合理规划人行通道与机动车通道的比例、位置等。

（1）合理的校园低碳交通规划

随着全球经济的不断发展，高校校园交通越来越以车流空间为主要发展方向，这或许在一定程度上提高了校园主体的便捷度，为其节约了时间成本，然而这样的趋势或许会对校园的交通压力有不小的影响，同时交通安全也存在不小的隐患，交通碳足迹也越来越高。校园交通规划需要正视校园交通需求的变化，面对高校校园面积不断扩大、车流主要化及校区分散化的现状，通过合理的交通规划和工程设计，以需求为导向系统性地规划交通布局，更加注重限行交通和慢行步道，建设"步行为主，公共交通为辅"的低碳校园交通体系。

（2）机动车系统优化

步行与非机动车都是对校园环境零污染的交通方式，但机动车的使用也是学校在绿色校园规划中要考虑的一种交通系统。停车设施是高校机动车系统优化的重点。优化停车设施建设，需要通过交通需求管理合理评估机动车使用要求，在满足使用需求的基础上控制数量、规模和位置。同时需要改变停车场地单一占用地面的用地模式，结合绿化、建筑、地形进行集约利用，节约用地资源。

校园停车场主要有绿化复合、建筑复合和地形复合三种集约利用方式。①与绿化复合，是最简单易行的集约利用方式，地面停车场地考虑与地面绿化结合，通过停车车位处植草地砖、景观绿篱等，消隐停车区域，美化校园环境，提高绿色覆盖率。②与建筑复合，将停车库结合建筑地下结构复合设置，缓解地面空间紧张并可发挥用地价值。在条件许可下，也可向竖向发展成为集中停车楼，依靠机械停车减少停车耗占面积，提高停车效率。③与地形复合，充分利用地形的特点设置地下、半地下停车库，可以减少土方开挖的投资费用，并保留地面空间。

（3）慢行交通系统优化

高校在校园内建立慢行交通系统，鼓励师生用步行或自行车代替机动车，积极推广慢行交通，在校园内设置禁止机动车通行的自行车专用通道和步行系统。步行是校园最普遍的交通方式，步行系统也是学生、教职工活动的重要区域。因此，学校在设计步行通道时，要综合场地、交通量、绿化设施以及建筑美观性等方面进行综合考量。

（4）鼓励高校师生低碳出行

广大师生作为高校交通的服务主体，对出行方式的选择在很大程度上决定了高校交通碳排放的水平。学校利用政策法规及宣传手段，对交通出行方式的选择进行引导，提高步行、慢行及公共交通等友好型绿色出行方式的比例。学校设置教职工班车，鼓励教职工乘坐班车公共汽车或鼓励合乘小汽车的方式上下班，减少机动车在校园的使用率。

9.3 建设案例

低碳绿色交通是绿色大学校园的重要组成部分，在山东建筑大学新校区绿色校园建设过程中，从交通规划、车行系统、校内停车、步行系统等方面践行低碳交通设计与运行，低碳交通成效显著。

9.3.1 交通规划

1.整体规划

新校区南侧为绿化良好的山体，为学校提供了天然屏障及绿色背景，同时场地内原有一个大坑、一个天然冲沟，形成"一山一深坑一冲沟"的原始格局。依照"一山体一深坑一冲沟"的原始格局，校园内打造了"一横三纵一弧"的景观轴线。"一横"强调了校园北部的体育活动区，"三纵"则很好地联系了运动休闲场地与生活区，"一弧"作为校园内最主要的景观轴线，串联了校园内最重要空间节点——日泉广场、星泉广场、日泉广场。依据规划轴线，校园分区明确，科学安排生活区、体育活动区、生态休闲区、滨水活动区、办公教学区、生态防护区、广场区、科研教学区（图9-1）。

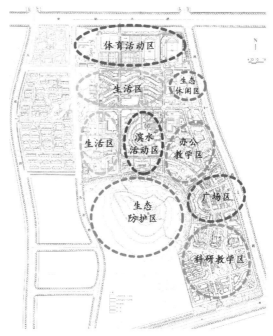

图 9-1　山东建筑大学校园功能分区图

2.道路系统规划

（1）出入口

学校共设五个出入口，主入口设在凤鸣路中段，是校区的礼仪性、标志性的大门，主要凸显学校的地位置，其他四个出入口分别设在经十东路、凤鸣路、世纪大道和雪山路四条城市道路上，既合理地组织了校内功能区的关系，又方便了师生出行（图9-2）。

（2）车行道路

根据步行为主的交通规划理念，校园道路最大限度地实践了人车分流，车行道路围绕校园主要功能区，解决功能区车行交通的同时，保证了功能区内部的慢行交通。校园车行道路分为主干道和次干道两级，主干道宽18m，次干道宽12m，符合大学校园的

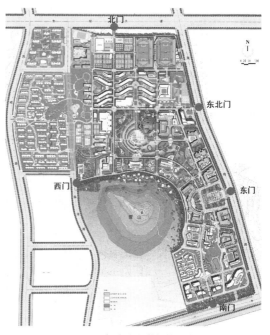

图 9-2　山东建筑大学新校区出入口

尺度，产生宜人的效果。校园主次干道，层次分明，各尽其能。主干道环绕核心教研区的一圈，有效地解决了核心区的交通问题，避免了车行穿越对生态廊道的不良影响，保持了一片学习研究的净土。除此之外，校园主干道以尽端路的形式与环路衔接，解决各功能区的交通问题。校园的次级干道围绕体育活动区、生活区，并由主干道向教研区内部延伸，与主干道共同构成了学校的车行道路系统（图9-3）。同时，将城市公共交通系统引入校园，沿车行道路设置公交站点，保证了学校各建筑出入口到公共交通站点的步行距离不超过500m。

（3）慢行道路

新校区南北用地狭长，学生规模较大，势必会造成以步行、自行车交通为主的交通模式，故在人行道基础上加宽路面，形成中间10m自行车道、两侧各4m人行道的自行车与步行专用道。此慢行道路沿生态廊道两侧贯穿各功能区，既较好地解决了南北狭长的交通问题，又形成了景观极佳的绿化走廊。

（4）停车场

汽车停靠采用集中式停车场和路边停车相结合的方式，均衡分布在校园内部；自行车停车分散布置，结合教学区、宿舍区的底层架空和室外自行车停车场来解决停放问题。鉴于基地内地势起伏较大的特点，在建设施工过程中尽量利用基地内谷地、冲沟建设新的"地景"，大大减少了施工土方量，节省了劳动力，缩短了工期。校园原址东南向有一南北走向冲沟，也就是校园自然地势特征中的"一谷""一洼"，利用此冲沟设置了立体交通和地下停车场，实现了人车分流，提高了土地利用率，体现了人文关怀（图9-4）。

图9-3 校园交通组织分析图

图9-4 利用冲沟的地下停车场

9.3.2 车行系统

山东建筑大学新校区是2003年投入使用的，当时校园内几乎没有电动自行车，因此设计了车行道路系统和慢行道路系统，车行道路系统服务于校园内的公交车及小汽车，慢行道路系统服务于校园内自行车及行人。随着电动交通工具的普及，校园的自行车正在被电动自行车取代，对校园车行交通系统影响显著。学生电动自行车保有量逐年增加，电动车自燃、丢失、乱停放问题日益严重，学校增加了电动共享单车和电动摆渡车，发放号牌限值私人电动自行车的增加。

目前学校交通碳排放来源于机动车和电动车。机动车主要为内部公交车车辆和来往校园内的小汽车车辆。电动车主要是电动自行车和校园摆渡车。校园主要碳排放源及类型见表9-1。

校园交通碳排放源 表9-1

车辆类型	燃料类型	碳排放
公交车	电	校园间接交通碳排放
	柴油、压缩天然气	校园直接交通碳排放
小型汽车	汽油、柴油	校园直接交通碳排放
电动车	电	校园间接交通碳排放
摆渡车		

1. 校园公交车

目前，山东建筑大学校内作为始发站的公交车主要有K317和K161（图9-5）。根据对校园公交车调度中心的调研，K317和K161公交车都是新能源汽车，K317为是油电混合动力车，使用能源为电力和柴油，K161是燃气动力车；使用能源为压缩天然气。

图9-5 K317（左）与K161（右）

K317 与 K161 校内行使路线相同，周内校内次行使次长度为 1.9km，周末及节假日校内行使次长度为 2.06km（图 9-6、图 9-7）。K317 周内发车频次为 21 次 /d，周末、节假日与暑假发车频次为 26 次 /d，寒假根据实际需求少量选择运行；K161 根据公交公司运行时间安排，不受学校影响，发车频次约为 32 次 /d。从图 9-8 中可以看出，2019 年公交车校内行驶距离 40135.9km，2021 年校内行驶距离 40248.6km。

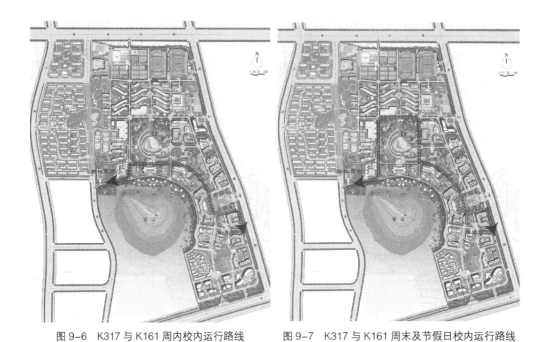

图 9-6　K317 与 K161 周内校内运行路线　　　图 9-7　K317 与 K161 周末及节假日校内运行路线

2. 小汽车

山东建筑大学的小汽车碳排放量占交通碳排放量的大部分，而车辆碳排放量与车流量成正比，所以校园车流量的趋势也是校园小汽车碳排放的趋势。校园小汽车主要分为教师与后勤职工的备案车辆以及临时进校的非备案车辆，数量及构成见图 9-9。

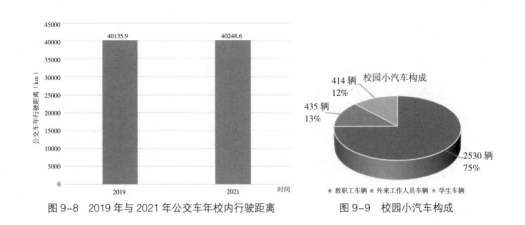

图 9-8　2019 年与 2021 年公交车年校内行驶距离　　　图 9-9　校园小汽车构成

2020年由于受疫情影响,校园交通基本处于停滞状态,为保证数据的准确性与客观性,选取2019年与2021年数据进行研究,校园中非备案车辆与备案车辆2019年与2021年车流量见图9-10和图9-11。

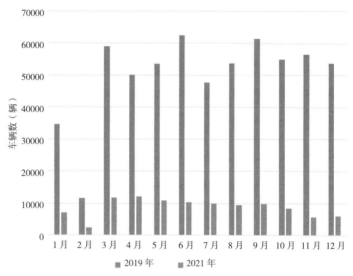

图9-10　2019年与2021年非备案车辆逐月车流量

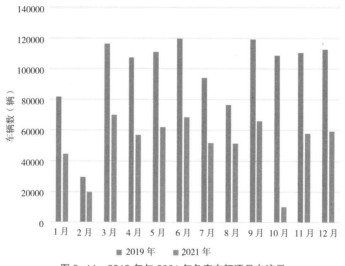

图9-11　2019年与2021年备案车辆逐月车流量

每年的3月、9月是开学季,6月是毕业季,从图9-10可以看出,非备案车辆最高进出数量发生在3月、6月和9月。备案车辆进出校园主要是教职工上下班,因此备案车辆车流量最低月集中在2月、7月和8月的寒暑假期间。2019年和2021年小汽车车流量分别是1726470辆和723344辆,分别产生碳排放量为381t和159t[①];2021年小

① 汽油百公里油耗取2019年与2020年中国乘用车企业平均燃料消耗量的平均值:5.59L/100km。汽油密度取:0722kg/L,汽油碳排放系数取:3.0425kgCO₂/kg。

汽车在校内行驶的次数减少了 58.1%，究其原因，是新冠疫情下学校高度重视校园安全，进行交通管制措施，因此大大降低了校园小汽车的进出数量，尤其对非备案车辆来说，进出校园限制效果显著，非备案车辆从 2019 年 538253 辆降至 2021 年 104228 辆，在保证校园安全的同时有效降低了校园交通碳排放量。

学校 2019 年和 2022 年东门、东北门和西门的三个主要出入口的车流情况如图 9-12 所示。东门和东北门的车流量相差较小，东北门车流量略高于东门，车流量最大的出入口为西门。西门车流量最大的主要原因是由于山东建筑大学教职工人员主要居住于与西门相近的建大花园，每天上下班主要从西门进入。东北门的车流量次之，主要由于其靠近校园生活区，火车餐厅、超市、食堂及快递收发处等校园生活配套设施集中于此，所以货物运输的车辆大部分从东北门进入；其次，校园中学生家长接送以及学生自有车辆进出校门也主要通过东北门进出。但由于受疫情影响实行交通管制，使得东北门车流量变化最大，2021 年车流量有效降低。校园的东门，2019 年和 2021 年均是使用频率最少的，主要为不居住在建大花园的教职工及出校办事时产生的车流量。

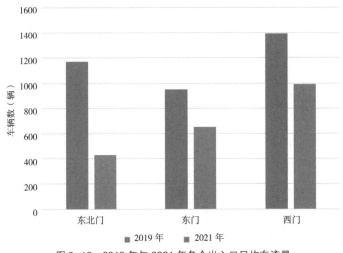

图 9-12　2019 年与 2021 年各个出入口日均车流量

在 2021 年一天之中，每 2 小时三个出入口的车流量如图 9-13 所示。全天三个校园出入口的车流量有明显的潮汐特性，白天车流量大夜晚车流量小。全天三个校园出入口的最大车流量发生在上午 5 点~9 点的 4 小时内，体现了高校上班时间相对集中，下班时间相对自由的特点。东北门的车流情况为从早上 3 点开始增加到上午 8 点达到最大，主要原因为部分快递及商品货物的运输与部分工作人员进出。西门上午 7 点~9 点的 2 小时的教职工上班时间，车流量明显大于其他时间，佐证了西门主要是学校教职工通行使用。东门的车流量变化趋势与西门相同，流量较西门略小。

3. 电动摆渡车

校园内设置以电动摆渡车为主的校园微公交系统，满足师生出行，降低碳污染。

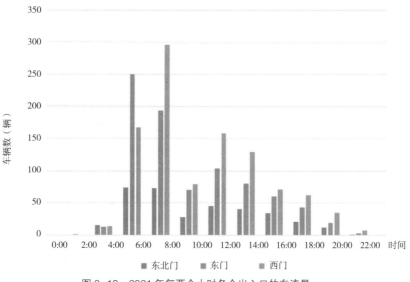

图9-13　2021年每两个小时各个出入口的车流量

10辆校园摆渡车在2021年9月28日投入运行,在上下课高峰期搭载学生,招手即停,解决较远路程的校内点对点交通(图9-14)。截至2021年11月18日,电动摆渡车共充电9333kW·h,所产生的碳排放量为8.8t[①]。

4.电动自行车

截至2021年底,在校电动自行车数量3202辆,其中学生2381辆,教职工360辆,外来工作人员461辆。学生电动自行车安全隐患多,学校后勤处通过发放号牌的形式,限值学生购买新的电动自行车,逐步淘汰现有的电动自行车。同时为解决电动自行车上

图9-14　校园摆渡车

楼充电的问题,学校建设了学生电动车充电桩,2021年7月7日投入使用,截至2021年10月31日,共充电32357kW·h,每月学生电动自行车充电量情况如图9-15所示。学生电动自行车每月用电量不断增加,到九月、十月趋于稳定,月充电量约1.3万kW·h,所产生的碳排放为30.5t。学校设置充电桩集中充电,规范了学生电动车的充电行为,对电动车用电情况进行大数据统计,便于后续的校园交通减碳工作的展开与政策制定。

另外,学校正在逐步引进共享电动单车,逐步替代学生私人电动车退出的空缺,满足校园内较远距离的低碳出行需求。

---

① 电碳排放系数采用2019年度减排项目中国区域电网基准线排放因子华北地区：0.9419tCO₂/MWh。

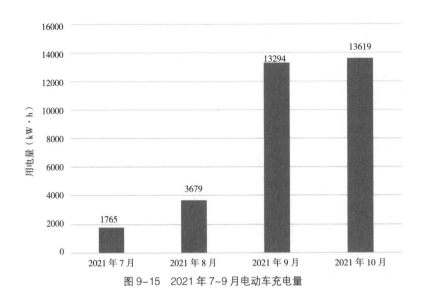

图 9-15   2021 年 7~9 月电动车充电量

9.3.3   校内停车

1. 机动车停车

校园内停车主要包括小汽车停车和电动车及自行车停车两部分。小汽车停车按照使用者和来校目的分别设置，由表 9-2 可知，校园机动车辆主要包括教职工车辆、外来人员车辆和学生车辆。外来车辆主要包括两部分：一部分是学校超市、食堂的人员货物车辆，在学校食堂附近设置集中停车场；另一部分是到教学区和行政楼的临时车辆，在行政楼、建艺馆附件靠近东出入口设置集中停车场。教职工车辆多停靠在教学楼和所在学院建筑附近，借用主次干道路边设置停车位。

校园机动车辆组成及主要停车区域   表 9-2

类别	主要组成	主要停车场所
教职工车辆	学校教师、行政人员及相关工作人员车辆	主次干道路边停车位
外来人员车辆	学校超市、食堂货物车辆，学校商店工作人员及食堂聘用人员车辆	食堂停车场、东门附近停车场

目前，由于全社会小汽车数量的增加，高校教职工校内停车难的问题突出，尤其是上下课时间段教学楼附近极难停车，校园立体车库、地下停车场等成为解决高校停车难的有效方法。

2. 非机动车停车

非机动车停车主要是指学生电动车、自行车的停车。根据学生活动频率及活动距离，设置学生电动车和自行车停靠点，综合考虑校园主要功能建筑和校园出入口位置，沿两条主要使用的骑行路线，按照理想步行出行距离 200~500m 的间距，将非机动车停车设置学校浴室、食堂、逸夫楼（教学楼）、图书馆及科技楼（教学楼）、体育馆、校园出入口附近，具体位置如图9-16所示。

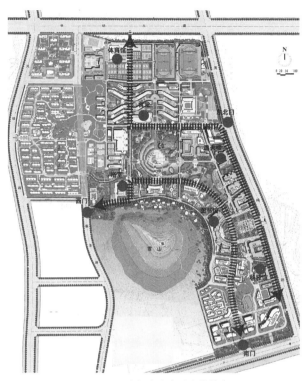

图9-16 自行车和电动车停放点

9.3.4 步行系统

在高校校园中步行系统不仅是学生日常生活的必经之路，更是一种交流的空间。学校步行系统与学校景观廊道综合设计，广场、团队型交往空间、对话型交往空间三种规模的空间节点沿步行系统有序展开，改变了步行系统单调的使用体验。考虑瞬时产生的学生流的集散，将步行系统交叉口位置的空间在尺度上适当扩大，学生们便于在这些场所集中聚会，同时不妨碍其他师生的行进。在路线复杂的步道两侧，乔木、灌水等植物要穿插设置，形成多变的步道曲线（图9-17）。在步道较宽的位置，设置相关的校园规划展示栏，为师生普及绿色生活知识。

图9-17 林间步道

第 10 章

低碳校园文化的
传播与实践

10.1 高校低碳文化概述

10.1.1 高校低碳文化的内涵和特征

自 20 世纪 80 年代以来，气候变化逐渐被全球各国所关注，成为各国讨论的重要议题。2016 年，中国在巴黎气候变化大会上提出，将于 2030 年左右使碳排放达到峰值，争取在 2060 年前实现碳中和。

先进的文明需要先进的文化来构建，低碳文化正是构筑生态文明的先进文化形态，是支撑碳达峰、碳中和目标实现的精神力量。低碳文化，是指人们在进行生产实践活动和文化生活中，在进行物质活动以及能源消耗时，应当树立"低碳化"的观念以及具备"低碳化"的行为，在保证人的发展的前提下，"注重规避以往的物质主义、消费主义、个人主义等价值取向和行为模式，取而代之的是要注重节能、减排、降耗、增加碳汇，循环利用等'低碳化'的价值观与行为活动。"高校低碳文化作为大学文化的一个组成部分，具有其自身鲜明的特征：

（1）价值取向崇尚生态文明，行为追求尚俭节用

低碳文化所倡导的核心是生态价值，低碳发展简单来说就是不破坏生态环境或者对生态环境的损害降低到最低，同时还能够对生态环境所造成的破坏进行补偿、修复和重建的发展模式。

高校低碳文化具有尚俭戒奢的行为方式取向，倡导在生活方式上勤俭节约，要求我们摒弃之前高消耗的生产方式，逐步实现低能耗、低消耗的生活生产方式。生活理念由物质为主转变为简朴、低耗、可持续的低碳理念。高校低碳文化意味着人们的行为发生转变，由盲目、从众的行为方式转变为科学、合理的低碳消费生活行为，从不理性、不文明转向理性、文明的消费方式。

（2）是秉持绿色、自然可持续发展的高校文化

低碳理念是一种自然、健康、绿色环保的生产生活观念，它提倡的是低排放、低污染的模式，是不以牺牲自然环境为代价进而换取人类社会发展进步的观念。同时，高校应充分利用高校科研资源，调整高消耗能源使用模式，提高能源利用效率、减少排放。

借助科技创新，积极实施资源的循环利用和可再生资源的利用。增加清洁能源的使用，用清洁能源替代传统的能源。"设计新建建筑时参照绿色建筑指标评价体系，在对老旧建筑进行改造时，大力推广感应传感器、节水便器等节能产品和设备。"并且全面完善管理体制，加强节能监管平台的建设与维护，利用网络技术与现代传感技术，实现校园能源消耗数据化、数据可视化、管理动态化。

10.1.2 高校低碳文化的功能

高校低碳文化的传播是促进低碳文化发展的必经之路。高校低碳文化传播的过程取决于低碳文化的使用价值高低、实施难易程度、时代适应性等多种因素。高校低碳文化传播也普遍存在于高校低碳发展的各个阶段之中，是高校低碳活动的表现形式，也是高校低碳行为的主要内容。高校低碳文化具有以下功能：

（1）导向功能

低碳文化所包含的低碳经济价值观、低碳经济发展观、低碳经济发展目标等都发挥着导向功能，能够引导全民落实低碳行为。在高校中，以低碳价值为核心的低碳文化可以有效引领低碳能源、低碳生活、低碳消费等一系列低碳行为，为社会、学校低碳可持续发展提供强有力的保障。高校低碳文化利用其导向作用，可以提倡、引领全校师生梳理低碳、绿色、可持续发展的理念，进而促进低碳行为在全社会的普及。

（2）凝聚功能

高校低碳文化还具有凝聚作用，在全校师生的低碳行为中，高校低碳文化起到了"靶心"作用，能够凝聚高校低碳意识、低碳行为。通过在全体师生中建立统一的低碳行为目标、树立一致的低碳理念，将师生凝聚在一起，形成一个强有力的团体，为建设低碳校园而努力。

（3）约束功能

高校低碳文化通过传播在全校师生中达成共识，当师生开始践行低碳文化时，会体现出低碳文化的约束作用。高校低碳文化规定着师生的道德与行为方式，这种文化可以将外在强制性的行为转化为内在的自觉个人行为。当低碳文化理念内化为全体师生所普遍接受的价值理念时，会通过自我约束完成低碳校园建设。

（4）推动功能

通过在校园低碳文化宣传推广，可以使全校人员达成低碳文化的共识，进而使全体师生产生认同感、责任感，助力于低碳校园建设。同时，高校低碳人员对低碳文化的广泛认可，也是推动高校低碳建设的有效力量，能够推动高校低碳技术创新、制度创新、管理创新等，使高校低碳建设进入新的阶段。

10.1.3 加强低碳文化在高校传播的重要意义

1. 是培养具有低碳理念的高素质人才的需要

高校是培养社会主义建设者和接班人的重要阵地，培养具有低碳理念的高素质人才是高校责无旁贷的责任。高校要发挥自身学科优势和教师资源优势，实施"低碳教育工程"。设立绿色低碳校园研究机构，培养低碳科学技术团队，加强低碳、节能、减排等方面的研究，为构建科学合理的学科结构、科学配置资源、低碳低耗运行的科学发展模式提供理论支持，从学科专业建设引领师生对低碳理念的认同；在课堂中深入挖掘低碳文化的学术潜力，将低碳教育引入课程体系、将低碳意识纳入教学过程，加强理论教育和实践训练，促进学生对低碳文化的全方位理解；借助学生社团、社会实践等第二课堂活动，让学生在实践活动和志愿服务中形成低碳意识；借助各种媒体平台，引导师生低碳生活理念、养成低碳生活行为习惯。

2. 是中国传统文化的内在道德要求

低碳文化的构建，可以找到一个内在的道德文化机制的导引，就是中国古代哲学与传统文化中"天人合一"的道德观。"天人合一"思想可引申为"一"即贯通之"德"。所谓"大一"即宇宙之"道"与人类之"德"的道德贯通。《周易》中提出"厚德载物"，即以宽大的胸怀接纳万物。老子主张"圣人抱一为天下式"，即天地万物生生不息有其内在运行的规律和流程。庄子主张"天地与我并生，而万物与我为一"，讲的是"顺应自然，不要因为刻意追求自我的欲求而破坏自然之道。"孟子和荀子主张"仁民爱物"，这些都是中国文化讲究人与自然和谐共生的基本哲学。

生态文明和双碳目标的建设，都是为了追求人类社会在持续健康发展的道路上稳步前行，在精神层面上，都与中国传统文化中对人与自然和谐统一的追求是一致的。在培育和发展高校低碳文化时，我们要立足于"天人合一"传统文化的引导，坚定文化自信，增强中华民族的向心力、生命力。"以文化自信延续精神发展、筑牢信仰之基、把稳思想之舵，以文化自信打牢精神支柱、提供精神动力，从而增强中华民族的意志力、凝聚力。"

3. 是建设绿色大学的必然要求

清华大学于1998年提出"绿色大学"的概念，并且将建设绿色大学视为发展世界一流大学的重要组成部分。校园低碳文化的传播和实践为绿色校园建设提供文化支撑和精神动力。通过丰富低碳生活实践和教育理念，逐步建立起大学绿色教育体系。建设以绿色教育系列课程为核心、绿色课程要素为延伸、环境专业课程为依托的多层次绿色教育课程体系。建立以大学生科创训练、学生绿色社会实践、社团活动等为主体的实践体系。推进实地生态考察、绿色调研社会实践活动的开展，并举办以低碳校园为主题的系列专题活动，将低碳理念和绿色大学建设融入校园生活的点点滴滴。绿色大学的建设任重而道远，借助各种教育手段和传播方式，加强宣传绿色学习、生活方式，为绿色大学建设提供的文化支撑，创造品位优雅、舒适宜人的环境文化。

10.2 高校低碳文化的传播策略

高校在低碳校园文化的传播过程中要把握内容策略、媒介策略、场景策略、时机策略四种传播策略，通过丰富传播内容和形式、发挥传播媒介优势、尊重传播规律，满足传播受众心理需求，从而达到文化传播效果的最大化。

10.2.1 评价方法

1. 硬件部分

（1）校园碳排放总量

本书将高校的用地范围作为碳核算的地理边界范围，将发生在地理边界范围内的碳排放、碳减除和碳固化定义为直接碳排放，将发生在地理边界范围外的定义为间接碳排放。根据对环境中二氧化碳的增加和减少，将高校直接碳排又分为直接增碳和直接减碳两类（表 10-1）。

高校的碳核算范围界定　　　　　　表 10-1

类型		界定	主要包括
直接碳排放	直接增碳	发生在高校地理边界内的碳增加	校内交通 食堂炊事燃气 校内自建供热设施耗能 校内污水处理（即校内中水生产）
	直接减碳	发生在高校地理边界内的碳排减除	校内植被 校内可再生能源使用
间接碳排放		高校地理边界内活动消耗的调入电力和热力相关的间接排放	校外供应的电力 校外供应的采暖热力 校外供应的化石能源 校外供应的自来水 校内产生垃圾的校外处理 校内产生污水的校外处理 校内日常生活消耗资源

1）建筑能耗：建筑电力、采暖、制冷的能源供给主要来自三个方面：电厂等市政基础设施、热电联产、供热中心等区域能源中心和自建锅炉房等供能设施。高校的电力、热力供给一般来自市政基础设施的电厂、热电厂，电力生产发生在高校之外。因此，高校使用的电力产生的碳排放计入间接排放。需要特殊说明的是，高校食堂的炊事燃气、自建供热锅炉由于其燃烧过程中的排放发生在高校地理边界内，因此计入直接增碳；燃气、燃煤等是校外供应的化石能源，生产过程的排放发生在高校地理边界外，计入间接碳排放。

2）高校交通：高校的交通，尤其是公共汽车、私家车等机动车的出行，包括两部分，一是高校外部交通，是指发生的校外，以高校为目的地的交通；二是高校内部的交通，出行的起点或终点均位于高校内。校内交通发生在高校地理边界内，而且是高校可管理、可优化的范畴，因此高校交通碳排放一般仅核算校内交通，计入直接增碳，校外交通核算应计入城市交通碳排。

3）校内生活资源消耗：高校内广大师生的日常生活需要食物、衣服、纸张等方面的基本供给，这些日常生活资源的生产大多发生在校外，因此，其碳排放计入间接碳排放。

4）校园植被：高校有较高的绿地率，且多采用乔灌草复合种植，因此高校的植被固碳功能，有效提高了校园碳汇。高校地理边界内的全部植被均被纳入直接减碳，消减高校碳排。

5）可再生能源：高校内电力、采暖、制冷等能源的消耗量是包括校内产生的太阳能光热、光电、风力发电等可再生能源的，因此需要在碳核算中将可再生能源部分减除，计入直接减碳。需要特殊说明的是，国家电网的电力供应是包括校园外可再生能源发电的，这部分高校地理边界以外的可再生能源，可以通过电力碳排放因子进行核算。

（2）校园净碳排放总量

高校校园用能净碳排放量为各板块碳排放总量与碳消除量的差值，计算公式如下：

$$C_{总}=A_1+A_2+A_3+A_4+A_5-B_1-B_2 \qquad （10.2.1-1）$$

式中：　A_1——表示建筑板块碳排放量，$A_1 = a_1 \cdot k_1$，a_1 表示建筑板块能源消耗量，k_1 为建筑运营消能源排放因子。

A_2——表示交通板块碳排放量，$A_2 = a_2 \cdot k_2$，a_2 表示交通板块能源消耗量，k_2 为车辆出行消耗能源排放因子。

A_3——表示水资源板块碳排放量，$A_3=a_3 \cdot k_3$，a_3 表示给排水过程中能源消耗量，k_3 为不同给排水方式排放因子。

A_4——表示废弃物板块碳排放量，$A_4=a_4 \cdot k_4$，a_4 表示废弃物处理过程中能源消耗量，k_4 为废弃物不同处理方式排放因子。

A_5——日常生活资源消耗板块碳排放量，$A_5=a_5 \cdot k_5$，a_5 表示日常生活资源消耗量，k_5 为日常生活资源耗能排放因子。

B_1——表示可再生能源板块碳排放量，B_2 表示绿色空间板块碳清除量。该部分计算参照第 11 章中计算公式进行计算。

（3）单位建筑面积碳排放量

校园单位建筑面积碳排放量应按照下式计算：

$$Q_s=10000 \times C_{总}/S \qquad （10.2.1-2）$$

式中：　Q_s——校园单位建筑面积碳排放量，单位为千克二氧化碳每平方米（$kgCO_2/m^2$）；

S——校园总建筑面积，单位为平方米（m^2）。

（4）校园生均碳排放量

校园生均碳排放量应按照下式计算：

$$Q_p=1000 \times C_{总}/P \qquad （10.2.1-3）$$

式中：　Q_p——校园生均碳排放量，单位为千克二氧化碳每人（$kgCO_2/p$）；

P——学校在校生人数。

学校在校生人数以正式注册的在校学生（折算规模）人数为统计对象，其中学生人数的折算方法如下：本科生 1.0（基准），硕士研究生 2.0，博士研究生 3.0，留学生 3.0。

（5）校园碳排放强度基准值

该部分参照《高等学校低碳校园评价技术导则》DB11/T 1404—2017 中的计算方法进行折算，校园碳排放强度基准值可按照学校类别从表 10-2、表 10-3 中选择，校园硬件部分得分按照表 10-4 给予赋分。

校园单位建筑面积碳排放基准值　　　　表 10-2

二级指标	学校类别	基准值
校园单位建筑面积碳排放量	理工及综合类高等学校	47.08
	文史财经师范及政法类高等学校	46.94
	高职及专业类学校	34.07

注：单位为千克二氧化碳每平方米（$kgCO_2/m^2$）

校园生均碳排放基准值　　　　表 10-3

二级指标	学校类别	基准值
校园生均碳排放量	理工及综合类高等学校	1129
	文史财经师范及政法类高等学校	1342
	高职及专业类学校	1119

注：单位为千克二氧化碳每人（$kgCO_2/p$）

校园硬件评分细则　　　　表 10-4

分项名称	一级指标	二级指标	评分细则	得分	满分分值
硬件设施	校园碳排放强度	校园单位建筑面积碳排放量	1. $Q_s \leqslant$ 基准值	64	64
			2. 基准值 $< Q_s <$ 基准值 $\times 150\%$	51	
			3. 基准值 $\times 150\% < Q_s \leqslant$ 基准值 $\times 200\%$	38	
			4. 基准值 $\times 200\% < Q_s$	0	
		校园生均碳排放量	1. $Q_p \leqslant$ 基准值	36	36
			2. 基准值 $< Q_p <$ 基准值 $\times 150\%$	29	
			3. 基准值 $\times 150\% < Q_p \leqslant$ 基准值 $\times 200\%$	22	
			4. 基准值 $\times 200\% < Q_p$	0	

2. 软件部分

软件部分通过对低碳校园影响要素中组织管理、制度建设、活动组织、校园文化、育人功能、社会影响等五个方面的调研与专家访谈，结合校园建设实际，确立了管理机制建设、低碳文化建设两个一级指标，形成了组织机构建设、管理制度建设、低碳文化教育、低碳文化传承、低碳生活实践五个二级指标，由此形成了18项评分细则，并赋予了相应得分，具体如表10-5所示。

软件设施部分得分细则 表10-5

准则层	一级指标	二级指标	评分细则	得分	满分分值
软件设施	管理机制建设	组织机构建设	学校设有校级低碳校园建设的议事协调机构	6	60
			学校主要领导单人议事机构负责人	6	
			学校每年向所属单位下大减排量化任务指标，明确责任人并进行考核验收	6	
		管理制度建设	学校定期编制低碳校园建设中长期规划，包括能源利用、资源利用、减排措施等专享规划	6	
			学校设有低碳校园建设专项资金筹集和使用制度，在制度上固定专项资金的筹集渠道和方式	6	
			学校设有低碳校园建设专家咨询制度，定期聘请专家提供咨询意见	6	
			学校实行低碳校园信息公开，定期公布全校碳排放总量、结构、增长、减少及碳汇情况	6	
			学校设有寒暑假节能运行管理制度	6	
			学校建立奖励制度，定期对在低碳校园建设方面做出显著成绩的集体和个人给予奖励	6	
			学校建立能源、资源等管理人员培训制度，对专业人员定期进行业务培训	6	
	低碳文化建设	低碳文化教育	学校每年至少开始3~4次校级低碳知识讲座	5	40
			校园采用小贴士、校园报纸、网站、视频等方式宣传及普及低碳知识	5	
		校园文化传承	学校在建设中保留校园传统建筑、景观和设施	5	
			学校利用现有资源进行低碳生活展示	5	
		低碳生活实践	学校倡导选择步行、非机动车行、公共交通出行	5	
			师生共同参与 光盘行动、废旧用品义卖、无纸张化办公等低碳校园互动活动	5	
			师生共同进行低碳技术的研发、应用与推广活动或低碳管理政策的研究与宣传活动	5	
			学生参与社会低碳宣传与推广活动	5	

3. 评价的权重赋值

低碳校园建设评价指标体系，其一级指标软件设施下的二级指标中的组织管理、制度建设、活动组织、校园文化、育人功能、社会影响能够直接影响教室学生的低碳生活意识，由此影响一级指标硬件设施下的建筑单位面积和生均的碳排放量。因此，它们是一个互相依存的反馈网络结构。同样的，一级指标硬件设施下辖的二级指标中的建筑碳排放、交通碳排放、生活碳排放、可再生能源减排、绿化固碳、废弃物处理等也是一个相互依存的反馈网络。由此可见，低碳校园建设评价模型的二级指标之间是一个相互依存、反馈的网络结构。

为了计算低碳校园建设评价指标的权重，本书前期调研编制了低碳校园建设评价指标权重调查问卷，请有关专家、学者、校园管理人员以及学生等对一级指标的权重比例进行区间选择。对回收问卷进行整理，得到本书低碳校园建设综合评价模型的指标权重。其中一级指标硬件设施 50%~60%、软件设施 40%~50% 所占比重最高，这一比例结果与《高等学校低碳校园评价技术导则》DB11/T 1404—2017 中的权重比例高度一致。由此，低碳校园评价体系中的一级指标的软硬件比例分别占比 40%、60%。

4. 评价指标综合分值

评价指标综合得分分值按下式计算：

$$D_z=0.6 \times D_1+0.4D_2 \tag{10.2.1-4}$$

式中：　　D_z——评价指标综合得分分值；

　　　　　D_1——硬件评价指标综合得分分值；

　　　　　D_2——软件评价指标综合得分分值；

5. 评价结果与等级

低碳校园评价结果以评价指标综合得分分值进行判定，分别为三星、二星、一星和非低碳 4 个等级，如表 10-6 所示。

低碳校园评价结果　　　　　　　　　　　　表 10-6

等级	★★★	★★	★	非低碳
状态	优秀	良好	基本符合	不符合
分值	90~100	75~89	60~74	0~59

10.2.2　内容策略——坚持内容为王

低碳文化传播内容包括语言符号和非语言符号两类。其中语言符号主要是指低碳文化传播中用文字表现的传播内容；非语言符号包括视觉性符号、行为性符号、听觉性符号、嗅觉性符号等。在具体的传播过程中要根据受众需求和传播规律，对传播内容进行创造性地使用和展示。

1. 以科技为依托，引领低碳风尚

低碳行为是一种文化实践，更是一种科技传播实践。低碳文化传播要以校园低碳技术为出发点，将科技传播作为低碳文化传播的基石。

（1）低碳科技包围校园，营造低碳环境文化

环境文化建设是大学文化建设的重要组成部分，在文化育人中起到特殊作用，对青年学生的思想、行为起着影响和制约作用，具有人文情怀、精神理想和审美追求的环境文化能够促进学生身心健康发展。营造低碳校园环境氛围，能够感染学生思想，陶冶

学生情操，产生润物细无声的文化传播效果。当前很多大学都在校园的整体规划、结构布局、硬件设施上融入了低碳理念，为低碳校园的建设提供了宝贵的经验。在校园建设中，高校应充分运用新型节能产品、环保材料、低碳技术，改善校园内部的能源使用结构，增强学校内部的管理效益，确立低能高效的教育发展方式，让低碳科技包围校园，让校园中的一花一木都能"说话"，实现科技与文化的完美融合。学生长期处在低碳校园的浓厚氛围中，切身感受到低碳科技对于生活的便利，从而更易于在观念上接受低碳文化，并积极主动地养成低碳生活的习惯。

（2）凝练科技信息，弘扬公益观念

一方面，在低碳科技所构建的低碳校园环境中，通过实地参观、亲身体验、讲解演示等方式向学生普及低碳技术的作用，让青年对于低碳科技有更进一步的认识。另一方面，高校为师生提供社会公益实践平台，联合公益组织、社会机构，借助互联网平台、大数据技术，深入中小学、农村、社区、企业，定期开展双碳科普讲堂、志愿服务、低碳实践等公益项目。围绕双碳减排、气候变暖、绿色出行等热点问题，高校师生为群众讲解降低碳排放量的科学方法、介绍简单易行的节能妙招，使更多人接触到双碳政策与理念，参与到低碳生活中。在参与公益活动中，青年学生不仅向广大群众宣传了低碳思想，也更为直观地接触与领悟到了低碳文化，培养起对国家与社会的责任感。依托科技的力量，实现低碳文化与公益的融合，让低碳理念植入更多的学子心中，为科技注入灵魂，为祖国培育更多身负责任感、践行双碳目标的青年人才。

2. 依托校园特色，打造低碳文化品牌

（1）立足自身特色，打造更具竞争力的本土化品牌

校园文化品牌是文化建设的核心，是沟通高校与社会的桥梁，是高校文化对外传播的窗口。各高校应该发挥学科专业优势，凝练专业特色与低碳文化的连接点，打造低碳文化品牌核心竞争力。比如，工科类高校注重可持续发展技术方面的独特品牌建设，同时将新时代生态文化融入高校固有文化，传播高校低碳文化的深层内涵，展现区域性特色；建筑类高校以绿色建筑为切入点，打造绿色科技节能品牌。

山东建筑大学环境保护协会的"世界水日"节水宣传活动，自1999年开始每年3月22日学生志愿者都会开展以传播环保知识、组织环保活动为主要活动内容志愿活动。该社团主要以学校环境学院相关专业学生和学校有意于环境保护的同学组成，他们发挥自身专业优势，在校园、社区、乡村开展类型多样的节水、环保和低碳知识普及。环保协会自创立以来，积极与山东其他高校合作与交流，举办各类环保活动，获得了大学生群体与社会的称赞。2006年协会被山东环保基金会评为"活动优秀组织单位"、2007年成为CYCAN（中国青年应对气候变化行动网络）全国22所试点高校之一。

（2）打造低碳校园IP，设计品牌延伸

美国文化人类学家格尔茨说，"文化是由人编织的意义之网，是有意义的符号"。校园低碳文化要体现在一系列可见、可感、可亲的有意义的符号中，通过设计低碳校园IP形象和文化衍生产品，不断延伸低碳文化的品牌价值。

在互联网语境下，文化 IP 产业成为一大热点。IP 设计在商业中运用得如火如荼，青年学生聚集地的各大高校也不甘落后，IP 文化建设逐步受到学校的重视。南京大学校园文化象征物"小蓝鲸"、中国农业大学的吉祥物"棒棒"、山东建筑大学"皂角树下"文化育人品牌以皂角为原型设计的品牌形象"白小七"等，每个IP 形象的背后都蕴含着校园特有的文化精神。基于高校特色元素，设计出承载低碳文化与校园记忆的 IP，既能够让低碳文化融入高校，更能够迎合青年人的喜好、潮流，以喜闻乐见的形式向青年学生生动地传播低碳文化。（图 10-1）

图 10-1　山东建筑大学"皂角树下"文化育人品牌 IP：白小七

其二，IP 的延伸使用，在各类载体中深化传播低碳文化。在高校中，将 IP 融入文化产品的创意设计，赋予低碳文化以价值，使之产品化，让青年学生透过实物感受到低碳文化的存在，达到文化传播的目的。此外，还可以将 IP 形象运用到平面媒体、视频展播、建筑设计、网络媒体、表情包等各类载体中，使低碳文化的传播内容更具独特性、趣味性。设计一个高校低碳 IP 形象，并以其为主角或讲述者制作宣传海报、科普动画，用生动活泼的画面吸引年轻群体，化繁为简地传播低碳文化。（图 10-2）

图 10-2　山东建筑大学"此间建大"65 周年校庆系列文创

通过 IP、文创的设计将低碳精神寄托到 IP 上，将低碳文化通过文创产品传播出去，挖掘高校地方性文化资源，以趣味性、文艺性的方式传播低碳文化，提升其在青年群体中的传播度。

3. 培养校园低碳意见领袖，样板效应扩大传播力

实现校园低碳文化的有效传播，不仅要借助各种媒介载体，更要高度重视意见领袖的作用，借助人际传播的力量推广低碳文化。意见领袖是"两级传播理论中的重要概念，在大众传播—意见领袖——一般受众信息传播模式中起重要的中介或过滤作用，是信息传播活动的重要节点。"他们知识面广、表达能力强、交际范围广、思想活跃、创新精神突出，是某些专业领域的权威，其传播的信息有被接纳和二次传播的良好效果。培育

高校低碳使者，正是要借助舆论领袖的知名度、信赖度产生样板效应，引起广大青年纷纷效仿跟随，共同参与到校园低碳建设中，实现一传十、十传百的广泛传播。

（1）影响力背书，专家精英作样板

低碳文化传播借助第三方相关领域专家的可信度和影响力进行文化传播，专家会以明示或暗示的方式对低碳文化承诺做出更深层次的确认和肯定，这一传播策略就是影响力背书。比如，可以邀请低碳领域的权威专家、低碳学科科研带头人等，以座谈会、直播、科普活动等各种形式，讲好"低碳故事"，以其在该领域的权威性发挥名人效应来引领青年学生。

（2）教师模范引领，增加在学生中的传播力

争取每一位老师对低碳文化的认同与支持，尤其重视相关学科的教师、社团负责老师、领导工作小组的培养，打造一支社会责任感强、创新开放的专业教师团队。学校积极协助老师申报低碳课题项目、争取活动经费、组织全体教师开展学习，提高教师的专业素养，培养其对低碳文化的认同感。学校与老师们共同推进校园低碳文化的建设工作，发挥先锋模范作用，引领青年学生的思想、态度、行为的转变。

（3）培育大学生中坚力量，打造校园低碳使者

不同于专家、教师，学生中的意见，领袖往往能更好地从青年的视角出发考虑问题，所传播的内容更具亲和力、形式更新颖，能够引起广大青年的兴趣与共鸣。校园低碳文化的意见领袖可以是在社交媒体中表现较为突出、拥有较多流量、积极传播低碳故事的网络达人，也可以是在日常生活中积极践行低碳理念的学生，或者是相关学科成绩优异、知识储备充足、科研突出者。通过适当的引领与教育帮助学生定位自己，发挥自身优势与可能性，成为校园低碳文化传播的坚实支撑。

4. 加强传播趣味性，提升青年群体互动性、参与度

"Z世代"群体的特点就是不喜欢束缚，想要追求有趣、自由，对新奇的事物有着强烈的好奇心。因此，在活动中应注重融入趣味性、灵活性，例如低碳文化趣味知识竞赛、低碳创意大挑战、VR体感消灭碳元素游戏等。通过围绕娱乐来设计活动，把低碳文化的传播寓于玩乐之中。在文创产品设计、海报设计、线下体验场所等各种宣传载体与内容中创新表现形式，大胆使用强烈瞩目的颜色、设计独特的造型、融入娱乐元素，让受众眼前焕然一新。用别具一新的风格为校园低碳建设增添色彩、丰富情趣，使其在青年学生的脑海中留下深刻的印象。

5. 受众共同参与，创造归属感

在校园低碳文化建设中，与其告诉青年学生该做什么，能做什么，不如邀请青年群体参与其中，让他们成为校园低碳建设的共同创造者，会更容易产生所期望的观念与行为。比如，"认养一棵树"活动。以一个班级或一个小组为单位，认领校园中的一棵树或栽种新树苗，并定期为树木除草、浇水。参与树木养护的同学可以在树上挂上属于他们的铭牌，为自己培养的树苗进行命名。同时，开发线上小程序，同步线下培育数据，形成项目的专属海报或链接，分享到社交平台，吸引更多的学生参与到认

领树种的活动中去。通过亲自培育花草树木，见证大学四年树苗的成长，让学生感受到低碳行动的价值与意义，让学生在参与校园绿化建设中，培养自己的社会责任感和低碳意识。（图10-3）

图 10-3 "认养一棵树"毕业生教育活动

6. 融入仪式感，赋予意义与价值

仪式是一种信仰和价值的整合，是人们的内心与外界沟通的桥梁，让人们更专注地体会日常的美好。在低碳活动中保持仪式感，发挥仪式承载的文化符号的功能，有利于消除青年对于低碳文化的异质态度，维系对于低碳文化的共同情感。高校可以开展低碳联名活动，实现集体规范与价值的一体化。在活动中创造出被青年学生感受到的高校低碳行为规范，从而影响他们的思想与行为。比如，举办低碳联合签名、宣誓活动，赋予低碳活动仪式感，让青年学生在参与中感受到低碳文化背后的价值。在校园中设置签名墙、在微信等社交媒体中发布签名链接等，倡议青年学生参与到国家的双碳行动中，共同建设零碳校园，给予他们一定的使命责任。同时，在学校的 LED 屏、签名墙、微信链接中显示实时动态签名人数，通过媒体和社交传播，营造出浓厚的低碳文化活动氛围。利用从众心理，低碳校园建设的参与热度和人数量化成巨大的数字展现出来，促使每个学生都参与到联名活动中，学生的共同感和参与度会加快双碳校园文化的传播。青年群体在集体的压力与个人内心驱动下，朝着低碳生活的方向，主动转变自己的思想与生活方式，长此以往便会在校园中形成低碳生活的规范与风尚，推进校园低碳文化的深入传播。

7. 聚焦中国精神与低碳故事，建立文化认同感

低碳文化传播的不仅是宣传双碳方面的科学知识，更要普及低碳思想、低碳生活方式以及低碳精神。高校在低碳文化建设时，应注重低碳精神、文化认同的塑造，打破

自然科学与学生大众之间的藩篱。

校园低碳文化传播，不仅要从现代低碳思想出发，更要重视从中国传统文化中汲取智慧，把中国传统文化作为低碳文化思想源头和哲学根基，讲好"低碳故事"，建立情感认同。将故事策略运用到高校低碳文化建设中，创新高校低碳文化表达方式，让低碳文化为更多的青年学生所认同。讲好"低碳故事"，就是讲好双碳目标重大战略决策的故事，讲好中国在全球气候治理的大国担当的故事，讲好中国传统优秀文化的故事，讲好全球气候变化的故事，讲好环保科技的故事……通过讲道理，摆事实、举案例、列数据等多种形式，把国家与高校想传达的、青年学生想听的低碳故事生动形象的讲出来，展现低碳文化价值，提高青年学生对于低碳文化的认同感，从而用情感认同指导低碳行为实践。

10.2.3　媒介策略——实现多元渠道传播

"媒介是信息传递或接受及受众信息反馈过程中的载体和中介，是文化传播的主渠道。"互联网技术的发展将人类带入万物皆终端、万物皆媒介的时代。"万物皆媒，意味着物体媒介化、平台多样化，在深刻改变社会行为方式的同时，也颠覆性地改变着媒体生态。"在双碳校园文化传播过程中，要借助可利用的媒介进行多渠道传播，使之发挥"1+1>2"的传播效果。

1. 优化传统媒体，发挥舆论价值引领作用

一方面，校报和学校官网在保证低碳文化传播的优质内容的基础上，要满足青年学生的兴趣与需求，创新整体风格、话语体系、视觉排版等表现形式，生产内容更符合受众、表现形式更灵活，才能够吸引青年学生的阅读与传播；另一方面，校报还应以网络版、PDF版等电子版的形式呈现，推出数字报，从源头上贯彻低碳理念。同时，由于纸质版空间有限，在文本中设置延伸阅读二维码，通过扫码直接连接到相关新闻、视频，实现与移动终端的对接。

2. 构建新媒体传播矩阵，强化低碳指间"微传播"

以微信、微博、抖音、快手等手机APP为主要传播媒介的"微时代"的到来，带来了传播生态格局的深刻变化，青年大学生是"微传播"时代的主要受众。因此，利用新媒体对青年学生的影响，在高校低碳文化传播中构建新兴媒体"微传播"矩阵尤为重要。

（1）以"两微一抖"为代表，注重社交媒体的利用

一是在微信平台上，通过公众号、视频号精选推送，将低碳文化知识、国家政策、时政新闻、校园低碳建设成果、低碳活动等相关内容展现到学生面前。注重图文视频结合、语言生动、排版简洁，用青年喜闻乐见的形式，及时、富有亲和力地传播低碳文化。

二是发布微博话题，吸引学生参与到话题讨论与分享中。在微博上创建关于低碳文化的话题，"100件低碳小事""我的低碳生活""我在××高校的低碳生活"等，能够引起大范围的讨论。大学生群体富有感性且对热点事件有着很高的敏感性，敢于表达自己的立场与态度。且微博由于其匿名性的特点，用户更愿意发表自己的见解，表达真

实的想法。通过微博造势，无疑能够在较短时间内得到较多的关注。

三是借助抖音、快手等短视频平台，学校官方发布低碳文化视频。视觉动态化呈现低碳知识和行为实践。同时鼓励每一位同学参与到低碳生活 Vlog 记录创作中来，记录一次低碳行为、打卡一次低碳体验馆、发布一个低碳创意设计的视频等，开展诸如"挑战 21 天低碳生活 Vlog""我的低碳一天"此类活动，让每一个青年学生都参与到低碳文化的传播中。

（2）完善高校移动信息平台，打造特色媒体

借助校园 APP 平台，开设低碳专栏，上线减碳数据、知识竞赛、碳积分、低碳指南等各种程序。利用大数据、智能算法、互联互通等技术，记录学生的低碳行为。例如借助定位系统，记录学生步行、骑行公里数。通过记录每个人的减碳汇总，让学生了解到自己能为碳中和行动贡献多少力量。通过汇总学校减碳数据，让学生感受到每个人的共同行动能为校园低碳建设产生多大的贡献，强化学生的参与感和体验感。此外，在 APP 内开展低碳知识竞答、消灭碳元素游戏、低碳诗词、低碳生活馆等多种多样的富有趣味性的活动，与减碳打卡活动一起，根据减碳指标、游戏得分等标准发放对应的碳积分。将积分积攒起来，可以兑换校园低碳文创产品。通过开发游戏程序、积分奖励、每日打卡等活动形式，充分利用高校信息平台的资源，打造高校特色媒体平台，更有力的促进低碳文化的传播。

3. 线上线下齐发，裂变式低碳传播

学生在高校中所能接触到的媒介远不止于上述所提到的网络媒体、广播报纸等媒介资源。学生在校园中的三点一线——教学楼、宿舍和食堂停留的时间最长，利用好这三处营造氛围，进行广撒网式的低碳文化攻势。同时，学校的各个路段也是学生的每日必经之地，在路边的路灯广告牌、LED 屏、校园摆渡车、电梯等各种学生日常能接触到的地方，张贴低碳文化宣传海报，投放相关低碳文化视频，实现物体媒介化，让低碳文化在校园中触手可及。运用各种媒介共同发起裂变式传播，实现线上与线下的联动，掌握多渠道分发的能力，营造浓厚的文化氛围，让低碳文化元素遍布校园的每个角落。

4. 发挥学科教学主渠道作用，构建低碳教育体系

立足双碳目标，高校应以新理念、新思维、新路径深化低碳内涵建设，推动学科研究与创新。一方面，开设环保类选修课，将低碳文化的传播寓于课堂教学中。开设低碳营养、环保科技、可持续发展、生态建设等各类课程，从人文素养到专业技能均有所涉及，学生根据自己的兴趣、专业进行选择。通过多媒体教学、云课堂等形式，促进师生积极互动。同时，在专业老师的指导下，学生进行实践操作，把理论知识置于实际行动中，助力碳中和行动。另一方面，开展跨学科交流，培育全面发展人才。不同专业的学生各有所长，能源专业的学生普及新能源的利用，给水排水专业的同学展现废水处理系统、新闻专业的同学传达国家方针政策、时政新闻等，各学科的同学进行交流与合作，促进能源、经济、管理等学科的交叉融合，促进学科交叉与学术创新，共同推动高校低碳文化的传播与建设。

5.依托高校特有活动载体，助力行为养成

一是加强环保型社团建设，拓展青年群体低碳素质。低碳文化在校园中的传播要充分调动学生社团的积极性，推动学生自主参与到低碳校园文化的传播和建设中。从社团组织做起，践行低碳理念，实现无纸化办公，团建时可以选择骑行、徒步游玩等低碳生活主题的活动；青年志愿者联合会定期组织志愿者进校园、进社区进行志愿服务，辩论社团开展低碳建设相关主题辩论赛，艺术团排练低碳话剧、诗歌朗诵等，每个社团都发挥所长，加入到校园低碳建设、文化传播中。二是培育新兴低碳组织，延伸低碳文化的社会传播力。建立低碳环保协会，配备专业指导教师以及相关环保专业学生参与，开展低碳知识宣讲、科普展览、低碳读书会、低碳环保公益活动等。积极与政府、企业、媒体对接交流，立足校园，面向社会，推动群众性环保公益活动的开展。设立高校低碳志愿者或者低碳文化校园使者，以学生的身份在校园内宣传低碳知识，传播低碳理念，吸引更多社会群体加入到践行低碳行为中，促进"人人参与环境保护"的局面。

10.2.4 场景策略——精准化沉浸式传播

伴随着互联网技术的发展，"场景传播是当前基于移动设备的一种重要传播手段。移动设备、社交媒体、大数据、传感器、定位系统为场景传播提供了技术支撑。"低碳文化传播要借助场景思维,利用新媒介建构"新场景",让单纯的物理空间衍生出"情境"的意义，实现高校低碳文化移动化、精准化、沉浸式传播。

1.基于大数据，开展精准定向传播

场景传播的一大特点便是精准性，根据不同受众群体需求、个性特点、兴趣爱好等划分不同的内容进行个性化推送。在低碳文化传播过程中，每一个受众成员都是一个独立的个体，有着自己独立的思考，其个人差异导致对信息的选择、认知等方面有所不同，每个受众的需求与特点会直接影响到传播的效果。在高校低碳文化传播中，针对不同的青年群体采取不同的传播策略与活动形式，是提升传播效果的必然选择。

（1）精准用户画像，实现分众化表达

基于知识图谱、用户分类、关联规则等信息处理技术，根据青年学生的浏览搜索记录、线下活动等个人数据，对目标受众进行清晰的用户画像，使之标签化。并依托大数据技术、算法推荐、人工智能技术，将相关信息内容精准地向不同人群进行个性化推荐。

例如，校园 APP 汇总用户个人的每日减碳数据，生成减碳日报、周报发送给用户的同时，后台根据其周报、相关浏览记录、参与的低碳活动记录、阅读某类信息的时间长短，将用户定位到低碳践行的不同等级层次，以此来推送符合用户素质以及其偏好的内容。对于拒绝低碳文化、有铺张浪费现象的同学，加强碳排放危害、双碳背景知识的普及推送，宣传低碳故事及低碳精神，从源头上转变其观念。而对于已经接受低碳文化却未付诸行动的学生，多推送校园低碳实践优秀故事、低碳行为方式等内容，在强化其低碳观念的基础上，促使其行为习惯的养成。除此之外，还可以依据大数据分析结果，聚焦到不同性别、年龄层次、兴趣、专业、生活习惯、价值观等各种群体，针对不同目标受众制作不同的宣传内容、组织不同的活动、走不同的传播途径，做到有的放矢，实现低碳文化分众化、精准化表达。

（2）联系时空，选择恰当时机

个性化服务不仅包括用户的自身数据，还要将受众的实时地理位置与线上文化传播场景相联系。通过定位系统、大数据技术，根据学生使用手机的时间段、所处的空间环境，分析特定用户的赖以接受信息的特定时间、地点、方式的习惯，判断受众的诉求，选择恰当的时机投送给目标受众，提高推送的有效率以及接受程度。

（3）根据用户反馈，进行双向沟通

利用大数据、信息处理等信息技术，收集并分析某项活动或某个推送的关注度、受众阅读或参与时间、用户反馈等数据，揭示观众的兴趣与需求所在，以此来调整低碳内容的推送顺序、侧重点，使传播内容与方式更贴合青年学生的需求，提升受众体验感与满意度，保持低碳文化传播的良性循环。

2. 搭建校园体验平台，打造沉浸式低碳体验场所

借助数字虚拟技术等新媒介可以创造出的虚拟现实场景形成情境式传播，个体在情境化的场景实践中对事物的感知和理解都会更加深刻、更具有主体的情感认同。如今，凭借多重感官体验的沉浸式场景，是最受年轻群体喜爱的场景之一。沉浸式体验通过人工智能、传感技术、5G等多种技术力量的支持，打通线上线下，融合不同媒介形态，打造校园沉浸式低碳文化体验。让受众参与到虚拟场景的体验与互动中来，产生在场感，实现低碳文化年轻化表达。

（1）整合校园展览场所资源，实现沉浸式文化体验

借助校园现有的校史馆、科技馆等线下场所，借助VR、传感等技术，打造校园沉浸式低碳文化体验场所。

其一，打造数字虚拟展，创新文化体验形式。低碳文化能够追溯到千百年前的天地人和的观念，它的背后蕴含着丰富的哲学文化内涵。时空是场景的核心要素，利用虚拟现实技术、三维动画技术、VR云景技术，突破时空的限制，让受众切实感受与领悟低碳文化在不同时空的内涵。

其二，开展VR游戏，打造沉浸式互动体验。青年学生经验经历不足、理解能力不强，难以在短时间内接受某个知识或理解某种技术，而互动式体验游戏恰能弥补这方面带来的问题。运用虚拟交互、AI技术，开展低碳出行沙盒模拟游戏、消灭碳元素VR游戏，将受众带入到特定的情境中，在参与娱乐中，激起对低碳文化的兴趣。

（2）制造"负体验"，刺激用户痛点

不仅从正向体验低碳带给人们的好处，更要敢于制造"反差"，利用恐惧诉求，唤起青年群体的危机意识和紧张心理，展现低碳文化传播的紧迫性和必要性。

其一，展现碳排放动态发展历程，敲响警钟。利用虚拟现实技术，展现千百年来人类生活环境，通过动态过程让受众身临其境，抓住工业革命后温室气体含量猛增、罕见寒潮、特大干旱、全球气候异常等几个重大节点，展现全球气候异常现象日益严重，提

醒人们保护环境迫在眉睫，给参与体验的青年学生敲响警钟；其二，模拟未来极端环境，制造适度焦虑。借助 VR 等技术手段，模拟碳排放在不得控制的情况下，未来气温将会是怎样一种高度、生活环境将会出现什么样的转变。让学生在体验中意识到，人类活动已经严重危害了生态环境，置受众于未来，以"负体验"制造反差，深入触动受众心理，最大化程度刺激受众的痛点。

（3）开展线上展馆，实现 24 小时沉浸式体验

利用 3D 模型、云景、全景图片、微视频、H5、动态长图等技术，延伸校园线下体验场所，开展线上展馆。学生通过手机等移动终端，便能沉浸式参与到体验中，产生强烈的代入感和专注力。通过线下＋线上沉浸式展览的形式，打通线上与线下的各种媒介形态，用青年人喜欢的方式直观生动地传播低碳文化，帮助学生在愉悦舒适中更好地了解低碳文化。

3. 跨界联手，将低碳文化渗透生活场景

借助线下场景，将低碳文化与日常生活融为一体，辐射到校园的每一个场景，打造特色低碳文化场景，让低碳元素触手可及，让青年群体在潜移默化中接受低碳文化的熏陶。

（1）与校园线下消费场所合作，倡导低碳消费文化

借助校园咖啡店、甜品店等各种深受年轻人喜爱的线下场所，加以装饰，打造成集经济与文化与一体的低碳文化空间场所。以低碳的绿色为主基调，选择取材于自然的木制桌椅，用绿植点缀整个空间、纸质吸管等设计，营造出自然环保的氛围。同时，通过消费者评论投屏、文化参与，建立起与青年学生的深度互动。将低碳文化植入于线下消费场景，实现"低碳文化＋其他品牌＋商户＋用户"的四端合作，不仅扩大了低碳文化的传播力，更倡导了一种低碳消费的生活习惯。

（2）低碳文化进餐厅，提倡低碳饮食文化

在校园餐饮环境中开展校园低碳文化的建设。在学校的每个餐桌上贴上不同的低碳小知识，在就餐集中时间段播放低碳主题广播，让学生一边吃饭一边接触低碳文化。同时，在外带餐具中采用印有"低碳"Logo、校园低碳 IP 等字样图案的可重复循环使用的环保餐盒与手提袋，从食物的选择到食堂的环境建设均可采纳低碳理念进行文化传播。

（3）践行低碳出行理念，低碳文化"在路上"

其一，低碳步行道，倡导低碳出行理念。在学校的人行道两侧每隔一段距离设置足迹公里的记录牌，显示步行公里数，标有"您已步行 ×× 公里，减少碳排放 ××kg"的标语或是低碳口号。同时，通过实时定位，跟踪位置变化，测算每次步行或骑行公里数，记录在学校的 APP 上转换成相应的碳积分，累计起来可以兑换学校特有低碳文创产品，让学生低碳出行更有成就感和参与感。此外，在操场或者健身设施处设置虚拟骑行单车，利用人体动能转化技术，用户通过骑动感单车带单车内部的发电机进行发电，点亮"碳中和""低碳出行"等字样的灯管。旨在让学生在运动健身中，感受低碳科技的力量，认识到碳中和行动的意义，养成出门步行或骑自行车的良好习惯。

其二，设立户外科普展，将教育融入日常生活。在校园中道路两侧安装记录"碳中和"相关知识的科普牌、二维码牌等主题装置，在每棵树上挂上"低碳生活100招"知识卡片，在低碳日等重要节点在校园文化长廊等区域集中展示低碳文化。通过各种艺术性、时尚性的呈现方式，让校园的道路成为低碳文化的博物馆，让学生在路上随时可以"邂逅"低碳文化。

10.2.5 时机策略——文化传播至效

文化传播要善于利用各种时机、把握各种时机来发布信息，抓住时机，就能事半功倍，使文化传播产生叠加效果。校园低碳文化传播要因"时"而动，随"机"应变，适"时"推出，才能取得最佳的传播效果。

1. 抓住关键触点，发起文化攻势

时效性是检验传播效果的尺度。找准好时机，把握好时事，引导舆论，让时间发挥最大效用。一方面，结合时政，紧扣主题进行针对性策划。高校要借助重要活动、节日等的热度，策划系列传播活动，进行"捆绑传播"，全面深化低碳文化理念。2022年北京冬奥会是高校宣传低碳文化理念的黄金时期。冬奥会贯彻低碳理念，致力于打造绿色低碳新典范，成为首个真正实现碳中和的奥运赛事。冬奥会采取低碳场馆的规划建设、低碳能源技术示范项目、低碳交通体系、组委会低碳办公等一系列碳减排和碳中和措施，实现低碳目标。北京冬奥会是国家重要事件，更为青年学生所高度关注。高校借助冬奥会的知名度与关注度，推出与之相契合的低碳活动与文化宣传，开展融入奥运会与低碳元素的环保文创设计、奥运低碳科技科普短片制作大赛、低碳文章等，倡导青年积极响应国家号召，定会取得事半功倍的传播效果。另一方面，利用相关节庆，传播低碳文化。在节日期间组织开展低碳文化宣传等各类主题活动，倡导青年积极参与并践行低碳生活方式。6月19日全国低碳日、3月12日植树节、3月22日世界水日等主题节日本身就与低碳息息相关，利用这些节点传播低碳文化很容易深入人心。

2. 分阶段传播，循序渐进深入人心

低碳文化在高校中的传播必然要遵循传播规律与青年身心发展规律，将低碳文化在高校的传播分为四个大阶段：

（1）阶段一：概念普及阶段

想要信息对受众产生深刻的影响，首先要确保信息能够被受众所理解。受众对信息的接受情况对于其后续态度以及行为的改变有至关重要的影响。高校要借助各种媒介平台开展多种形式的低碳知识普及，让青年了解"低碳校园"的理念、国家双碳目标，以及国家双碳目标对每个个体会产生什么样的影响等，对低碳文化产生初步的认同。

（2）阶段二：赋予技能阶段

利用社团、组织开展培训、科普等一系列活动，提供有效的低碳实践方案，让青年对如何践行双碳目标了然于胸，不仅对低碳文化高度认可，也熟知并具备低碳生活的技能。

（3）阶段三：态度转变阶段

随着双碳知识与技能的积累和叠加，人们对双碳文化的了解就不再局限于认知和行为层面，而是递进到对双碳文化更深层次的文化理念和价值观的认同。青年学生在知识与技能储备充足时，能够逐步转变对生活的态度，同时开始用态度来指导低碳实践。由于接受新的信息而产生的态度改变往往不能长久地保持，就要利用像每日低碳行为打卡等长期的活动，使青年学生的低碳行为长久保持。

（4）阶段四：生活方式转变阶段

最终一个阶段是生活方式的转变。对受众进行说服，最终的目的就是使受众落实到行为的转变，让新的态度在相关的情景中引导行为。青年怀揣着对低碳理念的完全认同，在日常生活中不知不觉地进行低碳行为，养成低碳的习惯与生活方式，将理念与生活内化为一体。

每个阶段都有特定的目标，所传播的内容各有侧重点，所选用的传播方式也根据内容的变化而变化。划分一个个具体的阶段，逐步攻克传播问题，让低碳校园文化以一种循序渐进、潜移默化的方式传播，并将低碳理念深入人心。

10.3 高校低碳文化的传播实践

践行低碳理念，不仅体现着一所学校的境界，更体现了一所学校的责任。面对不断恶劣的生态环境，每个学校都有责任积极响应国家号召，为国家3060目标实现做出贡献。本节以山东建筑大学为例，对高校低碳文化传播理论进行实践运用。

山东建筑大学创建于1956年，坐落在文脉绵延、风景秀丽的国家历史文化名城——泉城济南。学校利用建设新校区之际，积极发挥建筑学科特色，坚持人文、科技、生态的绿色校园建设理念，以高度的文化自觉构建人文校园、以积极的社会担当建设特色校园、以坚定的学术自信打造科技校园、以生态的发展理念建设绿色校园。2011年，以学校新校区建设为主要案例，编写《大学园区环境综合保障技术》获山东省科技进步一等奖。同年山东建筑大学作为副主席单位，与同济大学共同发起成立"中国绿色大学联盟"，作为主要单位主持编写了《绿色校园评价标准》，在中国绿色建筑委员会组织的绿色校园预评估中，山东建筑大学被评为最高三星绿色校园。学校的低碳建设不仅停留在科技方面，同时致力于建筑人文特色，从思想、制度、氛围、精神全方位构建绿色低碳校园。

10.3.1 发挥学校建筑特色，构建绿色、低碳校园环境

学校在校园规划中充分结合泉城地域文化和建筑学科优势，校园规划建设将建筑的功能、文化的传播、人文的教育与环境有机结合，建成后的校园山水环绕、景致秀丽，形成了"三泉润泽四季秀，一院山色半园湖"的校园环境。

在学校建设的整体规划中，以生态环境为指导，将绿色低碳理念融入其中，突出自然环境的无序与有机。学校以雪山为校园景观背景和视线焦点，以自然谷地为基础加以

改造，形成绕山弧状的生态景观廊道，连接日、月、星三泉广场，形成"一轴三点"山水园林式校园格局。（图10-4~图10-7）

图10-4 山东建筑大学映雪湖之春（来源：刘宏奇摄）

图10-5 山东建筑大学校园——曲水流觞
（来源：梁犇摄）

图10-6 山东建筑大学——冬日华元
（来源：胡春华摄）

图10-7 山东建筑大学——秋色满园
（来源：胡春华摄）

10.3.2 依托学校人文景观，打造低碳文化场所

1. 绿色景观：打造集文化、休闲、生态于一体的绿色场所

（1）三泉映雪："师法自然"的生态廊道

学校整个校园的景观设计以"三泉映雪"即日泉、月泉、星泉广场、映雪湖和雪山为主要景观标志，形成"三泉润泽四季秀，一院山色半园湖"的绿色科技校园环境。在校园规划设计中改造利用原有冲沟、建筑，或环山而布，或邻水而建，将自然环境和人工环境有机结合，融为一体。在原有地形的基础上，围绕映雪湖建设了月泉、日泉、星泉广场，打造了位于校园核心轴线位置的生态廊道。采用如玻璃采光顶等现代化技术手段，与自然环境相融合，体现了"师法自然"的环境观，即寻求人与自然间平衡的生态理念。学生漫步在自然主题的生态廊道中，感受人与自然的和谐相处，从精神层面感悟低碳意义。

（2）源远亭：户外低碳文化展示区

处于学校教学区中心位置占地广阔的一片绿地是学生往返于教学楼与宿舍餐厅的必经之路，这片绿地小广场中有一座木质廊亭—源远亭，是原新校区建设指挥部旧址。新校区建成后在原有地基的基础上利用原老校区主楼砖石和建筑木构件拼接建设形成源远亭，取"源远流长"之意，同时体现了材料循环利用的低碳理念。周围由法桐、玉兰等植物形成动态景观绿地、蜿蜒的小路，现在源远亭是学校重要的文化景观和学生的晨读广场。2004年学校整体搬迁新校区，扈航老师为纪念学校建设发展中展现出的同心同德、薪火传承的建大精神，做"源远亭记"，以此勉励后辈不忘初心，开创未来。

源远亭记

学校创建于一九五六年，数十载栉风沐雨，矢志办学。师生勤勉不辍，锲而不舍，成为国内知名建筑类大学。

世纪之交，学校各项事业蒸蒸日上。然受校园狭隘之围，长远发展备受掣肘。故党委决定以土地置换方式建设新校区。上下同德同心，共谱发展新章。二零零七年九月，在驻济高校中率先启动新校区建设。二零零三年九月，新校区一期工程落成。二零零四年九月，新校区二期工程竣工。共建成校舍四十余万平方米。新校占地二千四百余亩，规划自然韵致，环境优美流畅，山水相依、绿树环抱、楼亭隽秀、生态原真。

回溯新校区建设。凝聚建设者心血。新校之卓然有成，如日月光华，旦复旦兮。吾侪当恪守科学发展观。走质量立校、科研兴校、人才强校之大道。使学校臻于至善。借此创新教育，改革机制。广育人才，促进社会和谐发展。

昔新校区工程建设指挥部，今辟为源远亭。源远者，"立足新起点，开创更加美好未来"之意也。

二零零四年九月

源远亭承载了文化、历史、生态与休闲功能，是传播校园低碳文化、宣扬校园低碳理念的有利的线下场所。在源远亭的步行道边设立记载低碳文化的装置，让学生在上下学的路上也能够接触到低碳元素。同时，借助的源远亭让学生传承和发扬前辈建大人在建设绿色校园中体现的建大责任和情怀。另外，在节能周、低碳日等重要节点将其打造成为低碳文化的宣传廊道，展现有关传统文化的天然合一的思想、低碳知识等内容，让源远亭成为一个户外山东建筑大学低碳文化展示馆。（图10-8）

2.绿色图书馆：实现硬件与软件上的低碳

学校在建设图书馆时秉承着低碳理念，在硬件设施上，通过设计生态中庭、自然通风、光伏发电、照明节电控制等，显著提高建筑环境品质，减少了能耗、降低了碳排放量。在文献资源方面，学校图书馆除了有丰富的纸质资源外，还开发了电子资源站。学校在图书馆大厅设置了阅读机，囊括有关生活、文学、小说等各类数字图书，手机扫一扫即可轻松借阅书籍。学校网站海量的电子文献资源也深受学生喜爱。（图10-9）

图书馆在硬件设施上无不践行着低碳理念，在软件设施上也展现出低碳人文文化，从人文精神、环境氛围等层面推动图书馆的低碳文化迈上新的台阶。书库装置24小时自动感应声控灯，人来即亮，人走灯灭，科学减少电消耗。合理布局图书馆的绿化建设和人文空间，营造自然氛围和文化氛围。图书馆一层现有大型的植物盆栽，并设有长椅，

图 10-8 山东建筑大学源远亭（来源：张仁玉摄）

图 10-9 山东建筑大学图书馆的生态中庭

盆栽上悬挂有关低碳知识的绿色标识牌，周边放置低碳生活教育的图书架，形成低碳阅读区域。此外，馆内"书香四季"咖啡吧改造建设成低碳主题文化咖啡馆，让学生在阅读之余的休闲时间也能感受到低碳文化。将绿色理念贯穿到图书馆的设计、运营、活动和发展计划中，让图书馆成为培养学生低碳生活意识和观念的主阵地，成为宣传和倡导低碳生活方式的主阵地。

3. 建筑文化景观带：中国传统建筑绿色人文理念

一直以来，学校把保护传承建筑文化遗产作为建大人的责任和使命，积极发挥建筑学科优势和特色积极践行着现代化绿色建筑的理念。学校运用平移、重建技术复原了海草房、岱岳一居等极具历史价值的传统建筑，形成背倚雪山、面朝校园的建筑文化景观带。这些老建筑不仅是历史与文化的见证者，同时也是绿色低碳的传统建筑营造技术和人文理念的活教材。

（1）雪山书苑：木结构的"样板房"

落成于 2010 年的雪山书苑是一栋全木结构建筑，"从整体设计到功能、造型以及室内的各个方面，均建立在对木材性能的深刻理解的基础上。"比起当今社会的各种人工建材，木结构作为最古老的建筑结构形式之一，是真正的低碳环保建筑，在可持续性、自然性、环保性以及人文精神等方面具有钢筋混凝土等建筑材料无可比拟的优势，体现着古代天人合一、与自然和谐共生的自然观和哲学思想。建筑采用传统木质梁柱结构形式，长 19.4m，宽 11.3m，高 9.3m，建筑面积 350 余 m^2，所用木材全部为加拿大进口的 SPF 松木，经处理后具有良好的防腐性能，外板涂刷防火层和防水层，若无特殊事故，书苑寿命可长达百年。

书苑以雪山为天然背景，楼前有亭台流水，置身其中，木质的清香沁人心脾，亭台楼阁映入眼帘，曲廊流水浑然天成，人与自然得到和谐统一。（图 10-10、图 10-11）

（2）海草房：海洋馈赠的胶东"童话世界"

以捕鱼为业的胶东沿海居民在劳动中创造了海草房，将在海边搜罗的石头严丝合缝

图 10-10 山东建筑大学雪山书苑（来源：张仁玉摄） 图 10-11 山东建筑大学雪山书苑内景
（来源：刘宏奇摄）

的堆砌成房体，并将麦秸掺入海草，苫盖在屋顶上。这种在劳动中创造的建筑构建方式，饱含了先民的智慧与海洋的馈赠，已列入首批山东省非物质文化遗产名录。然而，随着海草原料的紧缺和苫匠人才的青黄不接，近年来海草房逐渐消失在人们的视野中。2010年，学校从胶东专门请来的苫匠经过做檐头、苫房坡、封顶、淋水拍平、剪檐等70多道复杂的工序，最终将这座源于自然的海草房请进了校园，呈现了原汁原味的海草房民居建筑。

著名画家吴冠中在威海写生时留下关于海草房精彩的文字："那松软的草质感，调和了坚硬的石头，又令房顶略具缓缓的弧线身段。有的人家将废渔网套在草顶上，大概是防风吧，仿佛妇女的发网，却也添几分俏丽。"

海草房是石墙草屋，浑圆厚实，不高的毛石墙上顶着硕大松软的灰褐色草顶，远远看去这一排排一栋栋的小房，像童话世界大森林里的一棵棵松蘑，坐落在碧蓝的大海边，映在瓦兰瓦兰的晴空之下，给人以神奇、天真、童稚的感觉。而雪山脚下的海草房，它独特的海之气息也许可以唤回更多人对民居保护、人与自然关系的关注，让属于海草房的渔歌永远缭绕在胶东海岸。海草房后辟建为"山东民居展馆"。（图 10-12、图 10-13）

（3）岱岳一居：木鱼石传说中的石砌民居

同样就地取材建成的民居"岱岳一居"，前世是泰山北麓海拔最高的村庄——积家

图 10-12 山东建筑大学海草房 1（来源：张仁玉摄） 图 10-13 山东建筑大学海草房 2（来源：张志强摄）

峪村古民居，是一座采用干茬工艺而建的木鱼石四合院落。以当地木鱼石和黄百草为主要材料，冬暖夏凉，具有很强的宜居性，民居建筑整体外观表达了追求人与自然和谐共生的传统建筑技艺。2011年，学校为拯救这种濒临消失的原生态的石砌建筑，将其在校园重新修建，在原民居院落空间结构的基础上与现代化建筑结构形式相结合。这些改造不仅延续了建筑地域性文化、保护物质遗产，还探索出了一种新的方式作为典范，推广鲁中山区的传统石砌建筑，这种方式不仅仅只是建筑材料的重新利用，还对保留地域性建筑形式具有深远意义。

木鱼石、黄百草、四合院落、小天井，精致细腻的岱岳一居就像一组雕塑，斜卧在雪山之下，在飞速发展的现代化进程中守住一方静谧与安宁。这是一份独特的乡村记忆，使更多人靠近乡情，体会传统民居的风采和中华古建文化的博大精深，关注传统文化和民俗研究，挽回逐渐失落的民居情怀。岱岳一居后辟建为"乡情记忆展馆"。（图10-14、图10-15）

图10-14 山东建筑大学岱岳一居（来源：张仁玉摄）　　图10-15 山东建筑大学岱岳一居辟建为乡情记忆展馆（来源：张仁玉摄）

雪山书苑、胶东海草房、岱岳一居是学校建筑文化景观带的代表建筑。这些取材于自然的老建筑是传统建筑的精华，蕴含着人类对自然生态的认知，体现着可持续发展的理念，是低碳校园文化的传播载体。他们从设计到建造无时无刻不在诉说着人和自然合二为一的传统文化，彰显了山建人卓越的学术研究成果以及对古建筑保护的责任和担当。

放眼平静的校园，古朴的老建筑连同那片绵长的雪山，共同诠释着古老而朴素的人与自然共生发展的生态哲学，向师生传达着低碳、绿色、可持续发展的文化理念。

10.3.3 打造低碳文化线下体验馆，实现低碳文化场景传播

低碳文化多元的"场景化表达"可以满足学生对于低碳文化的深度介入和情感认同，提高学生的参与度和体验感，实现低碳校园文化的跨媒介多元传播。

1. 校史馆、艺术馆：低碳文化线下虚拟场景

学校建有校史馆、艺术馆等具有历史和人文内涵的展览场所，可以借助此类展览场所，引进VR虚拟交互设施、体感体验等各类先进设备，在全国低碳日、世界地球日等重要节点，改造成为低碳文化线下体验馆。

运用3D全息投影、虚拟现实VR、弧幕投影融合、投影互动等多种高科技技术相融合，打造一个集视觉、听觉、触觉等多重感官体验于一体的低碳文化多媒体数展厅。通过全景播放、展览各类低碳相关的视频，让广大学生在参观体验中获取更深刻的认知，提高环保意识。播放低碳知识互动影片，例如宇宙大爆炸与碳、海水深藏二氧化碳的奥秘、有机物的降解、河流是怎样被污染、全球变暖的罪魁祸首、高碳一百年、大自然的报复等科普视频；展现中国古代低碳生活，如桑基鱼塘、水车磨坊、风车提水溉田、水利村等传统低碳文化；模拟未来低碳城市和低碳生活方式；播放学校低碳建设纪录片等。通过营造低碳虚拟时空场景，从不同的角度让学生感受低碳生活，加强低碳文化的宣传力度，让青年学生树立起低碳意识，并在日常生活中用实际行动来践行。

在展厅的结束处还可以设置电子签名板，开展低碳联合签名仪式。师生参观完毕后，在电子板上签名，加入校园低碳建设。同时，生成实时动态签名墙、实时参与人数、总计签名人数，投映在展馆内，引起更多的体验者的关注与参与。（图10-16、图10-17）

图10-16　山东建筑大学校史馆、艺术馆全景　　　　图10-17　山东建筑大学艺术馆（来源：王君杰摄）
（来源：王君杰摄）

2. 虚拟仿真实验室：低碳智慧教室

学校建有多个专业虚拟仿真实验室，搭建了较为完善的多媒体实训教学系统、VR虚拟仿真教学系统用于课程的实训。这些先进的设备正可以"以虚补实"，让学生"亲身"体验低碳科技、感悟低碳文化，促进学生对于低碳文化的全面领悟。借助这些现有的设备和场所，打造校园低碳文化体验馆——"低碳智慧教室"，实现低碳文化与现代技术的共通。学生只要打开电脑，带上VR头盔，就可以进入一个可交互的虚拟场景，以全新的方式体验低碳文化。（图10-18）

通过VR游戏，让学生体验如何从日常生活的方方面面着手做到减排节能环保，减

图 10-18　山东建筑大学建筑城规学院虚拟仿真实验室（来源：房文博摄）

少自身碳排放量。比如，VR 换装游戏，每种服装由于面料、加工程序等的不同，所排放的二氧化碳也不同。参与者需要完成对虚拟角色的服装搭配选择，根据提示、知识解说，选择碳排放量低的如可降解、植物染色等的环保类服装。在参与游戏中，普及穿衣减碳的学问，加深了体验者对穿衣减碳的认识，从而实现在现实中穿衣的低碳生活方式。还有很多诸如此类的 VR 游戏，如吃素还是吃荤、办公学习也能减碳、垃圾消灭战、模拟绿色出行、低碳旅游等，通过真实场景从衣食住行等各个方面深刻带入场景学习体验，让学生在体验与互动中自觉认同并接受低碳文化。

10.3.4　构建线上传播微平台，形成低碳校园文化传播聚合力

"微传播"作为新媒体语境下一种重要的传播形态，已经成为当前大学生学习、生活的重要组成部分，作为媒介的智能手机、移动终端已经由沟通工具延伸为身体的一部分，在微传播中人与媒介完美融合。低碳校园文化传播需要树立"微理念"，将触角延伸到虚拟网络空间，与"微媒体技术"相结合，形成低碳文化传播聚合力。

1. "智慧建大"APP：完善校园移动平台的功能

"智慧建大"是山东建筑大学学生使用率较为频繁的一个学校官方的移动端 APP，疫情期间的每日健康上报、校园卡支付等功能使该 APP 成为学生必不可少的日常手机应用。正常情况下，每个学生每天至少打开智慧建大一次，因此将《智慧建大》作为低碳文化传播的主要线上平台之一最为合适。

一方面，"智慧建大"现有学生服务、生活服务、疫情防控、权益服务等几大板块，在此基础上加入低碳生活这一模块来完善学校移动平台的功能。在低碳生活这模块中可以划分为每日碳足迹、碳足迹计算器、低碳要闻、低碳妙招、低碳知识竞赛、低碳游戏、学校每日碳排放数据表、碳积分等各种形式的小程序。

在"智慧建大"内通过填写与个人相关的能耗数据，如用电量、用水量、交通工

具等，可得到用户每日或每月的碳排放量；通过测算学生宿舍、教学楼、餐厅等区域的水电能耗量，可获取校园每日碳排放量。通过数据分析，在APP内定期公布碳排放信息，进行校园内评选，对于表现优秀的个人、宿舍、班级、集体进行表彰。根据每个单位实际的具体碳排放数据，对每个学生、宿舍、学院提供减碳减排的指导和建议。通过低碳生活板块提高师生的节能意识，促进行为改变，最终实现低碳校园建设的目标。

另一方面，在"智慧建大"首页设置开屏广告，在低碳生活这一板块刚上线或是世界环保日等重要节点时，进行一系列的广告文化宣传，加大低碳文化的宣传度、曝光度和人群接触率。（图10-19）

2.校园低碳公众号：联系学生与低碳文化的桥梁

为了更好地介绍低碳知识，科普低碳生活，成立公众号，通过发送推文、用户互动等新媒体模式来宣传低碳文化。

图10-19　山东建筑大学"智慧建大"APP开屏低碳广告

在公众号内设置三大板块：绿色建大、走近低碳、低碳服务。"绿色建大"专栏每周精选建大优秀环保事迹和人物进行推送，旨在让学生了解学校的低碳建设过程及成果。"走近低碳"专栏通过视频、文章、活动等形式科普低碳知识，传播低碳文化。专栏可以细分为不同子菜单：低碳课堂，通过在线课堂、专题讲座视频、环境保护宣传片、书籍介绍等方式，搭建知识分享、专业技能传播的互联网平台；低碳活动，推送学校及各学院社团组织的环保类活动，吸引学生的参与；低碳文章，定期发布低碳文章或是转载其他学院公众号的活动宣传文章。"低碳服务"包括低碳出行、低碳食堂等学生校园低碳服务，为学生践行低碳理念提供更多的帮助。学校为鼓励学生绿色出行，校内设有摆渡电车、共享单车等交通工具。可以将出行服务集中到低碳出行这一模块，方便学生进行扫码等操作的同时，也能更有效、便捷地记录学生低碳数据。

10.3.5　打造学校低碳文化品牌，延伸文化育人功能

1.挖掘历史和文化价值，打造学校原创低碳文化品牌

美国文化人类学家格尔茨说，"文化是由人编织的意义之网，是有意义的符号"。通过挖掘低碳文化和学校历史的文化元素，以系统化的方式进行校园低碳文化品牌建设和运营，培育具有文化特色和较强影响力的文化品牌，让低碳文化借助有意义的符号得以体现，不断延伸低碳文化的育人功能。以下为对山东建筑大学低碳文化品牌的建设设想：

（1）品牌名称：三木屿

三木合起来是森，代表着森林，屿代表着岛屿。森林与岛屿是大自然的代表，将"双碳"意象化。

寓意一：在全校师生的共同努力下，把山东建筑大学打造成一个低碳绿色岛，建设成为零碳校园。

寓意二：岛屿承载着希望，寓意着在每个青年的积极行动下，我国面向3060目标发展得越来越好、实现美丽中国梦。

（2）视觉识别系统：

Logo：品牌Logo整体底色以蓝绿色为主基调，呼应品牌名称森林与岛屿，代表着绿色、低碳、环保。图标中间是背靠雪山和蓝天白云的一座岛屿，将学校的特色形象——雪山融入品牌标志中，象征着山东建筑大学绿色环保的文化理念，体现了品牌的文化调性。（图10-20）

图10-20 山东建筑大学低碳文化品牌"三木屿"品牌Logo

（3）IP形象：森森

将品牌名称中的"三木"合为"森"字，将品牌IP命名为"森森"，以树木为视觉符号设计成贴合低碳文化的卡通人物。

可以在文化宣传海报中加入IP形象，设计制作森森·低碳系列海报，赋予宣传以亲和力、生动性。以森森为叙述者，讲述低碳知识与低碳生活方式，输出低碳政策和低碳知识。也可以用漫画记录学院低碳建设的过程与故事。以动画片、漫画的形式呈现出来，既避免了专业内容的枯燥，达到简单易懂的目的，同时又以青年学生喜闻乐见的形式表现出来。（图10-21）

图10-21 山东建筑大学低碳IP形象：森森

设计说明：该形象核心表达的内容是低碳环保，用绿色的树叶为设计主题，将其形变，以绿叶精灵的想法进行IP整体设计，寓意低碳环保是我们每一个人的责任和职责所在。将其应用在T恤、抱枕等产品中，号召大家循环利用，减少浪费。体现出绿色环保在我们生活中有不可缺少作用，进而使大家产生精神共鸣，在与用户产生联系的过程中给予情怀和温度。

（4）低碳文创产品

将艺术性、文化性和实用性、特色性完美融合，是提升文创产品价值的有效途径之一。在文创产品的选材方面，选取碳排放量少、可降解的环保材质。在产品的外观设计方面，充分发掘校园内的各种视觉元素，注重学校特色低碳文化的表现。譬如以校园特色建筑为主题的建筑景观系列，将上文提及的建筑文化景观带的元素用于文创设计，每一个建筑既组成了小系列，也代表了不同的低碳传统文化，开创独具特色又兼具文化意蕴的文创产品。（图10-22）

此外，借助文化品牌，将学校低碳文化以讲故事的形式讲述出来。以纪录片、微电影或者书籍的形式生动形象地将学院低碳建设过程、低碳建设成果、低碳建设中突出的人和事记载并展现出来。以学院为单位讲述低碳故事集，同时可以将每个学院的低碳

图 10-22　山东建筑大学低碳文化系列创意产品

故事汇总到学校。讲好山东建筑大学的低碳故事，需要校内校外宣传内外贯通，传播低碳校园建设的声音。

2. 开展主题活动，为低碳校园文化品牌内涵赋能

学校以"三木屿"低碳项目建设为载体和引领，挖掘品牌潜力，开展系列低碳主题活动，将低碳文化有机的与实践活动相结合。为深化校园低碳文化实施效果，需要实现上下联动，从校、院两级开展多层次、全方位社团低碳文化活动，凝练活动特色、创新活动内容与载体，在全校形成从点到面、从上到下的浓郁文化氛围。让青年学生群体在校园活动中感受到低碳文化的内核，认同低碳理念，践行低碳生活方式。

（1）系统组织校园品牌活动

以校园低碳文化品牌为依托，注重将低碳理念融入校园文化建设过程中。文化活动构建的品牌活动体系，能够全方位、多维度提高学生的低碳理念和科技水平，推进校园低碳文化建设。

一是以"全国节能宣传周""全国城市节水周""地球熄灯小时"等主题活动为契机，组织开展低碳讲座、设计与征文比赛、集体签名、知识竞赛、志愿服务、主题演讲比赛、快递盒回收利用等主题活动。在活动中潜移默化地引导青年学生从细节做起、从小事做起，强化低碳意识，养成良好习惯。例如，举行环城骑行低碳宣传活动，向广大学生、市民宣扬低碳环保理念与生活方式。青年们在各个社区、经十路、历山路、泉城广场等人流量较大的地方，以分发节能减排的宣传单、调查问卷、知识小问答等与市民积极互动的形式传播低碳理念，并向参与活动的市民发放"三木屿"文创产品，宣传节能减排理念的同时也推广了学校的低碳文化品牌。骑行本身就是低碳生活方式，能够让参与活动的同学在骑行、宣传中切身感受并践行低碳理念，更号召引领学校的其他学生以及广大市民形成绿色、低碳、文明的新生活理念、呼吁大家改变生活方式。

二是将低碳环保融入"第二课堂"。在学校现有思想道德、志愿服务、文体艺术、社会实践等第二课堂中融入低碳生态板块，同学参加学校、学院或者环保类社团所组织的环保创意大赛、环保志愿服务、环保宣讲等活动获取学分。通过第二课堂的形式，把低碳实践列入教学工作计划，保证每一个同学都能够接触到低碳文化，使学校低碳教育常态化、制度化。

三是在寒暑期社会实践活动中传播低碳理念，让低碳文化走出校园。学校每年都会举办暑期"三下乡"实践活动，其中也有低碳生活队，曾去过污水处理厂、周边乡村等地开展低碳宣传和体验活动。通过学生的实践活动将低碳思想与精神传递给广大社会公众，尤其是农村和不发达地区。通过他们的亲身示范，扩大影响力，将低碳文化从校园辐射到家庭社区，让越来越多的人接受和践行低碳生活。学生在进行低碳知识解说的过程中，对于专业知识有限或实战经验不足所产生的问题也可以询问当地的居民，在居民的帮助下学生也能够习得更多的低碳知识经验。通过此类的实践活动，学生不仅向更多的人宣传了低碳理念，在宣传解答的过程中，自己也学习了更多的低碳文化。

（2）加强学校与学院文化品牌的合作与交流

学校坚持"一院一品"校园文化品牌建设，各学院围绕学科特点，创建特色育人品牌。例如土木学院的"土木年华"、建筑城规学院的"海右"育人品牌、艺术学院的"皂角树下"文化育人品牌。如何让校园低碳文化品牌在每个学院落地生根，还需要依托每个学院的现有品牌，注入低碳文化的内容。

例如，艺术学院的"皂角树下"文化育人品牌是教育部思政精品项目。品牌围绕见证学院和学生成长的"皂角树"元素开发很多文创产品，如由木材和皂角制成的灯具、尺子、书签、笔记本、装饰等，这些文创产品本身就是可回收的材料制成，蕴含着环保理念。可以挖掘其中的低碳元素，将低碳理念巧妙地融入。除此之外，还可以通过IP形象实现品牌联动。以三木屿的IP形象森森和皂角树下的IP形象白小七为主角，设计动画科普视频、宣传海报、线下玩偶宣传活动。（图10-23、图10-24）

图 10-23　山东建筑大学"皂角树下"文化育人品牌 VI 形象应用

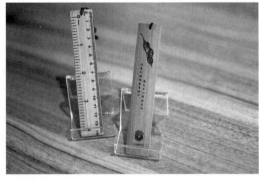

图 10-24　山东建筑大学"皂角树下"文化育人品牌文化衍生产品

（3）对接环保类社团组织

加强校园低碳文化品牌与环保类社团的联合，完善社团建设模式，发挥社团组织在校园低碳文化建设中的重要作用，集中展示学生社团精品活动和优秀文化成果。

加强学校社团在绿色校园建设领域的交流与合作，共同为低碳校园的创建而努力。山东建筑大学环境保护协会成立于1999年，是学校团委与环境学院共同创建的组织。该协会以组织环保活动为主要活动内容的自愿性结成的志愿服务类学生团体，致力于传播环保知识。以环保协会为主融合多个生态环保类社团成立山东建筑大学低碳社团联盟，吸纳校友、企业、政府等社会资源融入，通过参观低碳先锋企业、定期邀请专家举办环保类的讲座和社会实践志愿服务等，吸引更多的学生参与到低碳环保活动中来。同时，让低碳文化传播不仅停留在校园中，让具备低碳理念的青年学生走出去，走进社区、走进企业、走进乡村，将低碳绿色、可持续发展的理念辐射影响带动更多的人。

10.3.6　开设低碳绿色课程，融入建筑特色

积极响应国家3060目标的号召，实施"低碳教育工程"，在课堂中深入挖掘低碳文化学术潜力，促进学生对低碳文化的全方位理解。可以将低碳教育引入课程体系，将低碳意识纳入教学过程，加强理论教育和实践训练。

根据各专业的特色，将低碳与专业相融合。所开设的所有课程面向全校学生开放，注重专业交叉、加强课程渗透、兴趣培养。学校现设有创新创业类、经济管理类、自然科学类三大类选修课类别，在此基础上可以加入低碳生活类。结合学校办学特色，围绕"人—建筑—环境"三要素，着力打造绿色课程体系。依托环境工程专业，开设《建筑开发与环境保护》《环境与绿色化学》《环境与人类健康》等课程；依托热能工程，开设《能源污染防治》《新能源开发》等课程；依托风景园林专业，开设《城市园林低碳建设》《绿化污染治理》等课程。

营造低碳课堂氛围。不仅是将低碳知识带入课堂，也在教学过程中积极运用低碳理念。疫情期间学校线上授课中所采取的网上签到、答题等教学方式也逐步应用到常态化的教学中。比起课堂教学过程中多采用的纸质书籍和纸质作业等形式，一些云教学模式解决了地域和人员聚集问题的同时，更能减少纸张的使用，从而减少碳排放。随着网络技术的发达，可以采用虚拟化云模式的教学方式，开展支持笔记本、手机等移动设备进行签到、答疑、投票和测试的教学活动，采用数字化图书，从而减少纸质的使用，实现零碳课堂，让学生在学习中也能够时时处处体验到低碳文化。

第 11 章

校园固碳措施

绿色植物具有固定二氧化碳的能力，这种生态功能对于人类社会和全球气候的平衡都具有非常重要的作用。碳汇通过植物光合作用吸收空气中的二氧化碳排放氧气，进而降低生态环境中的二氧化碳的浓度，增加人类生存必需的氧气。通常 $1hm^2$ 阔叶林每天消耗二氧化碳 1t，放出氧气 0.73t。成年人每天需要 $10m^2$ 的树林或 $25m^2$ 的草坪提供新鲜氧气，再加上燃料燃烧，城市居民需要的绿地面积至少为每人 $30\sim40m^2$。城市中绿地通过光合作用对城市总量和空间分布两方面改善和调节城市碳氧平衡状况，并改善城区空气的质量[①]。

把固碳环境作为一项低碳设计策略来研究，就是对设计思路的一种新的探索。本章主要讨论的固碳方法是植物固碳和可再生能源碳汇。植物固碳即封存碳的意思，所谓"固碳"则指绿地植物进行光合作用而吸收的二氧化碳；固碳效应则指植物进行光合作用而吸收的二氧化碳对人类的生活环境条件和身体健康所产生的有益影响和有利效果。在可再生能源碳汇方面，对可再生能源的利用在运营阶段为既不排碳也不固碳，但从校园区域内外共同考虑，利用太阳能发电且并网，一定程度上为校园区域外供电。从物质流角度来看，太阳能通过校园转化为电能并向外输出的过程，在整体城市范围上为减排，从校园范围上为负排放。因此，校园的固碳措施应包含绿植固碳与可再生能源碳汇两个方面。在本书中，固碳中的"碳"即指由校园中的人们日常生活行为排放产生的气体二氧化碳。

11.1　固碳能力分析

固碳又称负碳排放，即直接或者间接减少了大气中的二氧化碳，固碳最主要为绿色植物的固碳作用，其次为可再生能源的利用。在绿植固碳方面，校园的碳排放计算中还需要对校园中的绿色植物进行调研分类，计算绿色植物具体的固碳量，从而计算校园整体的碳净排放量。在校园绿植固碳计算方面，可参考校园规划中的景观设计图纸，对各

---

① 李婷.沈阳城市绿地主要乔木固碳释氧及降温增湿能力的比较研究 [D].沈阳：沈阳农业大学，2006.

类绿植进行分类计算，可得到较为准确的数据，但是该方法相对复杂，调研过程也相对烦琐；也可对校园中的各类植物进行大类上的区分和复合考虑，再进行分类再计算，总体可概括为单一类型分类计算和复合类型分类计算。

11.1.1 单一类型

一般校园内的植物可分为林地、园地、疏林地、草地，部分综合类或者专业类的高校还设有湿地、耕地，可将各部分类型统一折算为一个标准类型，再进行计算。其计算公式为：

$$C_{绿植} = \lambda \sum_{i=1}^{n} Z_i \times S_i \tag{11.1.1}$$

式中：λ——单位林地的固碳量 [kg/（d·hm²）]；

Z_i——第 i 类生态绿地类型与标准林地的折算系数；

S_i——第 i 类生态绿地类型的面积（hm²）。

标准林地 1hm² 每日固碳量为 67~69kg，取 68kg。参照《国家林地分类标准》，将其植被类型划分为林地、园地、疏林地、草地、湿地与耕地六中生态绿地类型，其折算系数具体可参照表 11-1[①]。

折算标准林地系数　　　　　　　　　　　　　　表 11-1

类型	界定范围	标准林地折算系数
林地	以大型乔木为基调树种的乔木林地	1
园地	连片种植以种植经营为目的的木本与草本作物	0.46
疏林地	以灌木树种或矮小型乔木为主的校园绿地	0.55
草地	以草本植物为主要植被类型的校园绿地	0.38
湿地	以水生、湿生植物为主要植被类型的绿地	0.5
耕地	种植农作物进行耕种与收获的土地	0.76

11.1.2 复合类型

校园中有乔木、灌木和草地等多种绿化形式以及三种相互结合的绿化方式，不同的分类组合方式对固碳量有着不同的结果，一般景观设计的组合为乔灌草型、灌草型、草坪型及草地型四种形式，其中固碳率由低到高依次为乔灌草型＞灌草型＞草坪型＞草地型。其计算公式为：

$$C_{绿植} = \sum_{j=1}^{n} T_j \times S_j \times D \tag{11.1.2-1}$$

式中：T_j——第 j 类生态绿地对应类型每日固碳量 [g/（m²·d）]；

S_j——第 j 类生态绿地类型的面积（hm²）；

---

① 孙苏晶. 基于碳氧平衡模型的中环院校园低碳优化策略研究 [D]. 哈尔滨：哈尔滨工业大学，2013.

D——计算天数，一般取 365。

三种类型复合绿地单位净日固碳量如表 11-2 所示。

复合绿地单位净日固碳量　　　　　　　　　　　　表 11-2

绿地类型	乔木（$gm^{-2}d^{-1}$）	灌木（$gm^{-2}d^{-1}$）	草坪（$gm^{-2}d^{-1}$）	总体（$gm^{-2}d^{-1}$）
乔灌草型	35.67	20.95	23.38	79.99
灌草型	15.29	33.52	23.38	72.18
草坪型	15.29	16.76	23.38	55.42
草地型	0	0	23.38	23.38

在上述两种绿植固碳方法有各自持点，单一分类方法准确度高，比较适合植物配置资料完善、计算范围较小的区域；而对于计算范围比较大，复合分类法应用更加方便快捷。

在太阳能光伏发电方面，太阳能发电的减碳量主要计算内容为发电量并入电网的光伏发电站，其余的可再生能源利用由于并未从校园输出，所以不计入负排放范围内。计算方法与建筑用电碳排放基本一致，具体方法为：单位时间内的发电量乘以电的碳排放系数。其计算公式为：

$$C_{太阳能发电} = \sum_{m=1}^{n} I_{电} \times S_m \qquad (11.1.2\text{-}2)$$

式中：　　S_m——光伏发电站年发电量（$kW \cdot h$）；

$I_{电}$——电的碳排放系数 [$kgCO_2/（kW \cdot h$）]。

11.2　绿植优化匹配

林业碳汇是一个新兴市场，我国十分重视森林碳汇的功能，2000 年以来进行了以沿海防护林体系和"三北"防护林体系为主体的两大绿色屏障建设，森林资源的持续增长，吸收了大量的二氧化碳，取得了显著的效果。植被具有碳汇功能在校园内增加植被覆盖率，调整树木种植结构，有利于吸收二氧化碳，减轻碳排放对环境的危害。校园绿化时，在考虑景观搭配，常绿和落叶的比例，乔灌比等因素的基础上，同时要考虑植物的碳汇功能，尽量选用碳汇能力强的植物。如，可以将建筑物进行垂直绿化，可以增加碳汇且有利于降低建筑物外表面的温度，进而降低空调能耗。增加校园植物的生物多样性，引进各种能够相互适应的植物种类，使校园植被能够接近自然生态系统并可持续生长，减少人为的后期管理和维护。对于校园内树木凋落的枝、叶、果，采取集中收集，分散处理的方法，把树木的凋落物返还给树木生长的土壤中，减少凋落物的碳扩散。呼吁学生保护身边的树木，宣传树木碳汇功能，增加校园树木的碳汇能力[1]。

---

[1]　周侠.重庆大学校园碳平衡研究 [D].重庆：重庆大学，2015.

基于碳氧平衡的视角，以增加植物固碳释氧量为目的，确立校园绿地空间布局规划的主要任务是通过规划校园绿地系统生态网络、改善生态廊道、绿地斑块类型与面积、垂直绿化与屋顶绿化，改善与优化校园的碳氧动态平衡，提升校园生态性，最大限度地减少校园排碳耗氧量[①]。

11.2.1 规划校园绿地生态网络

校园绿地生态网络的建设以解决点、线关系为核心问题，即校园的节点、廊道与空间布局的紧密位置关系。具体地说，就是充分发挥校园绿地这张"生态网"的作用，把校园空间景观生态的"源"能量发挥、聚集起来。校园每个功能分区都应结合开敞空间建立以绿地为基础的"绿色核心"，作为每个区域的固碳释氧源点。利用植被光合作用产生的固碳释氧量，改善校园小区域碳氧平衡关系。同时，在每个小区域增加植物景观生态绿化，建立纵横交错的组团间绿化分隔带，形成绿核源点与绿网结合的校园绿地生态网络。

11.2.2 改善生态廊道

校园廊道系统生态景观的主要组成部分为滨水绿地、生产绿地、公共绿地，构成校园生态绿地系统的骨架。校园生态廊道的建立对于平衡高排碳耗氧区的碳氧动态平衡有补偿性作用，一定程度上改善风道，为固碳释氧提供空气扩散通道，对于改善小环境的动态碳氧平衡具有显著意义。在风道模拟分析过程中，得出绿地网络形成的生态廊道越长，其形成的局部小气候固碳释氧作用越突出，场地中的含氧量与固碳量越高，可有效减少 20% 的碳氧损耗。

11.2.3 增加绿地斑块

校园内部适宜增加小型绿地斑块，可考虑增加垂直绿化面积，将现有固碳释氧功能较弱的草地绿地斑块类型进行生态演替式改造，增加生产性景观，增加绿地的固碳释氧能力。

1. 增加立体空间绿化

当校园用地空间紧张时，非平面的绿化形式成为向立体空间发展的一种绿化拓展方式，具有较强的生态价值、社会价值既经济价值。屋顶花园、垂直绿化从面积指标上，直接增加了绿地斑块的大小。通过空间的有效利用，增加生态效益。屋顶绿化与墙面绿化，通过增加有效叶面积弥补了水平地面空间有限的劣势，同时增加了建筑的保温耐热生态特性，是直接、有效地增加绿地固碳释氧量手段。通过增加立体空间绿化，获得增加绿地斑块生态效益的成功实践案例较多。许多城市的公共建筑率先采用这一方法，设计造型与生态理念也充分展示着城市形象与生态经济文化发展水平。

---

① 孙苏晶.基于碳氧平衡模型的中环院校园低碳优化策略研究 [D].哈尔滨：哈尔滨工业大学，2013.

2.增加复合生态群落

生态斑块的群落结构越复杂，其生物物种稳定性与多样性越优越，针对校园规划方案的草地面积较大，疏林地及林地空间布局比例较低的规划现状。优化方案，一方面，改善绿地结构单一的组成成分，即通过增加乔、灌、草配置比例，增加绿地斑块物种多样性；另一方面，复合生态群落增加绿地系统的有效叶面积，更多的固碳释氧叶面积保证绿地斑块发挥更强的生态功效。

3.增加生产性景观

永续农业园的生产性景观作用，不仅在校园内增加校园绿地系统的绿地斑块面积，将草地生态类型转换成固碳释氧量更大的林地类型；也为校园增加生产价值。如沈阳建筑大学的稻田景观是典型的生产性景观，在校园中打造独特的乡土特色，同时减少了人工规划的校园对场地原状耕地类型的生态破坏，在做景观减法的同时实现了基于绿地斑块类型改变的固碳释氧优化策略。

综上，通过低碳策略与管理调控的优化方案，重新进行了生态绿地系统的规划与布局，改造现有建筑。首先，通过绿地系统的建立，实现生态廊道与绿地斑块的构建，完整校园生态网络。其次，将具有教育展示功能的公共建筑进行屋顶绿化，增加植物的绿量，实现多群落的植物种植。最后，转化初期方案中的绿地斑块类型，通过时空动态分析，实现永续农业的车生产性景观。

通过面积—位置—效率的改进优化，校园生态系统的绿地斑块面积及位置发生显著变化，同时建立起的潜在生态廊道也发挥其相应生态功能。通过增加植物群落的生态结构，增加复合生态群落的疏林地面积，可以获得固碳释氧量提升最多的生态效益。综上可知，增加直接影响因素，即绿地斑块面积可以获得最为直观的生态效益。将增加的绿地斑块类型重点放在扩大植物的有效叶面积，增加群落的复合层次结构，提升植物群落固碳释氧效果。

绿植固碳是目前最有效、最经济，也是最健康的固碳方法之一。建筑中的绿植固碳可分为一般的地上种植和立体绿化，立体绿化的引入对建筑的保温隔热有着十分显著的作用，比较常用的设计方法是将立体绿化和建筑功能相结合，这样可在一定程度上产生较少建筑的碳排放量。尽管寒冷地区建筑进行立体绿化设计本身也存在较多的问题，比如施工技术、植物选取、后期养护等，但从高校角度来讲，立体绿化可适用校园中的大多数建筑，且对于城市建筑绿化系统的建立及节能减排都有积极的促进作用[①]。

11.3 绿植固碳吸碳潜力分析

校园植物固碳是指园林植物通过光合作用吸收大气中的二氧化碳并将其转换为有机物,从整体上减少空气中二氧化碳,增加氧气的过程。反映校园植物叶片光合效率（即

---

① 孙苏晶.基于碳氧平衡模型的中环院校园低碳优化策略研究[D].哈尔滨：哈尔滨工业大学，2013.

校园植物固碳能力）的一个重要指标是单位叶面积日固碳量，是指植物单位面积叶片在单位时间内所固定二氧化碳的质量，这一指标虽然反映了校园植物固碳能力，但不能直接衡量校园绿地的固碳能力高低。因为不同种类植物形态特征变化较大，植株单位覆盖（或称投影）面积上叶片总面积值（通常用叶面积指数来表示）存在较大差异，即使两种植物的单位叶面积日固碳量相近，但如果其叶面积指数差异较大，即使两者以相同方式应用于园林绿地，校园绿地单位面积固碳能力也具有明显差异。校园植物单位覆盖面积日固碳量表示植物整株单位投影面积上所有叶片在单位时间内所固定二氧化碳的质量 [g/（$m^2 \cdot d$）]，这一指标基于单位叶面积日固碳量和叶面积指数计算而来，叶面积指数测定也会受到植物生长期以及生长状况等因素的影响，但对提高绿地固碳能力的校园植物应用来说，更具直接参考价值。

5月~11月，植物固碳量的季节动态大致相同，出现两个固碳峰值，固碳量的高值出现在6月前后和9月前后（8月＞7月＞6月＞9月＞5月＞10月），由于影响固碳效率的植物自身因素主要有植物种类、株龄、叶位等；而具体植物种类的固碳释氧效率差异较大。

11.3.1 通过光合效率估算植物的固碳释氧能力

根据校园树种的固碳机理，可以通过测定植物的光合作用的日同化量，进而推算出植物日固定的二氧化碳的量和释放出氧气的量。一般可以使用光合作用测定仪器来测定植物的瞬时光和效率，每天从6：00~18：00每隔2小时对所选树种的净光合速率进行测定。每树种选3株，每株选5~10片中部外围功能叶进行测定，取3次测定的平均值。根据各树种的净光合速率日变化曲线图，使用简单积分法计算各种植物在测定当日的净同化量。[①]

其计算公式如下：

$$P=\sum_{i=1}^{j}\{[（P_{i+1}+P_i）/2]（t_{i+1}-t_i）3600/1000\} \qquad （11.3.1-1）$$

式中： P——树种的日同化总量 [mmol/（$m^2 \cdot s$）]；

　　　P_i——初测点瞬时光合速率 [μmol/（$m^2 \cdot s$）]；

　　　P_{i+1}——下一测点的瞬时光合速率 [μmol/（$m^2 \cdot s$）]；

　　　t_i——初测点的瞬时时间（h）；

　　　t_{i+1}——下一测定点的瞬时时间（h）；

　　　j——测试次数。

一般植物夜间的暗呼吸消耗量按照白天同化量的20%计算，因此，单位叶面积净日固碳量的计算公式如下：

$$W_{CO_2}=P（1-0.2）（44/1000） \qquad （11.3.1-2）$$

式中： W_{CO_2}——树种日固定 CO_2 的量 [g/（$m^2 \cdot d$）]；

---

① 王立，王海洋，常欣．常见园林树种固碳释氧能力浅析 [J]．南方农业，2012，6（05）．

44——CO_2 的摩尔质量。

根据光合作用的反应方程 $CO_2+4H_2O \rightarrow CH_2O+3H_2O+O_2$，可计算出该测定日植物释放氧气的量，公式如下：

$$W_{O_2}=P（1-0.2）（32/1000）\qquad（11.3.1-3）$$

式中：　　W_{O_2}——树种日固定 CO_2 的量 [g/（$m^2 \cdot d$）]；

　　　　　32——O_2 的摩尔质量。

植物的日净光合同化量是指植物白天光合作用产生的有机物与夜间呼吸作用消耗的有机物之差。日净光合同化量越大说明植物的生产能力越强，固定在体内的碳含量与释放到空气中的氧量也就越大。以广州为例，各灌木树种固碳释氧量的值从大到小排列如表 11-3 所示[①]。

各灌木树种的日净光合同化量和固碳释氧量　　　　　　表 11-3

树种	日净光合同化量（$mmol^{-2} \cdot s^{-1}$）	日净固碳量（$gm^{-2}d^{-1}$）	日净释氧量（$gm^{-2}d^{-1}$）
马缨丹	266.11	9.37	6.81
假连翘	243.72	8.58	6.24
黄叶榕	223.38	7.86	5.72
红桑	214.13	7.54	5.48
叶子花	201.92	7.11	5.17
九里香	185.44	6.53	4.75
朱槿	193.03	6.79	4.94
米仔兰	184.14	6.48	4.71
鹅掌藤	171.79	6.05	4.40
含笑花	160.02	5.63	4.10
狗牙花	151.52	5.33	3.88
朱蕉	134.28	4.73	3.44
变叶木	132.23	4.65	3.39
红背桂花	122.58	4.31	3.14
茉莉花	120.60	4.25	3.09
江边针葵	120.06	4.23	3.07
基及树	105.73	3.72	2.71
棕竹	62.86	2.21	1.61

从表中可知，所测灌木树种中光合同化能力最强的 5 个树种分别为马缨丹、假连翘、黄叶榕、红桑、叶子花，光合同化能力最弱的 5 个树种分别为红背桂花、茉莉花、江边

① 林欣,林晨菲,刘素青,李林锋.18种常见灌木绿化树种光合特性及固碳释氧能力分析[J].热带农业科学，2014，34（12）.

针葵、基及树、棕竹。其中，光合同化能力最强的马缨丹日净光合同化量是光合同化能力最弱的棕竹的 4.23 倍[①]。

在全国范围内按照校园植物常见的生活型差异，将其分为常绿乔木、落叶乔木、常绿灌木、落叶灌木、藤本、花草 6 种类型。以植物单位叶面积日固碳量作为指标，对各生活型园林植物固碳能力进行排序，最后得到各生活型中固碳能力较高的前 10 种园林植物，结果如表 11-4[②]所示。

不同生活型植物单位叶面积日固碳前十排序 表 11-4

生活型	前十植物名称及其固碳量 [g/（m² · d）]
常绿乔木	云杉（20.09）、蚊母树（18.14）、假槟榔（13.12）、酒瓶椰子（13.00）、油杉（12.57）、女贞（12.12）、侧柏（11.92）、冬青（11.83）、长芒杜英（11.81）、加拿利海枣（11.59）
落叶乔木	新疆杨（34.10）、楸子（29.96）、文冠果（29.84）、红花碧桃（20.58）、大叶白蜡（20.03）、苹果（17.18）、小叶白蜡（16.61）、糖槭（16.60）、银中杨（16.47）、白桦（16.13）
常绿灌木	大花水桠木（21.72）、叉子圆柏（20.10）、胶东卫矛（19.07）、金叶榆（18.80）、金边六月雪（18.68）、伞房决明（17.39）、火棘（15.87）、雀舌黄杨（15.38）、夹竹桃（12.78）、胡颓子（12.31）
落叶灌木	大叶铁线莲（36.21）、重瓣榆叶梅（32.71）、龙牙花（24.42）、卫矛（17.98）、紫荆（15.17）、黄刺玫（14.03）、木芙蓉（12.30）、迎春（12.13）、黄植（11.95）风箱果（11.89）
藤本	小叶扶芳藤（11.90）、白花油麻藤（11.35）、异叶爬山虎（8.48）、扶芳藤（8.25）、木通（7.77）、海刀豆（7.30）、常春藤（6.44）、凌霄（6.02）、五叶地锦（5.40）、紫藤（5.05）
草本花卉	鹅绒委陵菜（88.64）、芙蓉葵（72.95）、蜀葵（71.24）、常夏石竹（69.18）、日光菊（68.64）、黑心菊（66.31）、紫茉莉（58.48）、斑叶革菜（57.44）、紫苜蓿（44.72）、二色补血草（44.22）

通过测定的树种光合效率来估算其固碳释氧量的方法，较多地适用于每年的 6~8 月，是测定单株植物固碳释氧量的方法。因为 6~8 月校园树种的生长旺盛，估算出来的日固碳释氧量一般为一年之中的峰值[③]。

也可通过记录进出叶室的 CO_2 量，按下式求出净光合作用速率（A）

$$A=F（C_r-C_s）/100S-C_s \times E \qquad （11.3.1-4）$$

式中：　F——流速；

　　　　C_r——参照 CO_2 浓度；

　　　　C_s——样品 CO_2 浓度；

　　　　S——叶室面积（6cm²）；

　　　　E——蒸腾速率。

---

① 林欣,林晨菲,刘素青,李林锋.18种常见灌木绿化树种光合特性及固碳释氧能力分析[J].热带农业科学，2014，34（12）.

② 郜晴，马锦义，邵海燕，陈颢明.不同生活型园林植物固碳能力统计分析[J].江苏林业科技，2020，47（02）.

③ 林欣,林晨菲,刘素青,李林锋.18种常见灌木绿化树种光合特性及固碳释氧能力分析[J].热带农业科学，2014，34（12）.

通过 CO_2 的分子量 44g/mol，O_2 的分子量 32g/mol，以某市行道树为例，计算出日固碳量和日释氧量，计算结果如表 11-5 所示[①]。

街道主要绿化植物单位面积的日固碳量　　　　　表 11-5

植物名称	5 月	6 月	7 月	8 月	9 月
雪松	8.02	5.95	6.63	10.63	7.85
元宝枫	10.28	7.34	6.77	8.40	10.17
国槐	6.01	6.48	7.28	8.08	6.86
榆树	15.64	14.29	7.34	18.53	12.26
杜仲	7.85	7.62	5.49	4.85	9.20
白桦	9.03	10.11	11.98	16.63	9.88
碧桃	10.30	8.33	6.52	8.36	10.09
榆叶梅	11.21	10.51	6.94	7.07	7.22
大叶黄杨	5.80	5.61	5.85	5.99	6.14
连翘	8.67	9.90	7.32	9.98	8.00

从表 11-5 可以看出：

（1）不同绿化树种各季节固碳释氧能力有一定的差异，即使同一树种，在不同的生长季节也有显著的差异。一般树种固碳释氧能力表现为：夏季＞秋季＞春季，主要是由于夏季温度升高时，植物对光能的利用率增高，从而增强光合作用。

（2）7 月有些树种（雪松、元宝枫、榆树、榆叶梅、连翘、碧桃）的固碳释氧能力明显低于其他月份。通常认为，植物在生长季节中，以夏季的同化能力最强，此测定结果恰恰相反。这可能是由于夏季过高的温度，即温度胁迫。因为高温很容易破坏植物光合和呼吸作用的平衡，从而降低植物的光合能力。在自然条件下，大气颗粒物可能在植物叶片上形成一层物理屏障，使光能利用率降低，从而减弱光合作用。国槐、杜仲、大叶黄杨固碳释氧能力比其他树种低的原因，可能与它们具有较强的滞尘能力有关。

（3）不同树种之间单位叶面积日固碳释氧能力的差异，主要与树种生长的地点，即叶片接受光照的多少及叶片的结构有关。在乔木树种中，固碳释氧能力的排列顺序为：榆树＞白桦＞元宝枫＞雪松＞杜仲＞国槐；灌木树种中，固碳释氧能力的排列顺序为：碧桃＞连翘＞榆叶梅＞大叶黄杨。

（4）城市主要绿化树种是城市可持续发展的一个重要环境基础，它对城市环境的支持作用，尤其是碳氧平衡作用是不可替代的。所以，植物吸收二氧化碳和释氧的作用，对于保护人类的环境具有十分重要的意义。

---

① 陆贵巧；尹兆芳；谷建才；孟东霞；武会欣 . 大连市主要行道绿化树种固碳释氧功能研究 [J]. 河北农业大学学报，2006，（06）.

11.3.2 通过叶面积指数估算校园树种的固碳能力

以单株树木叶面积指数为基础，推导出形态特征指标为自变量的城市园林树木生态效益推算模型公式[①]。方程的一般形式为：

$$Y= \pi acd^2/4 \qquad (11.3.2-1)$$

式中：　Y——单株植物的日固碳释氧值（g）；

　　　　a——单位叶面积日固碳释氧值（$g \cdot m^{-2}$）；

　　　　c——叶面积指数；

　　　　d——冠幅（m）。

从式中可以看出，随着叶面积指数 c 的增大，在冠幅不变的情况下，树木的固碳能力也在增加。

通过叶面积指数估算园林树种固碳量的这种方法，得出的数据仍然是单株树种的日固碳量[②]。

1.通过生物量估算植物固碳能力

方精云等使用我国森林资源清查资料和文献发表的生物量实测资料，总结提出了生物量换算因子（BEF）法建立生物量与蓄积量的关系。

林分生物量与木材材积比值（即 BEF）不是不变的。进一步的研究表明，可以以林分材积作为换算因子的函数，来表示 BEF 的连续变化。方精云等利用幂指数函数来表述 BEF 与林分材积（x）的关系见下式：

$$BEF=ax+b \qquad (11.3.2-2)$$

当材积很大时，BEF 趋向恒定值 a；当材积很小时，BEF 很大。此结论符合树木的相关生长理论。该公式使得区域森林生物量的计算得以简化。可表示成生物量与蓄积量的简单线性关系：

$$B=a+bV \qquad (11.3.2-3)$$

式中：　　a、b——均为常数；

　　　　　a——为树干木材生物量与林木总生物量的比值；

　　　　　b——为地上部分或地下部分生物量占林木总生物量的百分数；

　　　　　B——代表生物量；

　　　　　V——代表蓄积量。

此方法是以通过建立生物量与蓄积量之间的关系为基础，从而对植物的碳储量进行估算。一般来说，蓄积量大的植物，其固碳量也大，反之固碳量则小。

---

① 王立，王海洋，常欣.常见园林树种固碳释氧能力浅析 [J].南方农业，2012，6（05）.

② 王立，王海洋，常欣.常见园林树种固碳释氧能力浅析 [J].南方农业，2012，6（05）.

2. 通过生产力计算植物的固碳能力

国家林业行业标准（LY/T 1721—2008）"森林生态系统服务功能评估规范"中提供的植被固碳公式为：

$$G_{植物固碳}=1.63R_{碳}AB_{年} \qquad （11.3.2-4）$$

式中：　$G_{植物固碳}$——植被年固碳量（$t \cdot a^{-1}$）；

　　　　$R_{碳}$——CO_2中碳的含量，为27.27%；

　　　　A——林分面积（hm^2）；

　　　　B——林分单位净生产力（$thm^{-2}a^{-1}$）。

此方法是对林地群落一年的固碳量进行估算，从式中可以看出，林分的单位净生产力越高，群落的固碳量越大。

生长型对校园树种固碳释氧能力的影响：

通过对10种常见树种的光合效率进行测试，得出乔木、灌木、常绿植物和落叶植物的平均固碳释氧能力大小，如表11-6所示。

植物不同生活型的固碳释氧能力比较　　　　表 11-6

绿地类型	平均光合速率值（$\mu molm^{-2}s^{-1}$）	单位面积固碳量（$gm^{-2}d^{-1}$）	单位面积释氧量（$gm^{-2}d^{-1}$）	整株平均固碳量（gd^{-1}）	整株平均释氧量（gd^{-1}）
乔木	5.09	8.06	5.87	429.18	312.13
灌木	8.14	12.89	9.37	169.25	123.09
常绿植物	6.21	9.83	7.15	298.76	217.28
落叶植物	5.80	9.19	6.68	403.64	293.56

通过表11-6可以看出：单位面积上，灌木的固碳能力大于乔木；单株植物来看，乔木的固碳能力强于灌木。这是因为单位面积上，灌木的叶面积指数大于乔木，而从整株上来说，乔木的绿量显然是大于灌木的。

不同群落类型的树木固碳能力存在较大差异。通过调查样地树木的胸径、树高等调查数据结合材积源法公式，根据单位面积的树木生物量碳储量大小，得出以下结论：不同群落的固碳能力依次为：阔叶林 > 针阔混交林 > 针叶林 > 疏林[①]。

树龄对校园树种固碳释氧能力的影响：

由于幼小树木处于生长旺盛期，光合速率高，相对于处于生长稳定期的老龄树木来说，它们在单位叶面积上的固碳能力更强。当树木处于初期生长阶段时，树木在单位叶面积上的固碳能力持续增强；当树木生长达到最旺盛时期，树木的单位叶面积固碳能力最强，当树木处于近熟阶段时树木单位叶面积上的固碳能力持续减弱；当树木完全成熟

---

① 王立，王海洋，常欣. 常见园林树种固碳释氧能力浅析 [J]. 南方农业，2012，6（05）.

时，树木单位叶面积上的固碳能力降至最低。虽然就单株树木比较来看，老龄树木的碳储量大于幼小的树木，但是因为老龄树木的生长基本停止，碳储量也处于稳定阶段，所以老龄树木对大气中 CO_2 的吸收效果并不明显。

部分树种固碳释氧能力比较 表 11-7

树种	单位地面面积固碳量（$gm^{-2}d^{-1}$）	单位叶面积固碳量（$gm^{-2}d^{-1}$）	单位地面面积释氧量（$gm^{-2}d^{-1}$）	单位叶面积释氧量（$gm^{-2}d^{-1}$）
银杏	29.48	6.38	21.45	4.64
香樟	35.16	11.69	25.57	8.50
广玉兰	57.79	14.06	42.03	10.23
垂柳	65.20	11.18	47.41	8.13
女贞	13.32	—	9.70	—
小叶榕	44.36	7.46	32.26	5.55
刺槐	102.10	22.39	74.25	16.28
紫叶李	28.63	7.23	16.28	7.23
紫薇	19.97	—	14.52	—
桂花	10.58	—	7.70	—
黄葛树	67.20	13.63	48.88	9.91
白玉兰	29.40	9.05	21.40	6.58
夹竹桃	46.90	17.05	34.10	12.40
蒲葵	20.64	5.50	15.01	4.00
蜡梅	36.35	12.20	26.43	8.87
枇杷	44.03	11.88	32.01	8.64
二乔玉兰	18.12	6.00	13.18	4.36
海桐	28.53	8.22	20.75	5.98
红檵木	63.12	14.48	45.91	10.53

通过表 11-7 中的 19 种植物固碳释氧能力的对比分析可以看出，刺槐在固碳与释氧两方面上都具有很好的表现，能力均大于其他植物。同时，固碳量高的植物，其释氧量也相对较高，例如黄葛树、垂柳；反之固碳量低的植物，释氧量也相对较低，例如银杏、蒲葵等。在灌木中，红檵木的表现良好，固碳量与释氧量均排在靠前位置。木樨科的植物在固碳释氧两方面都表现不佳，桂花和女贞的固碳值和释氧值都排在靠后的位置。

植物的固碳释氧能力与植物的类型（包括生活型、树龄等）、种类等很多方面有关系，不同的生活环境也会影响植物的固碳释氧能力。因此，在进行园林树种配置的时候，应该因地制宜，注重植物种类的选择，同时将灌木与乔木合理搭配，以期将园林绿地的固碳释氧效应尽量发挥出来，缓解城市污染[①]。

---

① 王立，王海洋，常欣. 常见园林树种固碳释氧能力浅析 [J]. 南方农业，2012，6（05）.

11.3.3 提升校绿地物固碳能力的植物应用途径

1. 增加高固碳效应植物种群个体数量

校园绿地中具有高固碳能力的植物数量越多，则绿地固碳效益就越高。所以，可通过增加高固碳能力的校园植物种群个体数量，直接扩大高固碳能力植物的覆盖面积，来提升校园绿地的固碳能力。如，校园绿地系统树种规划中的基调树种，是校园园林绿地系统中种群个体数量最大的树种，分布面广，覆盖面积大，如果采用适宜的高固碳能力树种，就能提高城市校园绿地的固碳效应，并有效应对气候变暖问题。乔木、灌木植物种类单位叶面积日固碳量较高，各高校可以根据当地的气候特点、植物的生态习性、观赏特点等，选择其中适宜的树木种类作为校园绿地植物规划设计应用的基调树种，如榆叶梅、红花碧桃、蚊母树、夹竹桃、紫荆、卫矛、木芙蓉、胡颓子等可作为不同地区校园绿地的高固碳基调树种[①]。

2. 增加固碳能力相对较强的校园植物种类

校园绿地植物景观强调多样性和丰富性，校园绿地系统植物规划除基调树种外，还包括骨干树种、一般树种和大量草本植物。除基调树种应选择高固碳能力树种外，其他植物也可以在满足有关功能要求的基础上，选择应用固碳能力相对较高的植物种类。例如骨干树种，在校园绿地分布范围广，且分布量和覆盖面积都很大，其种数也比基调树种多，通常为30~50种。选择高固碳效应树种作为骨干树种，也能显著提高校园园林绿地的整体固碳效应。如表中的新疆杨、大叶白蜡，侧柏、云杉、假槟榔、加拿利海枣、糖槭、冬青、女贞、黄桢等植物种，既有较好的观赏效果，又具有相对较高的固碳能力，因此可在校园骨干树种的选择中优先考虑此类树种。另外，草本植物，特别是草本地被植物在校园绿地中应用也十分广泛，并具有较大的覆盖面积，而草本花卉又是各类生活型植物中单位叶面积日固碳量最高的，若能选择其中固碳能力相对更高的加以应用，无疑会使校园绿地的整体固碳效应得到进一步提升。

3. 增加校园植物群落景观结构层次

提高校园绿地固碳效应的另一个途径，则是增加植物群落景观的结构层次，以增加植物复合固碳效应的方式提升校绿地固碳能力。绿地植物群落尽量避免单层设计，多采用乔、灌、草相结合的多层结构，增加单位面积植物群落叶面积复合指数，使得单位面积土地上有更多植物进行光合作用，从而增加绿地固碳效益。各地根据气候特点，植物生长习性以及绿地特定功能要求，将植物进行合理搭配，设计多层次、多结构的植物景观群落，并将固碳能力较强的乔、灌、草植物进行组合，形成多种可供参考的高固碳植物配合模式，不仅使得单位绿地面积固碳能力较强的植物种数增多，同时也加大了校园绿地综合叶面积指数，从而更进一步提升了校园绿地单位面积的固碳效应和综合固碳能力。

---

① 郜晴，马锦义，邵海燕，陈颢明. 不同生活型园林植物固碳能力统计分析 [J]. 江苏林业科技，2020，47（02）.

第 12 章

低碳校园评价
体系与方法

建立一套完整、科学的低碳校园评价体系与方法，是建设并实现校园低碳发展目标的关键，是低碳校园的重要组成部分。

12.1 低碳校园评价内容的构成

12.1.1 硬件建设

校园硬件方面指由看得见、摸得着的校园物质因素构成的环境。从物质分类不同的角度，将大学的硬件方面分为校园建筑、校园交通体系、校园能源利用设备、校园废弃物处理设施和校园绿化景观等几个部分。因此，低碳校园的硬件构成，也是以上各部分低碳目标的构成。

1. 校园建筑的低碳化

（1）需与自然环境的协调。由于近现代以来社会观念的影响，大学的校园建筑极少考虑到与自然环境的融合，特别是我国高校在建设过程中，强烈地表现出特色化的建筑风格。低碳校园的建筑应注重建筑与环境的协调，应能够实现尊重地形地貌，凸显基地环境特色；应尊重当地自然生态环境，采用低冲击开发模式；应减少对用地生态系统的破坏，实现生态补偿。

（2）需与校园文化环境的整合。作为传播和发展文明的场所，校园建筑的这种共同特征就是其文化性。校园建筑的文化性主要体现在建筑形象上，真正按照学校的需要来设计校园建筑，自然而然地能反映校园的文化性、简洁的造型、明快的空间、淡雅的色彩、朴实的材质等。

（3）需对建筑形态进行意象构思。校园建筑的意象构思应该清晰明确地反映一所大学校园的建筑文化，能够在无意之中反映出该大学的精神气质和文化特色，烘托出该校特有的大学育人氛围。典型的校园建筑风格，能使人一踏进校园就可以明显地感觉到它的影响和品质，生活在其中能被它那无形的精神气质所感染。

（4）需对校园建筑的进行个性塑造。每一个校园都有自身的特色与校园精神，校园的建筑如何更好地体现一个大学的校训、学科特色、专业背景，是校园建筑个性化塑造的关键。同时，也只有具有个性化建筑的校园才能向学子们及世人昭示学校教育的独特精神。

（5）校园建筑建造与运行需实现节材、节能和节水目标。低碳绿色建筑设计是一个全盘的、整体的和协作的过程，低碳绿色建筑的建造和运行应尽量就地选材，避免长距离的运输，避免造成二氧化碳过量排放，造成资源的浪费。在建筑设计过程中，要尽量考虑到能量的合理应用和使用，尽量节约能量和能源，并且要考虑到以后新能量使用时，设备设施的可更替性，并且尽量减少资源的浪费。

2. 校园交通体系的低碳化

"以人为本"的规划设计方法是校园低碳交通体系规划设计的重要原则，大多高校的校园面积较大，只关注交通功能，做到人车分流，但横平竖直的路网体系缺乏人文关怀，缺少静态节点设计，导致步行出行缺乏体验感，无形中增加了机动车的使用频率，造成二氧化碳过量排放。校园的动态交通特点是人流的产生是间歇性的，各种交通模式在特定时间点出现交叉混乱的情况，且交通方式多样，包括步行、自行车、机动车等。因此，校园低碳交通体系的规划应注重步行系统的建设，应注重使用者感受与集散，在道路交叉节点部分注意扩大空间尺度，便于人流的集散，降低步行道路人流，同时应注重对步行系统的微环境设计，降低在冬夏两季室外环境不利情况下的微环境提升，提高步行系统的使用效率。对于非机动车通行道路应注重停车的便利性，停车场地应与绿化景观、公共绿地的结合。对于机动车应注重园区道路的设计便捷性，与园区出入口衔接应以最短距离作为机动车道路设置准则，降低机动车园区内的通行长度，降低碳排放量。

3. 校园能源利用设备低碳化

随着我国高校逐年的扩招、生源的增加、用能需求的扩大，对于能量的需求逐年在增加。低碳校园倡导一种对环境没有任何副作用的能源使用，并且致力于开发和利用这种新的可持续、能循环再利用的新能源。当前我国高校要采取的节能方针最佳方式首先是"开源节流"，开源即利用新的科学技术发展新的能源，例如太阳能、风能等；节流即在目前低碳绿色科技发展有限的情况下，初级阶段尽量降低常规能源的消耗。例如，在电力使用方面，增加节能灯具的使用，路灯采用先进的智能光控技术，按照每天日升日落时间自动调节路灯的开关时间，变压器都更换成节能型变压器等；在供暖方面，改造供暖的电力控制系统，对具备条件的部分换热站安装了水泵变频控制系统，在供暖过程中实现按需供暖、分时供暖等。

4. 校园废弃物处理设施低碳化

（1）校园内的垃圾处理

目前，我国几乎所有的高校对本身产生的垃圾并未做任何处理，就连最为简单的垃圾分类处理也基本没有做到，只是做到了表面上有可以回收利用的垃圾桶，至于在实际的行动中是否落实，并没有人深究，也没有专门的机构来管理，而是作为城市垃圾的一部分加以排放。这种情形加剧了垃圾污染的严重性，并且浪费了不少的资源和能源。据部分高校垃圾年排放量调查，粗略估计高校每日垃圾量为 2.5kg/ 人，全国高校 600 万人粗估，每天垃圾排放总量约 1.5 万 t，每年垃圾排放总量约 450 万 t，其中有机垃圾约 225 万 t，而这些垃圾中大部分是可以回收利用的。一是有些垃圾还可以回收利用，如纸张、塑料和部分家电等；二是部分垃圾可以作为产生沼气的原料；三是发电；四是垃圾堆肥。因此，对于校园垃圾处理工作要首先要做好宣传教育工作，让校园内的师生自觉地将垃圾放在分类垃圾桶内；二是，利用大学生的社团活动宣传日常行为中注意垃圾分类回收对于节约能源、保环境的重要性；三是，可以让大学生参加一些这方面的实践活动，用事实说明垃圾也可以变废为宝；四是，制定合理的校园政策规定，制定详细的执行计划及奖惩措施；五是回收利用，回收可以保存有价值的资源；最后，利用先进的科学技术将垃圾转化有用物质，例如利用垃圾产生沼气，可以为校园节约能源，而且这种能源是无污染的低碳绿色能源。

（2）校园内的有害物质、实验废弃物的处理

大学校园实验室废弃物、有害物通常的情况下是和普通垃圾一样处理。这样的处理方式一是造成了高校实验室普遍存在的浪费现象；二是一些试验过程中使用的有害物质对环境造成极大地危害，特别是有些有害物质通过下水管道进入地表，极容易对人体造成危害，这也是高校目前环境污染的一个潜在来源。由于这方面宣传教育的有限性，大部分实验人员没有清醒地意识到对于这些废弃毒物质正当处理的重要性，很多人在实验做完之后，把这些废弃物质就当一般垃圾随意扔掉了。即使对有害物质处理，也一般是填埋或者是通过水管冲洗，让有害物质随下水道排放。这样处理的害处，一是造成环境污染，二是对人体有害，填埋污染土地，水冲污染水质，浪费严重。一些实验使用过的废弃物物质其实还可以回收再利用，这样不但可以节约资金，而且还可以减少对环境的污染。但是，目前大部分高校对于实验室废弃物的回收不重视，造成了大量浪费现象的存在。因此，高校应针对这一情况应做出明确的管理规章，对于不同的有害物质如何处理应写出明确的处理方法及明确的赏罚规定，对于不按规定处理的试验单位，实行重罚；同时，对于可循环利用的废气物质，要有关于循环使用的详细说明。

5. 校园绿化景观的碳汇最大化

由于近年高校不断地扩招，在原有校区的发展仍然赶不上生源数量增加的步伐的时候，我国当前的大多数高校都已经改迁到新校区了。在新校区绿化的过程中也存在着绿化的很多问题，一是认为绿化就是大面积的草坪，致使由于绿化而占用大面积的土地；二是在绿化的过程中植物种类单一，对于植物树种的多样搭配种植不够重视；三是不合理利用当地的植物品种，而是花费巨资到外地运输一些贵重的树木种类，没有考虑外地植物很难在当地成活，造成资金的浪费；四是在绿化的过程中，只考虑平面的绿化作用，没有考虑立体绿化的环保及节能作用。我国目前大部分高校都只是占用大面积的地面作为绿化的主要用地，没有考虑在楼体及楼顶上的绿化，没有形成地面绿化与高建筑绿化的遥相呼应。大面积的绿地浪费了太多宝贵的土地资源，而建筑楼体夏日暴露在烈日之下，每年都需要大量的能源来给楼体降温，浪费了大量的资源、能源，同时造成了校园内热岛效应的增加。

因此，在校园绿化建设过程中应注重：在老校区增加建筑立体的绿化，增加建筑顶部或者是建筑墙体的绿化为主要手段。在新校区绿化面积加大的现实情况下，增加建筑的立体绿化，使地面的平面绿化与建筑的立体绿化遥相呼应，形成上、中、下呼应的低碳绿色校园，增加不同的适宜本地自然生态环境的树种和草种。在实现校园植被碳汇的同时，增加景观的人文效果。同时，让不同的植物景观交互作用，达到最好的绿化和清洁空气的效果。

12.1.2　软件建设

在软件方面，除了为满足硬件的低碳运行需求而建立相应的智能化、数字化校园管理系统外，更应注重低碳绿色氛围的营造，低碳绿色校园文化的形成，以及对育人功能、教育方法、科技引领方面的促进作用。由此，校园软件的低碳化方面包括：

1. 校园的智能化、数字化管理系统建构

（1）校园信息网络数字化的建设

数字校园是在传统校园的基础上，将现实校园的各项资源数字化，从而形成一个数字空间，它使得现实校园在时间和空间上延伸开来。在传统校园的基础上构建一个数字空间以拓展现实校园的时间和空间维度，从而提升了传统校园的效率，扩展了传统校园的功能，最终实现教育过程的全面信息化。这种方式还将改变工业化社会以来那种外在的师生关系，使得教育者与被教育者的关系发生本质性的改变；在教学手段上，信息技术作支撑的教学手段将更加丰富多样，扩展了受教育的范围。高校校园信息网络数字化建设的主要内容：构建网络基础，包括信息化平台、电子邮件、文件传输、信息发布等。每一所高校都应该建有适合本校的合理的用户使用界面，包括办公自动化、数字图书馆、管理信息系统、网络教学系统、网络报名系统。信息服务系统包括后勤服务、信息查询、电子商务、校园一卡通等。

（2）校园的智能化

数字化校园的进一步发展就是智能化校园。智能化校园主要有以下几个特征：①资源数字化。首先要将员工、学生、资产、财务、设备设施、图书等各种各样的管理和教学资源信息实现数字化。②校园资源实行自动化和智能化集中管理。校园管理能够通过计算机对各子系统进行实时监测、控制和记录，能充分地为校园师生提供最便捷和快速的服务。同时，通过智能化管理系统，对校园的能耗进行分类分项计量，能够实现对用能数据的实时分析与节能控制实施，能将校园资源能量达到最大化利用，也为管理者提供更为高效、快捷的管理信息，以便及时调节管理手段，以利于高校健康发展。③办公自动化。建立人事、财务、教务教学、招生、就业、后勤、资产、资源能量等电子管理信息系统和以公文流转为中心的办公自动化系统，实现教学、科研、管理和生活的智能化，实现电子校务。④逐步实现决策智能化、科学化。信息化发展就是"网络化＋数字化＋智能化"发展；信息化校园是未来大学校园发展的必然趋势；信息化校园的建立可以集学习、研究与教学一体化。

2. 校园低碳绿色组织结构的建立

高校的组织结构在运行发展过程中，起到举足轻重的作用，尤其是现代以来，随着社会经济的发展，大学起到社会发展"动力机"的作用，大学越来越步入社会发展的中心，成为社会发展的强大助力器。大学要想发展，组织结构就必须与周围的社会环境进行良好的互动，大学才能发挥更好地促进社会发展的作用。目前，大学组织结构却存在着科层化严重、与社会发展不相协调以及僵硬化等问题。因此，对大学组织结构的变革，以利于更好地发挥大学的社会"动力机"作用，显得尤为重要。在低碳绿色视阈中反观大学组织结构的变革，能更好地审视大学组织结构目前存在的问题，并且能为问题的解决寻求一个更好的路径。组织结构的变革首先需体现人的观念变化，体现出人对自身及外在环境变化的一种深层次的解读。低碳绿色视阈中的大学组织结构，能够有利于人自身的发展，同时要适应社会、生态、自然环境发展的动态变化，是动态适应型组织结构。

3. 校园低碳育人理念与教育方法的实施

（1）低碳校园在育人方面的重要性

近年来，随着招生规模的不断扩大，高校的建设规模、学生人数及能耗设备急剧增加，能源消费开支逐年上升，既有土地、建筑基础设施等发展性消费，也有交通、水、电等维持运转的消费，还有饮食、教学设备、图书、生活用品等生活性消费，其中不合理消费占有相当大的比重，这不仅成为高校沉重的经济负担，而且影响办学效益，直接影响高校的可持续发展。建设低碳校园，可以有效节约资源，降低办学成本，满足高校可持续发展的需求。因此，作为高校主体的学生是不能被忽视的，高校学生基本都是以寄宿为主，吃、穿、用等基本都是在学校里进行，因此也在实现低碳校园建设、校园的可持续发展中有着举足轻重的作用，只有充分地调动学生在建设低碳校园中的积极性主动性，才能真正实现校园建设的低碳发展。当前，高校存在着重视大学生的科学文化知识教育而轻视低碳生活方式教育的倾向，导致大学生危机意识、节约意识和环保意识薄弱。在高校校园内不同程度地存在着过度消费、奢侈消费、高碳消费的现象，使大学生的思想观念和行为表现呈现出滞后于知识能力发展的倾向，使大学生的综合素质得不到全面培养。建设低碳校园的主要依靠对象是广大学生，高校不仅需要把他们培养成具有低碳意识、拥有低碳知识与技能、自觉实践低碳行动的高素质人才，而且还要积极鼓励他们宣传低碳生活理念、普及低碳生活知识、促进社会实现低碳经济发展的作用。

（2）低碳校园教育方法

在育人功能方面，低碳校园就是全方位的环境保护和可持续发展意识教育，即将这种教育渗入到综合性教学和实践环节中，使其成为全校学生的基础知识结构以及综合素质培养要求的重要组成部分。育人功能是低碳校园建设中的重要内容，旨在通过教育教学、实践调研、讲座论坛等形式，完成知识的传授、能力的培和价值目标的塑造，同时传播低碳绿色发展理念。低碳校园教育方法主要内容包括以下几个方面：（1）学校开设低碳绿色教育课程，面向全校学生，实现课堂内外、线上线下的多线教育的成功实践，共同传播低碳绿色发展理念的良好局面。可依托学校低碳校园建设成果，鼓励学生以校园为研究对象，针对校园中存在的一些生态和环境问题进行研究并尝试解决。（2）学校开设低碳绿色讲座沙龙，促进学校低碳绿色讲座教育的常态化、固定化，可以与低碳绿色课程体系形成有效的补充，并且邀请国内外知名低碳绿色发展专家进行讲座。（3）学校积极组织低碳绿色活动实践，不但可以解决社会问题将节能低碳的环保理念落实到实践过程中，在活动过程中可以加深同学们对低碳绿色低碳概念的理解。（4）学校成立相关专业性研究生学位项目和各种短期培训项目，积极展开低碳绿色教育合作项目，选派学生交流学习从而侧面推动课程持续发展目标方面的思路。

4. 校园低碳技术的科技引领

低碳绿色价值观倡导人与自然的整体有机性，从人与自然有机联系的角度看世界，它将人与自然的原始关联性视为世界的本原，人类发展科技的目的是在促进人类社会发展的同时，也促进自然环境的改善，是人与自然和谐共生、协同进化的过程。因此，科学技术的发展应以维护人与自然和谐发展为目的和宗旨。低碳绿色科技要为解决生态环境的危机贡献力量，在具体的应用过程中，就是要发展有利于环境保护的低碳绿色技术，对于那些不利于资源高效利用，有可能对环境产生不利影响的，污染严重的科研技术要坚决制止，即使这种技术能产生很高的经济效益，也要坚决制止。实现低碳绿色科研的途径有以下几个方面：一是建立良好的低碳绿色科研运行机制。低碳绿色文明时代的大学，不仅要培养人与自然和谐共生、协同发展的低碳绿色人才，而且也是以促进人与自然协调发展的低碳绿色科技研发中心为目的，并在低碳绿色科研发展的过程中，真正带动低碳绿色人才的培养，以低碳绿色人才促进低碳绿色科研的进步。二是制定促进低碳绿色科研发展的规章制度。应制定有利于低碳绿色科研发展的规章制度，鼓励有利于环境保护及减少环境污染的科研项目的发展，并制定适当的政策鼓励。这方面项目的申请和实施，对于那些有可能对环境产生污染的项目实行重罚、问责制度，将环境责任具体到每一个项目的主要负责人身上，实行终身责任制。三是建立低碳绿色科研申请项目的合理审批程序，保证低碳绿色项目申请通道的顺畅。要将低碳绿色科技的意识贯穿到项目的申请、项目的立项以及项目的实施和评定的整个过程之中，并且把对环境是否造成污染作为项目申请及审批的一个前提条件，不承担和不参加对环境有可能产生污染的项目。在项目实施的过程中，注重监督机制的运行，以保证环保意识的彻底灌输和实行，项目完成后，要对项目进行严格的低碳绿色评价，并将评价结果作为成果鉴定和奖励的必要评定条件。四是灌输低碳绿色科研价值取向，保证科研工作者工作方法的低碳绿色化。科研工作的发展和每一个科研工作者头脑中的价值取向有着密切的关系，因此低碳绿色科研的发展，需要每一个科研工作者价值取向的低碳绿色化，这样才能保证科研方法的低碳绿色化发展，也才能保证科研成果的低碳绿色化。

5. 校园低碳绿色文化的传播

低碳绿色文化是高校在构建低碳校园取得的成果。高校在开展低碳校园建设中，对于校园低碳绿色文化的形成应当进行积极引导，同时积极开展有关低碳绿色理念传播以及交流活动，推动低碳校园的构建。一方面，学校应在低碳校园理论研究方面予以大力支持，积极探讨低碳绿色理念研究与高校教学科研实践的有机结合；另一方面，充分利用信息门户、微信公众号等媒体形成立体式低碳绿色文化传播阵地，及时、全面地报道学校在低碳校园建设方面的相关新闻及取得成果；同时，加强与学生社团组织的联系，以遍布全校院系的师生会员为基础，宣传低碳绿色发展理念，开展低碳绿色实践与教育，拓展低碳校园建设的宣传口径；此外，学校还应当积极与国内外高校、社会单位开展低碳校园建设的相关交流活动，大力宣传低碳绿色理念，积极搭建低碳校园理念的交流平台。

12.2　评价体系与评价方法

12.2.1　评价体系的目标

当前新一轮的低碳校园建设正在如火如荼地进行中，大多校园以绿化为重点进行低碳校园建设，这对于提醒大学环境保护的重要性方面确实有一定的积极意义，但就我国目前高校发展的现状来看，单纯的校园绿化已经不能承担解决国家经济发展与环境保护之间矛盾的任务。只有人才培养模式的转变、科研范式的转换以及与之配套的校园硬件方面改革才能培养出具有低碳绿色理念，并能将这种低碳绿色理念贯彻到以后的社会生活中去的低碳绿色人才。因此，建立低碳校园的评价体系对目前低碳校园建设过程有重要的指导作用，对于低碳校园的健康发展具有一定的推动作用。

12.2.2　评价体系的建立原则

1. 整体全面性原则

即要求所选的指标能够作为一个有机整体在其相互配合中比较全面、科学、准确地涵盖为达到评价目的所需的基本内容。在具体的评价过程中，要求每个指标从不同的侧面反映了评价对象的主要特点，并具有代表性。

2. 导向激励性原则

即确保被选择的指标具有持续性、导向性功能。如低碳校园建设评价的目的不是单纯评出名次及优劣的程度，更重要的是引导和激励大学在今后的发展过程中，向着有利于社会和经济低碳绿色化的方向和目标前进。因此，评价指标应体现并发挥对大学的导向—激励功能。

3. 差异可操作性原则

在评价的过程汇总中，要考虑不同层次、不同类别大学的特点和差异等。对大学低碳绿色度的考核做到数量与质量、定性与定量相结合，并赋予相应的权重，全方位评价低碳校园建设的情况，以达到差异性与可操作性相结合的目的。

4. 动态发展性原则

大学建设是一个不断发展的过程。一是大学在自身的建设过程中要求发展；二是大学不可能脱离社会而存在，时代的发展要求大学与时代同步。因此，动态、发展性原则包括三层含义：一是低碳校园建设评价旨在促进大内部软件方面与硬件方面的协同进化与和谐共生；二是低碳校园建设评价旨在促进大学与外在环境的协同进化与和谐发展；三是低碳校园建设评价旨在进大学充分发挥社会发展动力机的作用。

5. 客观性原则

在低碳校园建设评价过程中，要采取实事求是的态度，从客观实际出发，尽量获取最真实的材料，抓住大学建设过程中最具有代表性的东西进行分析。因此，评价的指标和标准不能生搬硬套，一定要结合不同类别学校的不同发展背景，进行客观实际的评价。

6. 可接受原则

可接受原则包括两层含义：一是指标的获取要符合我国低碳校园的建设及发展规律，不能盲目照搬国外的标准，一定要立足于我国低碳校园建设的实际；二是可行性，即有足够的信息可资利用，有足够的人力物力，评价方法的选取恰当可用。

12.2.3 评价体系的建构

1. 评价指标体系的初步建构

初步建立阶段需首先对校园低碳发展目标的影响因素进行梳理，对其中的重要控制要素进行深入挖掘，然后按照一定的分类原则进行逻辑建构，以此形成指标体系。最常用的研究方法为现场调研与德尔菲法相结合的方法。首先，通过调查问卷等方式咨询相关专业人员，如大学管理部门人员、一线教学人员和学生等的意见，搜集低碳校园发展的影响要素；其次，通过德尔菲法，召集有关专家、教师共同讨论，初步得出低碳校园评价的初拟指标；最后，从工作实践中的经验总结、理论研究的成果等梳理出初步的评价体系。初拟的指标应围绕学校整体发展战略目标力求完备，尽量避免缺漏。

2. 低碳校园建设评价指标的筛选

筛选阶段是对初始指标进行分析、整理，避免指标的重复和无效性。主要通过归并和筛选的方式精简、调整指标，体现评价的价值导向，突出评价的重点，使评价具有更强的可操作性和导向性。本书在所建立的评价体系初选指标的基础上，征求了从事低碳校园评价研究以及大学中从事管理工作的有经验的学者等人员的意见和建议，在遵循评价指导思想和指导原则的基础上，进行了评价指标的二次筛选。

3. 低碳校园评价指标的拟定

在经过筛选阶段对初始指标的归并和筛选之后，选择适当规模的评价对象进行小范围的试验，并根据试验结果对评价指标体系和评价标准进行修订调整，初次调整后的评价指标体系要进行第二轮的小范围测试，然后再根据测试结果调整评价指标体系。

4. 低碳校园评价体系的建立

本书所建立的评价指标体系依据以上原则及研究成果，建立了目标层、准则层和指标层这三个层级，其中准则层将校园的评价构成分为硬件设施和软件设施两大部分，两大部分又细分为一级指标和二级指标。

1）硬件部分

校园硬件部分主要为建筑、交通、生活的碳排放，以及校园碳汇、可再生能源的碳减排等，该部分采用定量计算方式进行核算，计算方法参照本章下述所提供的计算公式进行分项分类计算，依据分类分项计算内容进行校园碳排放总量、单位建筑面积碳排放量以及生均碳排放量来进行核算。

2）软件部分

（1）组织管理

明确远景与使命：①制定详细的校园节约与低碳绿色发展规划和办学目标与计划；②能够随着低碳绿色理念的不断发展和完善更新办学思想观念；③重视本校的低碳绿色可持续发展。

高效运转：①组织机构的设立与本校所在地区的经济发展相适应；②学校本身的组织结构层次设立科学合理，有利于命令与文件迅速的上通下达；③成立矩阵式组织小组，专门负责校园资源能量的节约利用；④与校外人员联合成立专门的培训机构，促进校园的低碳绿色化发展。

团队协作：①校内相关职能部门的密切合作、信息公布；②校内所有部门的积极配合、抓好落实；③校内外专业团队协同攻关、合作共赢。

（2）制度建设

活动组织：①积极参加学校所在社区的环境保护活动；②积极参加学校所在城市的环境保护及生态保护活动；③积极响应国家的环境及生态保护政策。

实施控制：①制定明确的赏罚规定；②设立专门的监督人员；③建立专门的评价机构。

提升能力：①积极参加国家的环保行动计划；②申请有利于环保的科研项目；③积极学习国外环保建设先进经验；④与国内其他高校进行经验交流，互助互学。

社会责任：①制定明确的社区行动计划，为本校所在社区的环境保护尽心尽力；②积极参加社会的环境保护行动，为社会的环保行动提供决策支持；③利用本校的学科优势，为社会的环保行动提供技术上的支援。

（3）校园文化

学术气氛：①学术氛围自由宽松；②学术沟通顺畅；③有较多的学术交流机会。

文化融合：①举办古今中外经典名著讲座的次数；②中国古老文化典籍的拥有量；③通识课中对西方文化典籍的开课程度。

实践活动：①环保社团活动情况；②大学生艺术活动中，经典文化活动与大众文化活动的比率；③大学生野外考察活动的情况。

宣传教育：①宣传栏中环保知识所占份额的多少；②宿舍区和教学区对环保教育的宣传情况；③大学生社团活动。

（4）育人功能

培养目标：①人自身的生理与心理协调发展；②人与社会的协调发展；③人与自课堂学生自主学习的重视程度；④启发式教学的重视程度。

课程改革：①课程整合的程度；②将环保知识灌输到课堂的程度；③生态知识与

其他课程融合的程度；④学生跨学科自由选课的程度；⑤学生自由选专业的程度。

学科建设：①本校特色学科的建设情况；②学科交叉的建设情况；③与环保、生态学科交叉学科的建设情况。

创建环境：①为学生的环保社团活动积极提供资金；②为社区的环保活动提供人力及物力支援；③积极响应高校间的环保社团联合行动；④开设专门的环保知识讲座。

（5）社会影响

①有关低碳绿色理念传播的交流活动；②有关低碳校园相关宣传平台的建设；③正面宣扬低碳校园在社会中的作用。

由以上低碳校园软硬件构成作为评价的主要构成内容，建立了低碳校园低碳发展水平的评价指标体系，具体指标如表 12-1 所示。

低碳校园评价指标体系   表 12-1

总体目标	准则层	指标层	
		一级指标	二级指标
低碳校园	硬件设施	校园碳排放	建筑碳排放
			交通碳排放
			生活碳排放
		可再生能源碳减排	太阳能减排
			地源热泵减排
			其他可再生能源减排
		校园碳汇	绿化固碳
		其他碳减排	校园废弃物处理
	软件设施	管理机制建设	组织机构建设
			管理制度建设
		低碳文化建设	低碳文化教育
			校园文化传承
			低碳生活实践

12.3 建设案例

12.3.1 校园碳排放计算

依据本章中的校园碳排放源分类，统计了数据相对完整的 2014 年、2015 年各类能源（电力、煤气、汽油、柴油）的消耗量，数据来源于多条途径，其中建筑能源消耗主要来自于学校能耗监控管理平台，交通能源消耗统计中的公交车来自于校园内部公交路线、班次调研，小型车来自于校园车辆管理系统提供数据，生活碳排放主要来与在校师生及相关人员的呼吸排放。

1. 建筑碳排放量统计

山东建筑大学新校区用地红线内建筑面积共计 61.17 万 m²，建筑用能主要为水、电、煤气及天然气，各项能源消耗量计算结果分别如下：

（1）用电排放

建筑电力需求主要来自于教学办公设备、空调制冷通风、室内照明及部分生活电器的使用，根据学校能耗监控管理平台统计数据，2014 年用电 1 306 556kW·h，2015 年用电 13 729 233kW·h。依据 2014 年、2015 年在校人员数量统计，人均能耗分别为 485.92kW·h / 人、497kW·h / 人，依据碳排放系数进行计算，2014 年、2015 年电力碳排放量分别为 9548t、10033t。

（2）用煤排放

校园用煤主要用于采暖期为建筑提供采暖热量，所用类型为烟煤，2014 年、2015 年烟煤消耗量分别为 10180t、10939t，依据碳排放系数进行计算，2014 年、2015 年烟煤碳排放量分别为 17785t、19112t。

（3）天然气排放

学校食堂的燃气厨具主要使用天然气，2014 年、2015 年的天然气使用量分别为 272262m³、418843m³，根据碳排放系数进行计算，2014 年、2015 年的使用天然气碳排放量分别为 589t、906t。

2. 交通碳排放量统计

（1）公交车碳排放量

校园内公交车共 2 条路线，车辆均为新能源车辆，动力类型为油电混合和压缩天然气，其中有点混合车辆使用柴油密度为 0.84t/m³，百公里油耗为 32L，即 0.032m³，使用压缩天然气密度为 0.7174kg/m³，百公里耗气量为 34m³。根据工作日、休息日及假期班次统计，油电混合动力公交车一年校园内行驶总里程为 30240km，压缩天然气动力公交车一年校园内行驶总里程为 20664km，依据表 2 提供碳排放系数进行计算，分别为 25.5t、15.2t。

（2）小型车碳排放量

校园内小型车辆多为教职工、外来人员和学生使用，燃料类型为汽油，密度为 0.722kg/L，百公里油耗取自工信部《2014 年中国乘用车企业平均燃料消耗量》中规定的 7.22L/ 百公里。依据车辆管理系统数据统计，结合车辆入口行驶路线汇总，校园内小型车行驶里程分别为教职工 1.9km/d·人，外来人员 1.3km/d·人，学生 1.35km/d·人，依据碳排放系数进行计算，共计 0.472t/d，除去寒暑假每年行驶 274 天，总计碳排放量为 130t/a。

（3）生活碳排放量统计

根据学校统计数据，山东建筑大学 2014 年全日制专科、本科、硕士及博士研究生共计 24858 人，在编教职工 2030 人。2015 年全日制学生共计 25672 人，在编教职工 1950 人。因学生与教职工在校停留时间有所差异，所以分别赋予 1 和 0.5 的系数，计算时间不包含寒暑假，碳排放量取 0.9kg/ 人·d[18]。由此，2014 年、2015 年校园内人员生活碳排放量分别为 6302t、6576t。

3. 碳吸收核算结果

（1）绿植固碳

通过对学校规划设计图纸与建设现状对比分析，统计三种绿地面积如表 12-2 所示：

校园绿化面积　　　　　　　　　　　表 12-2

类型	典型代表	总面积 /m²
乔灌草型	校园内林地、苗圃、校园内各处生态林地	307837.14
灌草型	生活区宿舍楼附近绿化及教学楼附近绿化	94677.33
草坪型	校园内大草坪及校园内部分绿化带	22834.31

根据表 12-2 复合绿地单位净日固碳量进行计算后，校园绿植年固碳量计算结果如表 12-3 所示：

校园绿植年固碳量　　　　　　　　　　表 12-3

	乔灌草型	灌草型	草坪型	总计
日固碳量	24.6t/d	6.8t/d	1.3t/d	32.7t/d
年固碳量	11936t/a			

（2）光伏发电系统减碳

在绿色大学校园建设过程中，学校对既有建筑屋面进行了 1MW 光伏发电系统安装，产生电量直接并入市政电网，因此该部分可再生能源产生的电力减排量并入碳吸收核算范围进行折减。光伏发电系统监控平台提供的数据统计，以及由计算公式得到光伏系统减碳如表 12-4 所示：

校园太阳能光伏发电系统电量与减排总量统计　　　　表 12-4

年份	发电量（MW·h/a）	减碳量（t/a）
2014	290.10	212.34
2015	364.31	266.97
2016	296.94	216.91
2017	362.69	272.36
2018	375.52	274.18
2019	552.57	403.46
2020	431.89	315.34
2021	364.28	265.99

通过以上数据可知，山东建筑大学新校区在校园景观上设计方面，校园本身有着得天独厚的地理条件，校园中占地约 33.33hm² 的山体（雪山），虽然不在用地红线范围内，但是雪山上的丰富植被资源及景观的连续性为校园的景观设计打下了结实的基础，若计算雪山上的绿植固碳量，则校园内的固碳量可达到整体排放的三分之二以上。同时，校园中有着丰富的绿化和植物配置，校园的景观设计充分遵循生态学和景观生态学的理论，以及因地制宜、适地适树的原则，科学的进行了校园树种规划，构建校园生态园林绿地系统体系，遵循"让森林走进校园，让校园坐落在森林中"的设计理念。所以，校园中设计有较多的生态绿地，绿化资源丰富，植物通过光合作用的固碳量进一步提高。但目前校园有部分规划建筑还未全部建成，未建建筑所留出来的空地基本以苗圃或生态绿地为主，包括部分体育场、学术交流中心、创意产业园等规划用地，相关绿地形式都为固碳量最高的乔灌草型，这大大增加了校园中的绿化面积及固碳量，根据规划图纸估算，校园目前整体绿化率可达 50% 以上，绿化覆盖率达 60%以上，如果计算周边雪山绿化，则比例更高。与太阳能光伏系统减碳相比，植物固碳量远高于光伏系统。所以，从长远角度看，校园中在增加绿化方面仍需采用十分必要的固碳手段。

4. 碳平衡核算结果统计

针对以上碳平衡核算结果进行统计，山东建筑大学 2014 年、2015 年碳减排与碳吸收核算清单如表 12-5 所示。

山东建筑大学碳排放核算结果统计 表 12-5

排放类型	排放源	排放量（t）	
		2014 年	2015 年
碳排放	建筑	27921	30051
	交通	171	171
	生活	6302	6576
碳吸收	绿植固碳	11936	11936
	光伏减碳	212	266
净排放		23511	24596

针对表 12-5 所列内容，依据公式进行碳平衡系数进行计算，山东建筑大学的碳平衡系数为 3.02，即以目前校园内 3.02 倍的碳汇措施可完全吸收产生碳排放，相比于寒冷地区同类型大学碳平衡系数 32.3 偏小[1]。在建筑碳排放强度方面，2014 年、2015 年的单位建筑面积碳排放为 38.44kgCO₂/m²、40.21kgCO₂/m² 在人均碳排放比较系数方面，2014 年、2015 年人均净碳排放量为 870kgCO₂/p、890kgCO₂/p。

---

[1] 丁轶光.北京建筑大学西城校区碳足迹核算及减排策略研究 [D].北京：北京建筑大学，2015：35-39.

12.3.2 低碳校园综合评价

以上述硬件措施的校园碳排放计算结果，结合第 2 章、第 10 章两个章节的校园软件建设措施赋分，山东建筑大学低碳校园得分统计如表 12-6 所示：

山东建筑大学低碳校园评价得分 表 12-6

分项名称	一级指标	二级指标	评分细则	单项分值	得分	合计分值
硬件设施	校园碳排放强度	校园单位建筑面积碳排放量	1. Q_s ≤基准值	64	64	64
			2. 基准值< Q_s <基准值×150%	51		
			3. 基准值×150%< Q_s ≤基准值×200%	38		
			4. 基准值×200%< Q_s	0		
		校园生均碳排放量	1. Q_p ≤基准值	36	36	36
			2. 基准值< Q_p <基准值×150%	29		
			3. 基准值×150%< Q_p ≤基准值×200%	22		
			4. 基准值×200%< Q_p	0		
软件设施	管理机制建设	组织机构建设	学校设有校级低碳校园建设的议事协调机构	6	6	42
			学校主要领导单人议事机构负责人	6	6	
			学校每年向所属单位下大减排量化任务指标，明确责任人并进行考核验收	6	0	
		管理制度建设	学校定期编制低碳校园建设中长期规划，包括能源利用、资源利用、减排措施等专享规划	6	6	
			学校设有低碳校园建设专项资金筹集和使用制度，在制度上固定专项资金的筹集渠道和方式	6	0	
			学校设有低碳校园建设专家咨询制度，定期聘请专家提供咨询意见	6	6	
			学校实行低碳校园信息公开，定期公布全校碳排放总量、结构、增长、减少及碳汇情况	6	6	
			学校设有寒暑假节能运行管理制度	6	6	
			学校建立奖励制度，定期对在低碳校园建设方面做出显著成绩的集体和个人给予奖励	6	0	
			学校建立能源、资源等管理人员培训制度，对专业人员定期进行业务培训	6	6	
	低碳文化建设	低碳文化教育	学校每年至少开始 3~4 次校级低碳知识讲座	5	5	35
			校园采用小贴士、校园报纸、网站、视频等方式宣传及普及低碳知识	5	5	
		校园文化传承	学校在建设中保留校园传统建筑、景观和设施	5	5	
			学校利用现有资源进行低碳生活展示	5	0	
		低碳生活实践	学校倡导选择步行、非机动车行、公共交通出行	5	5	

续表

分项名称	一级指标	二级指标	评分细则	单项分值	得分	合计分值
软件设施	低碳文化建设	低碳生活实践	师生共同参与 光盘行动、废旧用品义卖、无纸张化办公等低碳校园互动活动	5	5	35
			师生共同进行低碳技术的研发、应用与推广活动或低碳管理政策的研究与宣传活动	5	5	
			学生参与社会低碳宣传与推广活动	5	5	
合计			（64+36）×0.6+（42×35）×0.4=90.8			

依据评价体系，山东建筑大学新校区低碳校园评价的总分值为90.8分，达到三星级低碳校园标准。

参考文献

[1] 住房和城乡建设部，关于印发"十四五"建筑节能与绿色建筑发展规划的通知，2021，3，8.

[2] 王崇杰，薛一冰，何文晶，等.绿色大学校园 [M].北京：中国建筑工业出版社，2012.

[3] 王崇杰，薛一冰，等.太阳能建筑设计 [M].北京：中国建筑工业出版社，2007.

[4] 王崇杰，薛一冰等.生态学生公寓 [M].北京：中国建筑工业出版社，2007.

[5] 王崇杰，蔡洪彬，薛一冰，等.可再生能源利用技术 [M].北京：中国建材工业出版社，2014.

[6] 王崇杰，崔艳秋.建筑设计基础（第二版）[M].北京：中国建筑工业出版社，2014.

[7] 薛一冰，杨倩苗，王崇杰.建筑节能及节能改造技术 [M].北京：中国建筑工业出版社，2012.

[8] 叶组达，王静懿.中国绿色生态城区规划建设：碳排放评估方法、数据、评价指南 [M].北京：中国建筑工业出版社，2014.

[9] 住房和城乡建设部科技与产业化发展中心.建筑领域碳达峰碳中和实施路径研究 [M].北京：中国建筑工业出版社，2021

[10] 周丽贞.绿色建筑评价指标体系研究——以城市芯宇为例 [D].杭州：浙江工业大学，2011.

[11] 王玉.工业化预制装配建筑的全生命周期碳排放研究 [D].南京：东南大学，2016.

[12] 刘梅.低碳化生产管理在建筑施工企业中的应用研究 [D].天津：天津科技大学，2019.

[13] 张军.公共建筑能耗监测系统及能耗数据挖掘方法的研究 [D].西安：长安大学，2017.

[14] 李家男.山东建筑大学公共建筑能耗分析与策略 [D].济南：山东建筑大学，2015.

[15] 郑海超.既有公共建筑围护结构绿色改造技术研究 [D].济南：山东建筑大学.

[16] 戴昕.校园建筑能耗监控系统的设计与实现 [D].西安：西安建筑科技大学，2013.

[17] 杨瑞.广州某办公建筑空调系统节能分析与改造研究 [D].西安：西安建筑科技大学，2017.

[18] 步勇成.被动楼中央空调系统能耗模拟与分析 [D].济南：山东建筑大学，2019.

[19] 陈琨.高校太阳能光伏屋面电站的设计，安装及并应用研究——以山东建筑大学 1MWp 光伏屋面电站为例 [D].济南：山东建筑大学，2013.

[20] 张亚楠.寒冷地区大学校园中低碳技术的应用研究——以山东建筑大学为例 [D].济南：山东建筑大学，2011.

[21] 步勇成.被动楼中央空调系统能耗模拟与分析 [D].济南：山东建筑大学，2019.

[22] 王新彬.寒冷地区村镇学校建筑太阳能采暖技术应用研究 [D].济南：山东建筑大学，2010.

[23] 张晨悦.山东建筑大学碳排放计算研究 [D].济南：山东建筑大学，2016.

[24] 孟荣荣.山东建筑大学中水站改造工程实践研究 [D]. 济南：山东建筑大学，2017.

[25] 孙苏晶.基于碳氧平衡模型的中环院校园低碳优化策略研究 [D]. 哈尔滨：哈尔滨工业大学.2013.

[26] 邓钰鲸.基于学生用能行为分析的低碳校园规划策略研究 [D]. 成都：西南科技大学，2021.

[27] 张丰，胡狄瑞.碳达峰碳中和背景下的温室气体监测与减排研究 [J]. 中国资源综合利用，2021，39（11）：186-188.

[28] 许睿，董家华，王凤兰.城市热岛效应的影响因素、研究方法及缓解对策研究进展 [J]. 仲恺农业工程学院学报.2020，33（04），65-70.

[29] 高世楫，俞敏.中国提出"双碳"目标的历史背景、重大意义和变革路径 [J]. 新经济导刊，2021，（02），4-8.

[30] 王一鸣，中国碳达峰碳中和目标下的绿色低碳转型：战略与路径 [J]. 全球化，2021，（06）.

[31] 李娜，杨景胜，陈嘉茹."双碳"背景下能源行业的机遇和挑战 [J]. 中国国土资源经济，2021，34（12）：63-69.

[32] 周宏春，史作廷.碳中和背景下的中国工业绿色低碳循环发展 [J]. 新经济导刊，2021（02）:9-15.

[33] 陈向国.碳中和——循环经济在行动 [J]. 节能与环保，2021，（10），20-22.

[34] 魏文栋，陈竹君，耿涌等.循环经济助推碳中和的路径和对策建议 [J]. 中国科学院院刊.2021，36（09），1030-1038.

[35] 郭远杰，全球碳定价机制发展与展望 [J]. 金融纵横，2021，（08）.

[36] 张渊，建筑能耗比例与建筑节能目标 [J]. 低碳世界.2017（02）.

[37] 吴羽柔,张双璐,江练鑫,我国建筑碳排放现状及碳中和路径探讨 [J]. 重庆建筑,2021,20（S1），66-68.

[38] 胡姗，张洋，燕达等.中国建筑领域能耗与碳排放的界定与核算 [J]. 建筑科学.2020，36（S2），288-297.

[39] 李萍，崔鹏程.我国高校低碳校园建设路径研究 [J]. 资源节约与环保.2022，（01），146-148.

[40] 汪潇潇，杨海勇，龙奋杰.高校低碳校园规划与建设路径研究 [J]. 建筑经济.2013，（07）.

[41] 江海华，徐桑，李志信.高校校园碳排放评估方法及应用研究——以华中科技大学主校区为例 [J]. 建设科技，2019（13）：37-30.

[42] 高玉娟，石娇.国外高校为实现碳中和校园的实践与启示 [J]. 中国高等教育，2021（Z3）：78-80.

[43] 明豪，谢孟举，徐燊.国外绿色校园可持续设计策略案例研究 [J]. 城市建筑，2021，18（31）：175-178.

[44] 王崇杰.首批"节约型校园建设"示范高校——山东建筑大学节能节水技术应用 [J]. 建设科技，2009（10）：3.

[45] 薛一冰，张亚楠.大学校园中应用太阳能热水技术的节能减排分析与评价——以山东建筑大学为例 [J]. 建筑节能，2011（11）：4.

[46] 梁晓华.地源热泵空调的应用设计 [J]. 企业导报，2010（8）：2.

[47] 赵莹，赵学义.绿色大学校园设计与建设实践——以山东建筑大学新校区建设为例 [J]. 建筑技艺，2011（6）：4.

[48] 瞿蕊，韩东君，朱亚丹.被动式超低能耗建筑发展现状及思考 [J]. 中外建筑，2021（01）：185-188.

[49] 张树亮，董博.被动式超低能耗建筑技术研究及发展趋势 [J]. 住宅与房地产，2021（22）：22-23.

[50] 彭梦月，杨润芳，杨铭.我国近零能耗建筑推广模式、效果分析及政策建议 [J]. 建设科技，2020（09）：9-14+23.

[51] 仲衍伟，尹力，于燕.大学校园雨水利用方案探讨 [J]. 节能与环保，2008（02）：33-35.

[52] 郑瀚，张治江，胡勇，侯新，张明钱.高校节水实施路径探索与思考 [J]. 大众科技，2019,21（10）：141-143.

[53] 丁琨，范凌峰，倪勇，周煜溪，姚伟.基于"海绵城市"建设理念的海绵校园规划 [J]. 洛阳理工学院学报（自然科学版），2021，31（04）：8-14.

[54] 葛玉洁.基于海绵校园建设的雨水回收利用生态系统研究 [J]. 皮革制作与环保科技，2021，2（20）：108-109.

[55] 曹伟，常咏梅，沈梦莹.泱泱齐鲁 泠泠泉音 厚德博学 筑基建业——雪山脚下映雪湖畔的山东建筑大学新校区 [J]. 中外建筑，2019（02）：10-16.

[56] 孙阳.绿色校园规划建设中的低碳生态措施探讨 [J]. 城市建设理论研究（电子版），2020（19）：123-124.

[57] 林欣；林晨菲；刘素青；李林锋.18 种常见灌木绿化树种光合特性及固碳释氧能力分析 [J]. 热带农业科学.2014，34（12）.

[58] 郜晴；马锦义；邵海燕；陈颖明.不同生活型园林植物固碳能力统计分析 [J]. 江苏林业科技.2020，47（02）.

[59] 杨维菊.绿色建筑设计与技术 [M]. 南京：东南大学出版社，2011.

[60] 杨柳.建筑节能综合设计 [M]. 北京：中国建材工业出版社，2014.